CIM-Strategie als Teil der Unternehmensstrategie

CIM-Fachmann

Herausgegeben von
Dr.-Ing. Ingward Bey
Projektträger Fertigungstechnik
Kernforschungszentrum Karlsruhe

Prof. Dr. August-Wilhelm Scheer
(Bandherausgeber)

CIM-Strategie als Teil der Unternehmens- strategie

Springer-Verlag Berlin · Heidelberg · New York
Verlag TÜV Rheinland

CIP-Titelaufnahme der Deutschen Bibliothek

CIM-Fachmann / hrsg. von Ingward Bey. - Berlin ; Heidelberg ; New York : Springer ; Köln : Verl. TÜV Rheinland.
    ISBN 3-88585-891-6
NE: Bey, Ingward [Hrsg.]

CIM-Strategie als Teil der Unternehmensstrategie. - 1990

CIM-Strategie als Teil der Unternehmensstrategie /
August-Wilhelm Scheer (Bd.-Hrsg.). - Berlin ; Heidelberg ; New York : Springer ; Köln : Verl. TÜV Rheinland,
1990
    (CIM-Fachmann)
    ISBN 3-540-53251-X (Springer)
    ISBN 3-88585-875-4 (Verl. TÜV Rheinland)
NE: Scheer, August-Wilhelm [Hrsg.]

ISBN 3-540-53251-X Springer-Verlag Berlin · Heidelberg · New York
ISBN 3-88585-875-4 Verlag TÜV Rheinland
© by Verlag TÜV Rheinland GmbH, Köln 1990
Gesamtherstellung: Verlag TÜV Rheinland GmbH, Köln
Printed in Germany 1992

Bandherausgeber und Autoren

Bandherausgeber:

Prof. Dr. August-Wilhelm Scheer, Direktor des Instituts für Wirtschaftsinformatik (IWi) und Inhaber des Lehrstuhls für Betriebswirtschaftslehre, insbesondere Wirtschaftsinformatik, Saarbrücken

Autoren:

Prof. Dr. Jörg Becker, bis 1990 am Institut für Wirtschaftsinformatik (IWi), Saarbrücken, jetzt Inhaber des Lehrstuhls für betriebliche und öffentliche Informationssysteme, Institut für Wirtschaftsinformatik, Münster
Kapitel 8

Dr. Marhild von Behr, Institut für Sozialwissenschaftliche Forschung e.V. (ISF), München
Kapitel 5

Dr. Dieter Bölzing, bis 1990 am Institut für Produktionstechnik und Spanende Werkzeugmaschinen (PTW), Darmstadt, jetzt bei McKinsey & Co., Frankfurt
Kapitel 4.4

Prof. Dr. Walter Eversheim, Direktor des Laboratoriums für Werkzeugmaschinen und Betriebslehre (WZL) und Inhaber des Lehrstuhls für Produktionssystematik, Aachen
Kapitel 9.1, 9.2, 9.3, 9.5, 9.6

Dipl.-Ing. Thomas Geib, Institut für Wirtschaftsinformatik (IWi), Saarbrücken
Kapitel 6, 7

Prof. Dr. Rolf Hackstein, bis 1990 Direktor des Forschungsinstituts für Rationalisierung (FIR) und des Instituts für Arbeitswissenschaft (IAW), Inhaber des Lehrstuhls für Arbeitswissenschaft, Aachen, jetzt emeritiert
Kapitel 9.4, 9.6

Dr. Hartmut Hirsch-Kreinsen, Institut für Sozialwissenschaftliche Forschung e.V. (ISF), München
Kapitel 5

Dipl.-Kfm. Jürgen Kappmeyer, Kappmeyer & Partner GmbH, Saarbrücken
Kapitel 10.2

Dipl.-Wirtsch.-Ing. Peter Karl, Institut für Wirtschaftsinformatik (IWi), Saarbrücken
Kapitel 9

Dipl.-Kfm. Jürgen Kirsch, Institut für Wirtschaftsinformatik (IWi), Saarbrücken
Kapitel 1, 2, 3, 4

Dr. Christoph Köhler, Institut für Sozialwissenschaftliche Forschung e.V. (ISF), München
Kapitel 5

Prof. Dr. Burkart Lutz, Institut für Sozialwissenschaftliche Forschung e.V. (ISF), München
Kapitel 5

Dr. Arno Müller, bis 1990 am Lehrstuhl für Betriebswirtschaftslehre mit Schwerpunkt Fertigungswirtschaft, Passau, jetzt bei Heinrich Gillet GmbH & Co. KG, Edenkoben
Kapitel 1, 2, 3, 4.3

Dipl. Volksw. Christoph Nuber, Institut für Sozialwissenschaftliche Forschung e.V. (ISF), München
Kapitel 5

Dr. Ralf Oetinger, IDS Prof. Scheer Gesellschaft für integrierte Datenverarbeitungssysteme mbH, Saarbrücken
Kapitel 10.1

Dr. Alexander Pocsay, IDS Prof. Scheer Gesellschaft für integrierte Datenverarbeitungssysteme mbH, Saarbrücken
Kapitel 10.1

Prof. Dr. August-Wilhelm Scheer, Direktor des Instituts für Wirtschaftsinformatik (IWi) und Inhaber des Lehrstuhls für Betriebswirtschaftslehre, insbesondere Wirtschaftsinformatik, Saarbrücken
Kapitel 6, 7, 8

Dipl.-Ing. Dipl.-Wirt. Ing. Martin Schönheit, bis 1990 am Laboratorium für Werkzeugmaschinen und Betriebslehre (WZL), Lehrstuhl für Produktiossystematik, Aachen, jetzt bei Wiegershaus & Schönheit, Ingenieurbüro für Fertigungsplanung, Köln
Kapitel 9.1, 9.2, 9.3, 9.5, 9.6

Prof. Dr. Sigfried Schreuder, bis 1989 am Institut für Arbeitswissenschaft (IAW), Aachen, jetzt Professor im Fachbereich Maschinenbau, Fachhochschule des Landes Rheinland-Pfalz, Abteilung Koblenz
Kapitel 9.4, 9.6

Dr. Rainer Schultz-Wild, Institut für Sozialwissenschaftliche Forschung e.V. (ISF), München
Kapitel 5

Prof. Dr. Herbert Schulz, Leiter des Instituts für Produktionstechnik und Spanende Werkzeugmaschinen (PTW), Darmstadt
Kapitel 4.4

Dipl.-Ing. Gerd Springer, Institut für Fabrikanlagen (IFA), Hannover
Kapitel 4.1, 4.2

Dipl.-Ing. Dipl.-Wirt. Ing. Rainer Upmann, Institut für Arbeitswissenschaft (IAW), Aachen
Kapitel 9.4, 9.6

Dipl.-Wirtsch.-Ing. Ralf Wein, Institut für Wirtschaftsinformatik (IWi), Saarbrücken
Kapitel 8

Prof. Dr. Hans-Peter Wiendahl, Leiter des Instituts für Fabrikanlagen (IFA), Hannover
Kapitel 4.1, 4.2

Prof. Dr. Horst Wildemann, bis 1989 Inhaber des Lehrstuhls für Betriebswirtschaftslehre mit Schwerpunkt Fertigungswirtschaft, Passau, jetzt Inhaber des Lehrstuhls für Betriebswirtschaftslehre mit Schwerpunkt Logistik, München
Kapitel 1, 2, 3, 4.3

Vorwort des Reihenherausgebers

Mit Computer Integrated Manufacturing, sprich: rechnerintegrierter Fertigung (CIM) verbindet sich die Vorstellung eines durchgängigen, rechnerunterstützten Informationsflusses in einem Gesamtbetrieb:

Der Akzent liegt meist auf dem "C" von CIM, also auf den technischen Aspekten. Mit CIM werden jedoch - eingebettet in die übergeordneten Ziele eines Unternehmens - sehr viel umfassendere Aktivitäten angestoßen. Daher ist die Beschäftigung mit CIM eine facettenreiche, längerfristige, interdisziplinäre und strategische Aufgabe, die weit über die Technik hinausgeht. Sie betrifft die Wirtschaftlichkeit von Innovationen und die organisatorische Gestaltung von Arbeitsabläufen und Zuständigkeiten ebenso wie die zielgerichtete Personalplanung und Qualifizierung der Mitarbeiter.

In dieser Situation, wo keiner alles weiß, aber alle etwas (anderes) wissen, ist der Austausch von Informationen und Erfahrungen für einen allgemeinen CIM-Lernprozeß außerordentlich wichtig. Deshalb hat der Bundesminister für Forschung und Technologie im Programm Fertigungstechnik 1988-1992 dem Thema Technologietransfer auf dem Gebiet der rechnerintegrierten Fertigung einen gesonderten Schwerpunkt gewidmet:

An 16 Standorten in der Bundesrepublik Deutschland, nunmehr ergänzt durch 4 weitere Standorte auf dem Gebiet der (noch) DDR, wurden CIM-Technologietransferzentren eingerichtet. Mit Schulungsveranstaltungen, Übungen an konkreten CIM-Lösungen und orientierenden Beratungsgesprächen helfen sie mit, anerkannte Forschungsergebnisse, Kenntnisse und Erfahrungen beschleunigt und breitenwirksam in die industrielle Anwendung zu überführen. Koordiniert werden diese Bemühungen vom Projektträger Fertigungstechnik, Kernforschungszentrum Karlsruhe.

In diesem Zusammenhang wurde eine umfassende Materialsammlung über den Stand der Technik und des Wissens zu CIM zusammengetragen, aus der Schulungsunterlagen für CIM-TT-Seminare je nach Bedarf zusammengestellt werden können. Mit dem Ziel, vorhandenes Wissen der Praxis zur Verfügung zu stellen, entsteht auf dieser Grundlage in intensiver Redaktionsarbeit die Buchreihe "CIM-Fachmann". Vertreter von über 40 Fachinstituten aus den unterschiedlichsten Disziplinen (Produktionstechnik, Werkzeugmaschinen, Steuerungstechnik, Konstruktionslehre, Informationstechnik, Arbeitswissenschaft, Wirtschaftswissenschaft, Soziologie, Logistik, Handhabungstechnik) arbeiten hieran mit. Die Vielfalt entspricht den vielen Aspekten, die bei der Planung und Einführung von CIM berücksichtigt werden müssen; sie spiegelt sich wider ebenfalls in der thematischen Gliederung des "CIM-Fachmanns" in drei Schwerpunkte mit den jeweilig zugeordneten Themen:

- **Strategische Grundlagen zu CIM**
  CIM-Bausteine für die Fabrik der Zukunft
  CIM-Strategie als Teil der Unternehmensstrategie
  Analyse und Neuordnung der Fabrik
  CIM-Planung und -Einführung
  Personalentwicklung und Qualifikation

- **Technische Bausteine für die Verknüpfung**
  Kommunikationstechnik für den integrierten Fabrikbetrieb
  Nahtstellen in der Fabrik
  Datenbanken für CIM
  Simulation in CIM
  Expertensysteme in CIM
  Werkstattinformationssysteme

- **Ansatzpunkte für die Realisierung von CIM im Unternehmen**
  Von CAD/CAM zu CIM
  Von PPS zu CIM
  Integrationspfad Qualität
  Fertigungsinseln in CIM-Strukturen
  Montageplanung in CIM
  CIM in der Unikatfertigung

Jeder Einzelband ist ein in sich geschlossener Leitfaden, der den aktuellen Stand des Wissens und der Technik übersichtlich und einprägsam vermittelt. Die Bände ergänzen sich zur CIM-Bibliothek der 90er Jahre für all jene, die sich für CIM interessieren, CIM planen, einführen oder im Unternehmen weiterentwickeln.

Bei aller Bemühung um konsistente Aussagen zum Thema und eine einheitliche Darstellung der Begriffe wird bewußt darauf Wert gelegt, daß individuelle Denkansätze und unterschiedliche Meinungen zu Wort kommen.

Mein Dank gilt besonders allen Bandherausgebern und Autoren für ihren Einsatz und die gute Zusammenarbeit. Ebenso danke ich den Verlagen TÜV-Rheinland und Springer für ihr großes Engagement für die Sache und dem Bundesminister für Forschung und Technologie, vertreten durch Herrn Min.Rat H. Bertuleit, ohne dessen Unterstützung der Grundstock für den "CIM-Fachmann" nicht hätte erarbeitet werden können.

Ingward Bey
Karlsruhe, im August 1990

Vorwort des Bandherausgebers

Die Unternehmen sehen sich heute steigenden Anforderungen hinsichtlich Flexibilität, Qualität ihrer Produkte und Termintreue sowie kürzeren Produktlebenszyklen gegenüber. Diesen Anforderungen, die von außen an sie gestellt werden, müssen die Unternehmen durch entsprechende strategische Entscheidungen begegnen. Hierzu gehört heute zwangsläufig die Einbeziehung einer Strategie für den intelligenten und integrierten Einsatz moderner Informations- und Kommunikationstechnologien.

Als Schlagwort für den Einsatz integrierter Informationssysteme im Produktionsbereich hat sich der Begriff "Computer Integrated Manufacturing (CIM)" herausgebildet. Leider ist die Umsetzung des CIM-Gedankens in die praktische Anwendung noch nicht weit genug fortgeschritten. Ein Grund hierfür ist sicherlich, daß mit dem Begriff "CIM" zu hohe Erwartungen hinsichtlich kurzfristig realisierbarer Erfolge geweckt wurden. Für die Planung und Einführung einer die Abläufe des gesamten Unternehmens verändernden Technologie wie CIM ist jedoch kein auf kurzfristige Erfolge ausgelegtes, sondern ein langfristiges, strategisches Handeln erforderlich.

Dieses Buch beleuchtet die strategischen Aspekte der rechnerintegrierten Produktion. Aus der Beschreibung allgemeiner Unternehmensstrategien werden die Besonderheiten einer CIM-Strategie abgeleitet. Ausführlich werden personalpolitische, organisatorische, ökonomische und Realisierungs-Aspekte behandelt. Zwei Beiträge aus der CIM-Praxis zeigen pragmatische Vorgehensweisen, aber auch auftretende Probleme bei der Entwicklung und Umsetzung von CIM-Konzeptionen.

Ich danke allen Autoren für die kooperative Mitarbeit bei der Erstellung dieses Bandes. Mein besonderer Dank gilt meinem Mitarbeiter Herrn Dipl.-Ing. Thomas Geib für die redaktionelle Überarbeitung des Manuskripts.

August-Wilhelm Scheer
Saarbrücken, im August 1990

Inhaltsverzeichnis

1 Aufgaben und Arten von Unternehmensstrategien

1.1 Quellen strategischer Planungsansätze

Methodische Ansätze zur strategischen Planung kommen aus drei Quellen: zum einen aus dem militärischen Bereich, in Form von logisch deduktiv abgeleiteten strategischen Grundsätzen, wie sie beispielsweise von Cäsar, Clausewitz und Moltke formuliert wurden.

Zum anderen basieren sie auf Überlegungen aus der empirischen Strategieforschung, die im wesentlichen auf der amerikanischen PIMS-Studie aufbauen.

Das PIMS - Programm (Profit Impact of Market Strategies) wurde vom damaligen Präsidenten von General Electric, Fred Borch, ins Leben gerufen. Er beauftragte Sidney Schoeffler, Professor an der Universität von Massachusetts, die zahlreich vorhandenen Informationen aus den verschiedenen industriellen Sektoren daraufhin zu untersuchen, ob sich allgemeingültige Determinanten des Gewinns und Cash Flows identifizieren lassen [Neu, 1989, 1]. 1972 wurde das Projekt auf andere Unternehmen ausgedehnt und an der Harvard Business School weitergeführt. 1975 gründete man das Strategic Planning Institut (SPI), dem heute etwa 250 Unternehmen angeschlossen sind. Die Datenbasis von PIMS enthält Informationen aus über 2000 strategischen Geschäftseinheiten, mit denen versucht wird, allgemeine Marktgesetze im strategischen Bereich aufzuspüren. Einen Gesamtüberblick über das PIMS - Programm gibt Abbildung 1.1.

Als dritte Quelle dient der induktive Schluß aus der Analyse erfolgreicher Unternehmen auf generelle Handlungsempfehlungen für die Unternehmung.

1.2 Strategische Grundsätze

Die strategischen Grundsätze aus dem militärischen Bereich sowie der Erfahrung erfolgreicher Unternehmen können auf industrielle Unternehmungen übertragen und in folgenden 9 Thesen zusammengefaßt werden [Püm, 1980, 1; Pet, 1984, 1]:

Konzentration der Kräfte
Die Unternehmung sollte ihre Kräfte, d.h. ihre finanziellen, personellen und technologischen Ressourcen auf bestimmte erfolgversprechende Bereiche konzentrieren. Eine breitangelegte Wettbewerbsstrategie (Strategie des "Hansdampf in allen Gassen") birgt die Gefahr in sich, daß die Unternehmung in keinem Bereich Vorteile gegenüber den Wettbewerbern erreicht und damit sehr anfällig gegenüber den Kräften des Wettbewerbs wird.

Erfolgreiche Unternehmen sind in der Lage, ihre eigenen Stärken zu erkennen und konzentrieren sich darauf, führende Positionen in bestehenden Geschäftsbereichen weiter auszubauen, d.h. sie bleiben "in ihrer eigenen Webart" [Pet, 1984, 1].

1

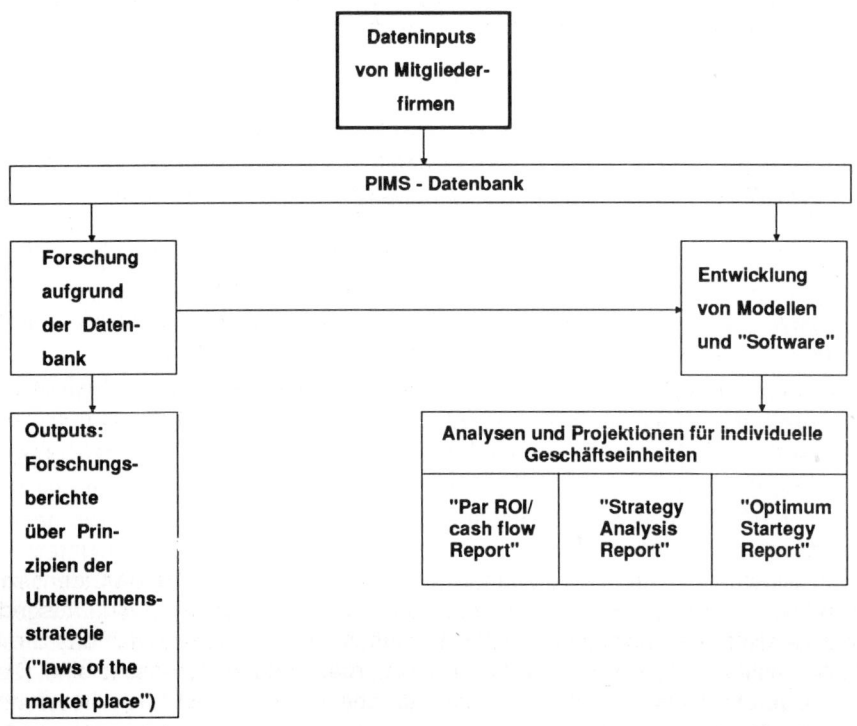

Abbildung 1.1:   Das PIMS - Programm [Neu, 1989, 1, S.74]

Aufbau von Stärken
Diese These macht deutlich, daß die strategische Planung die relative Position zu den Mitwettbewerbern berücksichtigen muß. Die Unternehmung muß gezielt Stärken dort aufbauen, wo ihre Gegner das zulassen und muß Schwächen im Vergleich zu den Wettbewerbern vermeiden. Hierzu ist nicht nur eine Marktanalyse, sondern auch eine gründliche Konkurrentenanalyse durchzuführen [Sim, 1988, 1].

Nutzung von Chancen
Durch ein frühzeitiges Erkennen relevanter Entwicklungen im Rahmen der strategischen Planung müssen die daraus resultierenden Chancen von der Unternehmung konsequent genutzt werden. Marktanteile können erobert werden, wenn frühzeitig entsprechende Kapazitäten aufgebaut werden. Hierzu gibt es Befunde aus der PIMS-Studie, die besagen, daß die erste Besetzung von Marktanteilen wesentlich weniger kostet als die Rückeroberung im Verdrängungswettbewerb gegenüber Mitwettbewerbern.
Zum Erhalt der Marktanteile ist eine Anpassung der Unternehmung an die sich laufend ändernden Umweltbedingungen in allen Funktionsbereichen, die von Mitarbeitern aller

hierarchischer Ebenen getragen wird, erforderlich ("Drang zur Tat"). Hierbei ist eine Anpassung in Schritten besonders erfolgversprechend.

Gezielte Innovation
Eine Innovation kann sich auf Produkte oder Produktionstechnologien beziehen. Die Innovation sollte immer nur einen kleinen Schritt über den Stand der Technik hinausgehen. Sie muß erfolgversprechend sein und darf nicht nur um der Innovation willen erfolgen. Den Grundsatz "Geschickte Innovationen" forcieren beispielsweise die Japaner durch eine technische Orientierung des strategischen Managements, die der Innovationsfähigkeit des Unternehmens einen hohen Stellenwert beimißt.

Die Freiheit zum eigenständigen, unternehmerischen Handeln gibt den Managern der Unternehmen die Möglichkeit, neue Wege zum Erfolg zu beschreiten.

Die besonders erfolgreichen Unternehmen gehören weder grundsätzlich einer besonders innovativen Branche an noch betreiben sie unbedingt besonders intensive oder erfolgreiche Forschung. Sie erzielen ihre Erfolge vor allem im Wettbewerb und durch strikte Ausrichtung an Kundenwünsche [Alb, 1984, 1; Alb, 1987, 1].

Nutzung von Synergiepotentialen
Dieser Grundsatz bedeutet, daß Strategien die bestehenden Voraussetzungen und Erfolge der Unternehmungen optimal ausnutzen sollen. Bezogen auf den Produktionsbereich läßt dies den Schluß zu, daß Innovationsstrategien, die sich auf Pilotinnovationen mit flexiblen Produktionstechnologien beziehen, erfolgversprechend sein können. Pilotinnovationen können nämlich für bestehende Produkt-Markt-Segmente durchgeführt werden. Später, wenn Erfahrungen mit der neuen Produktionstechnologie gesammelt wurden, können diese auch auf neue zukunftsträchtige Produkt-Markt-Segmente übertragen werden.

Anpassung der Organisation an die Strategie
Viele militärische Erfolge, z.B. die Erfolge Cäsars und Napoleons, beruhen auf der Schaffung optimierter Organisationsstrukturen. Für industrielle Unternehmungen haben sich insbesondere solche Organisationsstrukturen als zweckmäßig erwiesen, die durch dezentralisierte Entscheidungskompetenz und damit kurze Informations- und Entscheidungswege gekennzeichnet sind. Übertragen auf den informationstechnischen Bereich führte dies zu der Tendenz, die Datenverarbeitung der Unternehmung immer stärker in hierarchischen Netzwerken mit dezentraler Intelligenz zu strukturieren.

Einfache Organisationsstrukturen, die nur wenige Stabsfunktionen enthalten, sind auch ein Merkmal erfolgreicher Unternehmungen. Dabei dominieren informale Kommunikationsstrukturen, die zu einem hohen Informationsgrad aller Mitarbeiter führen.

Ausgleich von Risiken
Aufgrund der komplexen und dynamischen Markt- und Umweltentwicklung sind Unternehmensstrategien immer mit Risiken verbunden. Die Strategie der Unternehmung sollte daher einen Risikoausgleich enthalten, z.B. durch die Bearbeitung unterschiedlicher Produkt-Markt-Segmente, durch Flexibilität in den Produktionssystemen und optimierte Informationssysteme, die ein frühzeitiges Erkennen potentieller Risiken unterstützen.

Transparenz der Strategie und einheitliche Wertvorstellungen
Die gewählte Strategie sollte fixiert sein, so daß eine einheitliche Grundauffassung über die anzustrebenden Ziele und die einzusetzenden Mittel besteht. Die einmal eingeschlagene Strategie ist mit Konstanz zu verfolgen und darf nicht wegen kurzfristiger Zielsetzungen, wie z.B. der Maximierung des Jahresgewinns, aufgegeben werden. Die erfolgreichen Unternehmen werden nach einheitlichen Grundgedanken geführt, mit denen sich jeder Mitarbeiter identifizieren kann. Einen wesentlichen Beitrag zum Erfolg liefert die Orientierung der Unternehmen auf ihre Mitarbeiter: Produktionssteigerungen werden nicht nur durch Investitionen in leistungsfähigere Maschinen, sondern auch durch Motivation der Mitarbeiter über persönliche Entfaltungsmöglichkeiten und effiziente Arbeitsstrukturen mit kleinen Arbeitsgruppen, kurzen Kommunikationswegen und dezentralen Entscheidungskonzepten vor Ort erzielt.

Dicht am Kunden
Rasches Anpassen an Kundenwünsche und ein exzellenter anwendungstechnischer Service führen bei den Spitzenunternehmen zu großer Kundennähe. Eine hohe Lieferbereitschaft hilft, die Kundenwünsche innerhalb kürzester Zeit zu erfüllen. Eine große Kundennähe ist z.B. durch den Einsatz von qualifiziertem Personal - insbesondere in den Vertriebsbereichen - zu erzielen. Die durchschnittliche Arbeitsproduktivität aller Mitarbeiter (Umsatz pro Mitarbeiter) liegt in den erfolgreichen Unternehmen über dem Branchendurchschnitt. Eine hohe Kapitalausstattung der Arbeitsplätze läßt auch darauf schließen, daß die Produktivität in der Fertigung deutlich über dem Durchschnitt der Branche liegt [Alb, 1984, 1; Alb, 1987, 1].

Strategische Vorteile der Unternehmung können nicht aus der traditionellen Sichtweise des Marketing (Unternehmen - Kunde) heraus erklärt werden, sondern entstehen nur im Spannungsfeld Unternehmen - Kunde - Wettbewerber (vgl. Abbildung 1.2). Das heißt, strategische Planung erfordert das Denken im strategischen Dreieck. Diese Sichtweise zeigt, daß dauerhafte Wettbewerbsvorteile nicht notwendig entstehen, wenn das Unternehmen eine aus Sicht der Kunden sehr gute Leistung erbringt. Es ist erforderlich, im Vergleich zu den wichtigsten Konkurrenten bei einzelnen kritischen Erfolgsfaktoren besser zu sein als die Wettbewerber. Für die strategische Position ist die Spitzenleistung des Unternehmens jedoch nur unter folgenden drei Bedingungen relevant [Sim, 1988, 1, S. 464f]:

• Der Vorteil muß ein für den Kunden relevantes Merkmal betreffen (wichtig).

• Der Kunde muß von der Spitzenleistung des Unternehmens Kenntnis haben (wahrgenommen).

• Die Konkurrenz darf nicht in der Lage sein, den Vorteil schnell zu imitieren (dauerhaft).

Wettbewerbsvorteile liegen demnach nur dann vor, wenn das Unternehmen eine einzigartige Leistung anbietet, die wichtig, wahrgenommen und dauerhaft ist.

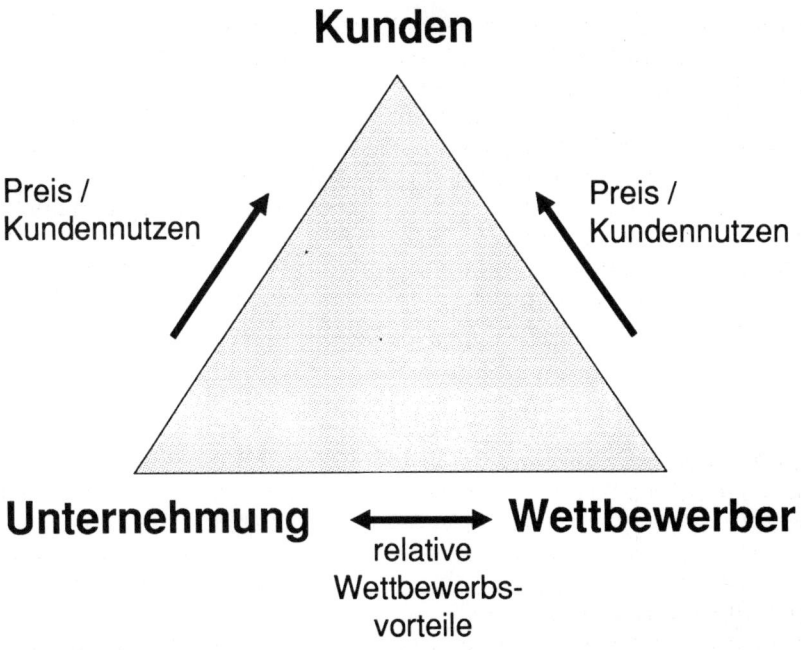

Abbildung 1.2: CIM im strategischen Dreieck [Sim, 1988, 1; Ohm, 1982, 1]

Mit CIM können wichtige Vorteile aufgebaut werden, da eine gleichzeitige Verbesserung der Kostenposition der Unternehmung und des Kundennutzens durch höhere Liefertreue, schnellere Reaktion auf spezifische Kundenwünsche und bessere Qualität erreicht werden kann. CIM ist eine Produktionstechnologie, die nicht einseitig auf die Kosten oder den Kundennutzen wirkt, sondern simultan beides verbessert (vgl. Abbildung 1.3).

Damit die Vorteile, die die CIM-Anwendung seitens des Unternehmens erbringt, vom Kunden wahrgenommen werden, ist es erforderlich, den CIM-Planungsprozeß mit dem Marketing abzustimmen. Die Technologieführerschaft in der Produktion und das gesteigerte Leistungspotential der Unternehmung müssen über die Instrumente der Produkt-Markt-Politik den Kunden mitgeteilt werden. CIM selbst ist als Instrument des Marketing einzusetzen. Die Anwendung und eine erreichte Leistungsverbesserung müssen vom Kunden wahrgenommen werden.

Wettbewerbsvorteile durch CIM erfüllen insbesondere auch die dritte Anforderung. Sie sind dauerhaft, da die organisatorischen und technischen Detaillösungen, die der Anwender zur effizienten Nutzung von CIM entwickeln muß, für den Wettbewerber schwer imitierbar sind. Empirische Untersuchungen zeigen, daß die Unternehmen über die ein-

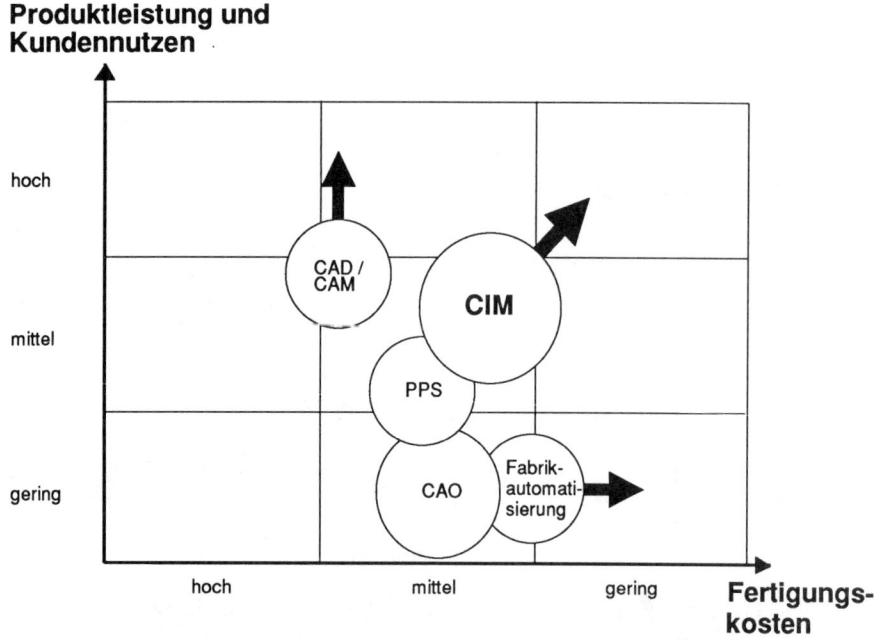

Abbildung 1.3: Verknüpfung von Wettbewerbs- und Technologiestrategie

gesetzte Fertigungstechnologie und die Kostenstruktur der Wettbewerber nur wenig Kenntnis haben (vgl. Abbildung 1.4). Auch für den Fall, daß die Wettbewerber detaillierte Informationen über die vom Unternehmen eingesetzte CIM-Struktur erhalten sollen, ist der aufgebaute Erfahrungsvorsprung schwer einholbar, da die komplexe organisatorisch-technische Individuallösung von CIM nicht übertragbar ist und die Realisierung von CIM eine langdauernde Überführung bestehender Produktionsbedingungen darstellt.

1.3 Aufgaben von Unternehmensstrategien

Zentrale Aufgabe der Entwicklung von Unternehmensstrategien ist die Sicherung der langfristigen Überlebensfähigkeit der Unternehmung.

Bei einer dynamisch turbulenten Umwelt ist eine Prognose zukünftiger Marktkonstellationen kaum mehr möglich. In dieser Situation ist die Überlebensfähigkeit durch Diversifikation und Flexibilität zu sichern. Stark spezialisierte Unternehmen sind bei Veränderungen stärker gefährdet als Unternehmen mit breiter Produktpalette und großem Flexibilitätspotential. In unsicheren Märkten ist es rational, sich über Flexibilitätspotentiale gegen Veränderungen in der Zukunft abzusichern [Pöp, 1985, 1].

6

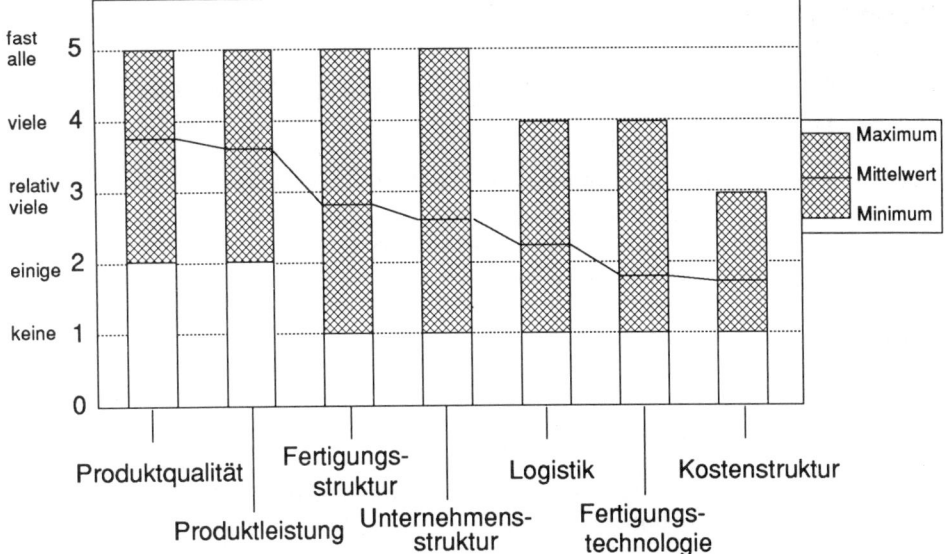

Die Unternehmen haben sehr geringe Kenntnisse über die
Fertigungs- und Logistikorganisation sowie den
Technologieeinsatz der Konkurrenten

Wettbewerbsvorteile in Produktion
und Logistik bleiben unbekannt
und somit nur schwer imitierbar

Abbildung 1.4:   Informationen über Erfolgsfaktoren der Mitbewerber (Delphi-Befragung , Basis 98 Unternehmen)

Eine Unternehmung kann nicht gleichzeitig eine Spitzenstellung bei allen Erfolgsfaktoren im Markt erreichen. Eine Konzentration auf einen als wesentlich erachteten Erfolgsfaktor ist erforderlich, um im Preis oder im Service oder in der Qualität eine Spitzenstellung zu erreichen. Eine Strategie "zwischen den Stühlen", die eine mittlere Position bei
allen Erfolgsfaktoren anstrebt, ist selten erfolgreich [Por, 1983, 1]. Die Konzentration
der Kräfte ist auf ein Erfolgskriterium auszurichten, das für den Kunden von zentraler
Bedeutung ist. Wird dieses Prinzip der Konsistenz der eigenen Stärke mit den Wün-
schen des Kunden verletzt, ist das Unternehmen in seiner Existenz gefährdet. Auch für
die CIM-Strategie sind aus Sicht des Kundenkreises die richtigen Schwerpunkte zu
setzen. Nicht für alle Produkt-Markt-Bedingungen ist CIM die beste Strategie. Und jede

CIM-Strategie ist auf die spezifischen Kundenwünsche auszurichten. Stärken und Schwächen sind gezielt zu planen.

Hieraus lassen sich folgende Anforderungen für die strategische Planung von CIM ableiten.

- Ganzheitliche Betrachtung von Produkt, Markt und Technologie
  Investitionen legen das Produktionspotential der Unternehmung auf Jahre hinaus fest und begrenzen so den Spielraum für Produktionsinnovationen. Die Produktionstechnologie darf deshalb in der strategischen Planung nicht nur als begrenzende Nebenbedingung aufgefaßt werden, sondern muß als Variable in die Überlegung eingehen. Das Produktionspotential ist so zu gestalten, daß es alle quantitativen und qualitativen Kapazitätsanforderungen, die sich aus den heutigen und zukünftigen Produkten und Märkten des Unternehmens ergeben, optimal erfüllen kann.

- Stärkere Berücksichtigung der Komponente Zeit
  Produkt-, Produktions- und Werkstofftechnologien sind zeitlichen Veränderungen unterworfen. Neue Technologien werden entwickelt und verändern das Marktgefüge. Ältere Technologien können mit der Zeit ersetzt und aus dem Markt gedrängt werden. Die strategische Planung muß solche Entwicklungen frühzeitig erfassen und die Unternehmung darauf einstellen, so daß die durch die Technologieentwicklungen eröffneten Chancen genutzt und die Entstehung möglicher Risiken rechtzeitig vermieden werden können.

Die Optimierung der Erfolgspotentiale erfordert deshalb die folgende integrierte Betrachtungsweise:

- Systematische Analyse der technologischen Evolution, der Entwicklungsrichtung und ihres zeitlichen Verlaufs sowie

- Integration der CIM-Strategie in die langfristige Unternehmensplanung als strategische Ressource anstelle einer isolierten Projekt-Betrachtung zur Erzielung einer Übereinstimmung zwischen CIM und strategischen Produkt-Markt-Zielen.

1.4 Arten von Unternehmensstrategien

Die Unternehmensstrategie hat die Aufgabe, alle Einzelmaßnahmen im Unternehmen auf eine gemeinsame strategische Zielposition hin auszurichten. Die globale Unternehmensstrategie bedarf zu ihrer Realisierung einzelner Strategien für jede strategische Geschäfteinheit, aber auch funktionaler Strategien für die Bereiche Finanzen, Produktion, Entwicklung und Marketing (vgl. Abbildung 1.5). Jeder dieser Funktionsbereiche entwickelt Aktionspläne, die zur Realisierung der Unternehmensstrategie beitragen. Diese Aktionspläne werden auf Unternehmensebene wiederum im top-down Vorgehen aufeinander abgestimmt, um somit ein koordiniertes Vorgehen zu erreichen. CIM ist bei dieser konventionellen Vorgehensweise der Strategieentwicklung nur schwer realisier-

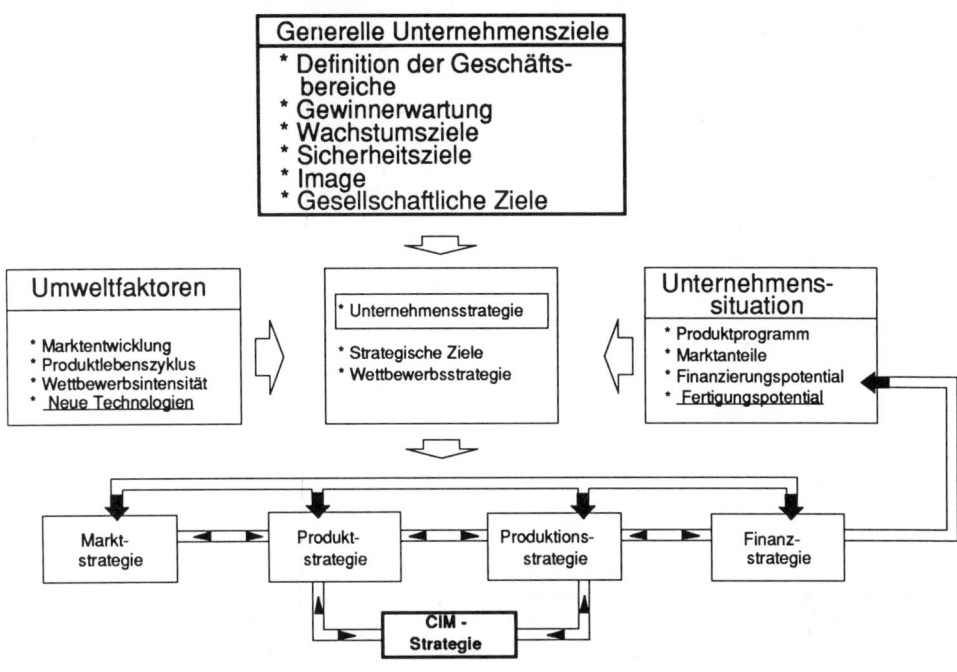

Abbildung 1.5: Ableitung funktionaler Strategien, insbesondere der Produktionsstrategie

bar, da eine funktionsübergreifende Strategie zu entwickeln ist, die die Produktion, die
Entwicklung und den Finanzbereich einbezieht. Die Entwicklung einer CIM-Strategie ist
als eigener Aufgabenbereich anzusehen. Es ist eine den funktionalen Strategien übergeordnete Konzeption, die die informationsverarbeitenden Prozesse aller Anwendungsbereiche einbezieht.

Komponenten der Unternehmensstrategie sind Ziele und Mittel, die ein Unternehmen
einsetzt, um Wettbewerbsvorteile zu erreichen. Sie können als "Rad der Wettbewerbsstrategie" dargestellt werden [Por, 1983, 1]: Die Nabe beinhaltet die ökonomischen und
nichtökonomischen Ziele der Unternehmung sowie eine allgemeine Festlegung, auf
welche Art und Weise der Wettbewerb geführt werden soll. Die Speichen des Rades
werden durch die wichtigsten Instrumente gebildet, mit denen die Unternehmung ihre
Ziele verfolgt; sie müssen miteinander verbunden (koordiniert) sein, damit das Rad
rollen kann (vgl. Abbildung 1.6). CIM stellt ein übergreifendes Instrument über mehrere
"Speichen" dar, das diesen Strategiebereich koordiniert und in der Effizienz erheblich
steigert.

9

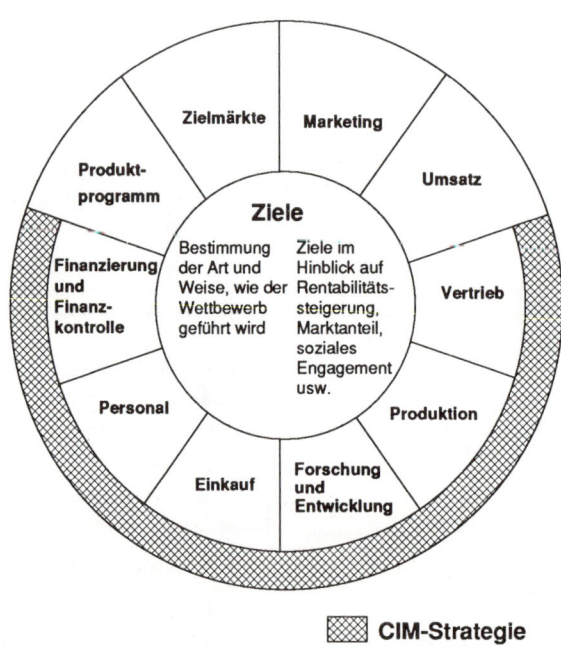

Abbildung 1.6:   Rad der Wettbewerbsstrategie

1.5   Typen von Wettbewerbsstrategien

Die Formulierung einer Wettbewerbsstrategie knüpft an die Analyse des Branchenwett-
bewerbs an und versucht eine verteidigungsfähige Position gegenüber den Wettbe-
werbskräften aufzubauen.

Wettbewerbsstrategien können prinzipiell nach dem strategischen Vorteil, den sie für
das Produkt erzielen sollen (Singularität aus Käufersicht oder Kostenvorsprung), und
nach dem strategischen Zielobjekt, auf das sie ausgerichtet sind (die ganze Branche
oder nur einzelne Segmente davon), eingeteilt werden (vgl. Abbildung 1.7).

Die Spezialisierung auf ein bestimmtes Marktsegment soll ebenfalls entweder zu Singularität oder Kostenvorsprung des Produkts bzw. zu beidem führen. Damit können
grundsätzlich drei erfolgversprechende Strategien unterschieden werden, um andere
Unternehmen in einer Branche im Wettbewerb zu übertreffen [Por, 1983, 1, S. 62]:

Abbildung 1.7:   Verknüpfung von Wettbewerbs- und Technologiestrategie [Por, 1983,1]

- generelle Kostenführerschaft
- Differenzierung
- Konzentration auf Schwerpunkte

Bei der Strategie der *generellen Kostenführerschaft* wird versucht, durch Ausnutzung von Kostendegressionseffekten bei entsprechend großen Produktionsmengen einen umfassenden Kostenvorsprung gegenüber den Konkurrenten aufzubauen. Die günstige Kostenposition schützt das Unternehmen dann gegen die Wettbewerbskräfte.

Im Rahmen der *Differenzierungsstrategie* wird versucht, das eigene Produkt gegenüber den anderen Produkten der Branche abzugrenzen und damit etwas zu schaffen, das in der ganzen Branche als einmalig angesehen wird. Hierdurch können die direkte Konfrontation mit dem Wettbewerber vermieden und überdurchschnittliche Ertragsspannen geschaffen werden.

Die letzte Strategie besteht in der *Konzentration auf ein bestimmtes Marktsegment*, z.B. eine bestimmte Abnehmergruppe. Der Grundgedanke dabei ist, daß ein Unternehmen ein eingegrenztes Marktsegment besser bedienen kann als ein breites. Mit dieser Strategie erzielt das Unternehmen in seinem Marktsegment entweder eine Differenzierung gegenüber den anderen Branchenprodukten oder niedrigere Kosten - oder beides.

Die drei Wettbewerbsstrategien sind auf unterschiedliche Produkt-Markt-Kombinationen ausgerichtet und weisen eigene kritische Erfolgsfaktoren auf.

Bei einer empirischen Erhebung in 28 Unternehmen über Einsatz und Verbreitung von CIM [Wil, 1988, 1] konnten mit Hilfe der Clusteranalyse über die kritischen Erfolgsfaktoren im Wettbewerb zwei Unternehmensgruppen unterschieden werden, die sich hinsichtlich der Bedeutung der Erfolgsfaktoren signifikant voneinander unterschieden. In einer empirischen Erhebung, die den gesamten Planungs- und Vorbereitungsprozeß von CIM-Technologien analysiert, wurde die strategische Bedeutung von CIM sowie die Ausgangssituation der Unternehmen und deren Zielorientierung erfaßt.

Für die Analyse wurde in 24 Unternehmen, die an dem Arbeitskreis "Einführungsstrategien für neue Technologien in Produktion und Logistik" teilnehmen, 26 Interviews von jeweils ca. vier Stunden Dauer durchgeführt. Darüberhinaus wurden zwei Fragebögen im Rahmen einer schriftlichen Datenerhebung von zwei Unternehmen ausgefüllt, von denen eines nicht am Arbeitskreis beteiligt ist. Insgesamt konnten somit 28 Fragebögen in die Auswertung einbezogen werden.

Bei der ersten Gruppe dominieren eindeutig die Erfolgsfaktoren Qualität, Produkt-Know-How und Produktions-Know-How, während bei der zweiten Gruppe die Preise, dann die Qualität und Variantenvielfalt von sehr hoher Bedeutung sind (vgl. Abbildung 1.8). Aufgrund der dominanten Bedeutung des Erfolgsfaktors Preis wurde die zweite Gruppe als *preisorientierte* Unternehmen bezeichnet, die erste Gruppe ist eher *produktorien-*

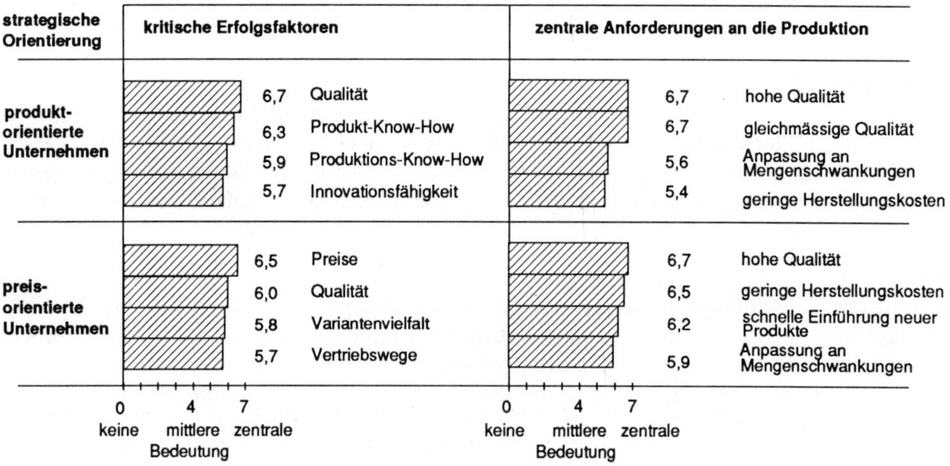

strategische Orientierung	kritische Erfolgsfaktoren		zentrale Anforderungen an die Produktion	
produkt- orientierte Unternehmen	6,7	Qualität	6,7	hohe Qualität
	6,3	Produkt-Know-How	6,7	gleichmässige Qualität
	5,9	Produktions-Know-How	5,6	Anpassung an Mengenschwankungen
	5,7	Innovationsfähigkeit	5,4	geringe Herstellungskosten
preis- orientierte Unternehmen	6,5	Preise	6,7	hohe Qualität
	6,0	Qualität	6,5	geringe Herstellungskosten
	5,8	Variantenvielfalt	6,2	schnelle Einführung neuer Produkte
	5,7	Vertriebswege	5,9	Anpassung an Mengenschwankungen

```
        0    4   7                          0    4   7
      keine mittlere zentrale            keine mittlere zentrale
           Bedeutung                          Bedeutung
```

Abbildung 1.8: Erfolgsfaktoren im Markt und Anforderungen an die Produktion in Abhängigkeit von der strategischen Orientierung

tiert. Aufgrund der Orientierung anhand unterschiedlicher Erfolgsfaktoren und der sich hieraus ergebenden unterschiedlichen Anforderungen an die Produktion ist zu erwarten, daß diese Unternehmen differenzierte CIM-Strategien entwickeln. Die CIM-Strategie ist im Gesamtzusammenhang mit der Unternehmensstrategie zu planen und zu bewerten.

1.6   Literaturverzeichnis

[Alb, 1984, 1]   Albach, H.:
Schumpeter auf der Spur. In: Wirtschaftswoche (1984) 30, S. 56 - 58.

[Alb, 1987, 1]   Albach, H.:
Investitionspolitik erfolgreicher Unternehmen. In: ZfB 57 (1987) 7, S. 636 - 661.

[Neu, 1989, 1]   Neubauer F.-F.:
Portfolio-Management: Erfolgspotentiale vor Planungsritualen. Neuwied 1989.

[Ohm, 1982, 1]   Ohmae, K.:
The mind of the strategist. New York 1982.

[Pet, 1984, 1]   Peters, T. F.; Waterman, R. H.:
Auf der Suche nach Spitzenleistung. 10. Aufl., Landsberg 1984.

[Pöp, 1985, 1]   Pöppel, J.:
Die Wirtschaftlichkeit automatischer Produktionssysteme - Eine Rechenaufgabe oder eine Glaubensfrage. In: Milberg, H. (Hrsg.): Bausteine, Entwicklungsstufen, Wirtschaftlichkeit. Kolloquium: Automatische Produktionssysteme, München 1985, S. 85 - 100.

[Por, 1983, 1]   Porter, M. E.:
Wettbewerbsstrategie. Frankfurt 1983.

[Püm, 1980, 1]   Pümpin, C.:
Strategische Führung in der Unternehmenspraxis. In: Die Orientierung. Schriftenreihe der schweizerischen Volksbank (1980) 76.

[Sim, 1988, 1]   Simon, H.:
Management strategischer Wettbewerbsvorteile. In: ZfB 58 (1988) 4, S. 461 - 480.

[Wil, 1988, 1]   Wildemann, H.:
Einführungsstrategien und Verbreitung von CIM in den Unternehmen. In: Wildemann, Horst (Hrsg.): Arbeitsunterlagen zur 5. Arbeitskreissitzung "Einführung für neue Technologien in Produktion und
Logistik". Internes Arbeitspapier, Universität Passau 1988, S.15 -
101.

2 Ableitung von CIM-Strategien aus der Unternehmensstrategie

2.1 Kritische Erfolgsfaktoren als Basis der Unternehmensstrategie

Der Wettbewerb in einer Branche ergibt sich durch die Rivalität unter den bestehenden Konkurrenten mit gleichen oder ähnlichen Produkten. Zusätzlich wirken jedoch folgende Wettbewerbskräfte von außen auf die Unternehmen der Branche ein:

*   die Bedrohung durch den Markteintritt neuer Konkurrenten
*   die Gefahr der Substitution von Produkten
*   die Verhandlungsstärke der Lieferanten
*   die Verhandlungsmacht der Abnehmer (vgl. Abbildung 2.1)

Diese Wettbewerbskräfte führen entweder über steigende Kosten oder über sinkende Absatzpreise zu einer verringerten Rentabilität der Branche.

Der Grad der Rivalität unter den bestehenden Wettbewerbern hängt insbesondere vom Zusammenwirken folgender Faktoren ab:

*   zahlreiche oder gleich ausgestattete Wettbewerber
*   langsames Branchenwachstum
*   hohe Lager- und Fixkosten
*   fehlende Differenzierung
*   große Kapazitätserweiterungen
*   heterogene Wettbewerber
*   hohe Aus- bzw. Eintrittsbarrieren

Der Markteintritt neuer Konkurrenten führt über zusätzliche Kapazitäten zu einem vergrößerten Angebot. Hierdurch können die Preise und damit die Rentabilität der Branche sinken. Wie stark die Gefahr des Markteintritts ist, hängt davon ab, inwieweit Eintrittsbarrieren bestehen und mögliche Neuanbieter mit Vergeltungsmaßnahmen der etablierten Wettbewerber rechnen müssen.

Ersatzprodukte begrenzen das Gewinnpotential einer Branche, weil durch sie eine Preisobergrenze für deren Produkte entsteht. Der Wettbewerbsdruck durch die Ersatzprodukte ist umso größer, je attraktiver die von ihnen angebotene Preis-Leistungs-Alternative ist. Im Extremfall können die Ersatzprodukte die Branchenprodukte vollständig aus dem Markt drängen.

Die Lieferanten verstärken den Wettbewerbsdruck in einer Branche, wenn sie Preiserhöhungen durchsetzen, ohne daß diese an die Abnehmer weitergegeben werden können. Sie befinden sich insbesondere dann in einer guten Verhandlungsposition, wenn sie stärker konzentriert sind als die Abnehmerbranche, diese ein relativ unwich-

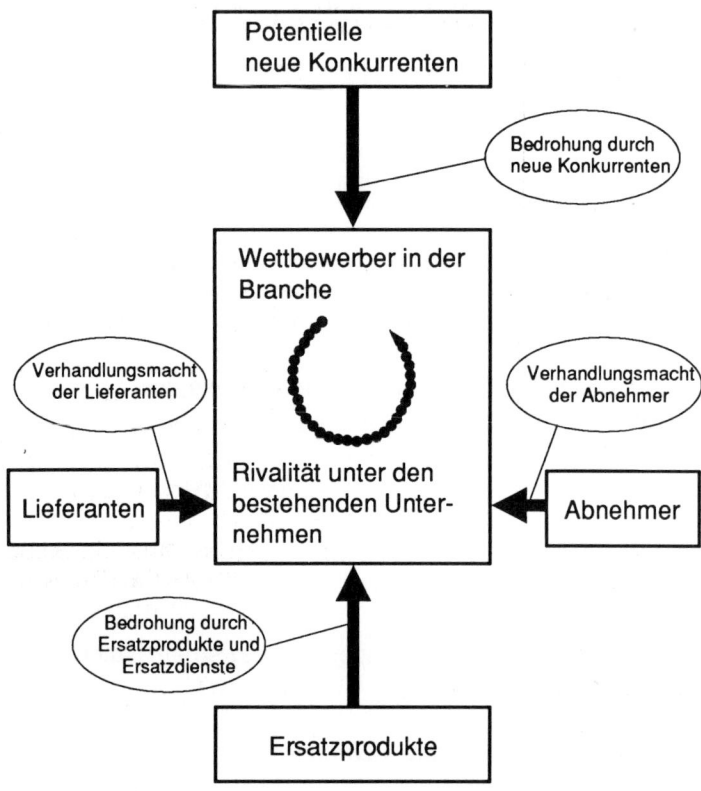

Abbildung 2.1:   Die Triebkräfte des Wettbewerbs [Por, 1983, 1]

tiger Kunde ist, aber das Produkt der Lieferanten ein wichtiger Input für die Abnehmer ist.

Die Abnehmer der Branche schließlich verursachen einen verschärften Wettbewerb, indem sie die Preise herunterdrücken, höhere Qualität oder bessere Leistung verlangen und die Wettbewerber gegeneinander ausspielen. Das hat ebenfalls Wirkungen auf die Rentabilität der Branche.

Diese Analyse liefert die Basis für die Selektion der kritischen Erfolgsfaktoren. Unter kritischen Erfolgsfaktoren sind diejenigen zu verstehen, die zur Erschließung zentraler Marktchancen oder zur Vermeidung großer Risiken eingesetzt werden können. Auf diese Erfolgsfaktoren wird die Unternehmensstrategie konzentriert.

Die Unternehmen werden sich, je nach eigener Ausgangsposition und Zielmarkt, auf unterschiedliche kritische Erfolgsfaktoren ausrichten, um bei diesen Faktoren Wettbewerbsvorteile zu erreichen (vgl. Abbildung 2.2).

Wettbewerbs-strategie	Merkmale der Produkt-Markt-Kombination				Bedeutung der kritischen Erfolgsfaktoren				
	Vielfalt	Marktgrösse	Wachstum	Veränderung	Kosten	Service	Qualität	Flexibilität	Einführungszeit
Konzentration	◐	○	●	●	○	●	◐	●	●
Differenzierung	●	◐	◐	●	◐	◐	●	●	●
Kostenführerschaft	○	●	○	○	●	○	○	○	◐

○ gering   ◐ mittel   ● gross

Abbildung 2.2:   Erfolgsvoraussetzungen im Wettbewerb

2.2 Abstimmung der CIM-Strategie auf die verfolgte Unternehmensstrategie

Die Notwendigkeit der Ableitung von CIM-Strategien aus der Unternehmensstrategie ist besonders dann gegeben, wenn CIM relevante Auswirkungen auf die Wettbewerbsposition der Unternehmung hat. Empirische Ergebnisse zeigen, daß die Einzelkomponenten und auch das integrierte Gesamtsystem schon heute als für die Sicherung der Wettbewerbs-position bedeutend eingestuft werden und, daß diese Bedeutung in den nächsten Jahren noch erheblich zunehmen wird (vgl. Abbildung 2.3). Nicht alle Unternehmen setzen CIM jedoch als Wettbewerbsinstrument ein.

Viele Unternehmen sehen die Fertigung als einen Ort von hoher Kapitalbindung im Anlage- und Umlaufvermögen an, der auch für Terminüberschreitungen und mangelnde Produktqualität verantwortlich ist. Diese Störungen gilt es zu minimieren. Eine weitere Gruppe von Unternehmen versucht, in ihrer Produktion den gleichen Stand wie die Konkurrenten zu erreichen. Sie kaufen die gleichen Maschinen, lassen sich von den gleichen Beratern die Konzepte entwickeln und benutzen die gleichen Computersysteme. Nur ein geringer Prozentsatz von Unternehmen erkennt, daß die Fertigung einen wichtigen Wettbewerbsfaktor darstellt. Sie konzentrieren sich darauf, alle Funktionen der Produktion gleich gut durchzuführen. Sie führen im Rahmen einer langfristigen Planung gezielt neue Technologien ein, die z. B. signifikante Kostenreduzierungen ermöglichen. Diese Unternehmen legen großen Wert auf Details in den Maschinen, Werk-

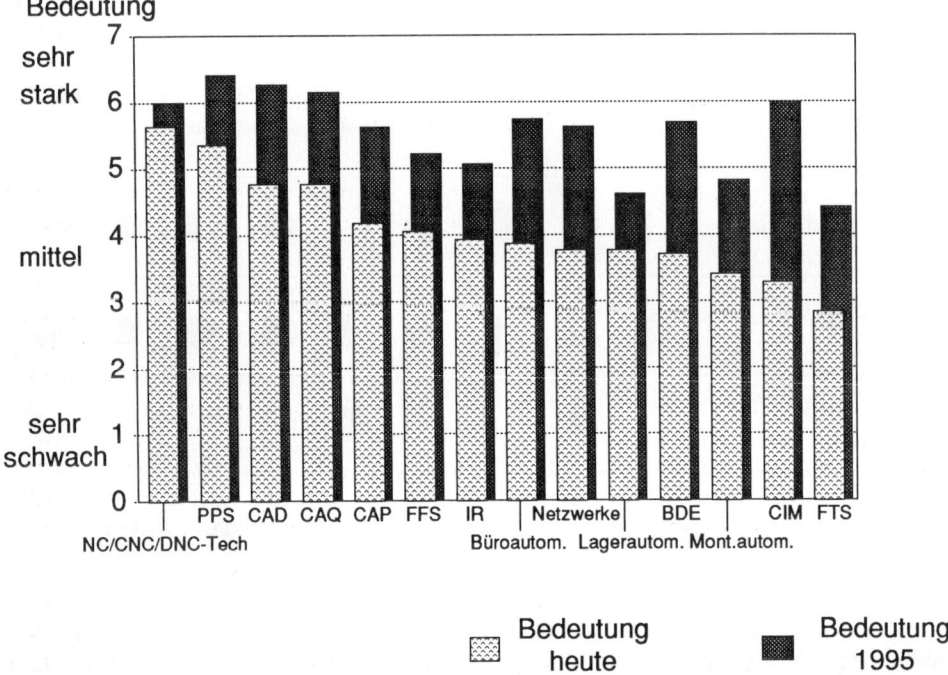

Abbildung 2.3: Bedeutung neuer Produktionstechnologien für die Wettbewerbsposition

zeugen und Fertigungsstrukturen, die nur schwer vom Mitwettbewerber zu kopieren sind. Die Gestaltung einer individuellen Produktionsfunktion durch neue Produktionstechnologien steht dabei im Mittelpunkt.

Neue Technologien können auf zwei unterschiedliche Arten die Wettbewerbsposition der Unternehmung verändern. Einerseits beeinflussen sie die Wettbewerbsbedingungen ganzer Branchen. Dies führt zu einer extern verursachten Verschiebung der Wettbewerbsposition jeder einzelnen Unternehmung in der Branche. Andererseits können neue Technologien von den Unternehmen als Instrument der eigenen Wettbewerbsstrategie eingesetzt werden, um durch den Aufbau von Stärken beziehungsweise Abbau von Schwächen die Wettbewerbsposition zu verbessern. So kann sich beispielsweise der Einsatz von CIM durch die Erhöhung von Integration, Automation und Flexibilität der Produktion positiv auf die Wettbewerbsposition auswirken.

Einen Integrationsschritt zu realisieren bedeutet für das Unternehmen Schnittstellenprobleme zu lösen. Die negativen Effekte der Arbeitsteilung können durch Segmentierung und DV-technische Integration vermieden werden, ohne die Rationalisierungser-
folge zu gefährden. Integration ist jedoch nicht mit der Aufhebung der Arbeitsteilung
gleichzusetzen. Schnittstellen sind nicht vermeidbar, werden jedoch bei CIM durch definierte Übergänge ersetzt, und die Anzahl wird reduziert.

Zur Diskussion von CIM als Instrument der Unternehmensstrategie ist zunächst eine
Begriffsdefinition notwendig. Eine Literaturauswertung zeigt, daß die Begriffsinhalte der
rechnerintegrierten Produktion sehr unterschiedlich gebraucht werden. In den Veröffentlichungen zu Beginn der achtziger Jahre dominierte noch eindeutig die Kopplung
von CAD/CAM-Systemen als Begriffsinhalt der rechnerintegrierten Produktion [Spu,
1983, 1; Cha, 1987, 1; Gra, 1983, 1]. Diese Definition wurde Mitte der achtziger Jahre
in der deutschsprachigen Literatur ergänzt, indem die Systeme der Produktionsplanung
und -steuerung als wesentliche Teilkomponente der Integration hinzugefügt wurden
[Sch, 1984, 1]. Dieses Verständnis von CIM als Integration von PPS und CAD/CAM-
Systemen ist derzeit am weitesten verbreitet [AWF, 1985, 1]. Dieser Begriffsinhalt wurde
bereits 1973 von Harrington geprägt [Har, 1985, 1], fand jedoch erst Anfang der achtziger Jahre in den USA und Mitte der achtziger Jahre in Deutschland weitere Verbreitung.

Ergänzend zu dieser Definition des CIM-Begriffes findet sich eine erweiterte Definition
in der Literatur, die zwar die gleichen technischen Systeme in die Definition einbezieht,
diese jedoch hinsichtlich eines Fundamentes erweitert, auf die das Konzept aufgebaut
werden kann [Wil, 1987, 1]. Dieses Fundament besteht aus der Fertigungs- und der
DV-Struktur. In diesem Bild der CIM-Bausteine stellen Netzwerke und Datenbanksysteme als Infrastruktur den Mörtel dar, der die einzelnen CIM-Komponenten verbindet [Sav,
1985, 1]. Auch finden sich Erweiterungen des CIM-Begriffes hinsichtlich der Einbeziehung von Systemen der Büroautomation und der administrativen DV-Einsätze in ein
übergeordnetes integriertes Gesamtsystem. Für diese erweiterte Definition wurden die
Begriffe Computer Aided Industry, CAI, [Wal, 1987, 1] und Computer Integrated Business, CIB, [Bul, 1987, 1], geprägt.

Diese Begriffsabgrenzungen beschränken sich auf unternehmensinterne Datenstrukturen und Kommunikationswege. Diese interne Betrachtungsweise integrierter Systeme
wird der angestrebten strategischen Dimension der Technologie nicht ganz gerecht.
Eine Einbeziehung der gesamten logistischen Kette über alle Wertschöpfungsstufen ist
zur Analyse der Wirkungen und zur Optimierung des Systems erforderlich. Nur so kann
die Integration der Wertschöpfungskette erreicht werden, wobei jedoch nicht zwangsläufig die DV-technische Integration erfolgen muß. Eine zielgerichtete Verknüpfung [Eid,
1986, 1] von Geschäftsprozessen in den einzelnen Unternehmensbereichen über die
Wertschöpfungskette kann auch durch organisatorische Integrationskonzepte mit geringem DV-Einsatz gewährleistet werden [Wil, 1987, 1]. Deshalb wird derzeit auch eine
Erweiterung des Begriffes hinsichtlich der Kommmunikation mit den Abnehmern und
den Kunden diskutiert [Sch, 1990, 1; Wil, 1988, 1].

Die Integration von informationsverarbeitenden Vorgangsketten im dispositiven Bereich erfordert eine ähnliche Verzahnung der einzelnen Aufgaben, wie sie auf der operativen Ebene durch das Just-In-Time Konzept in den Materialflußströmen realisiert worden ist. Integration ist insofern für die Unternehmen eine wichtige Aufgabe, die jedoch nicht darin gesehen werden kann, lediglich bestehende Abläufe zu automatisieren. Informationstechnische Integration erfordert eine optimierte Organisationsstruktur der indirekten Bereiche des Unternehmens.

In diesem Bereich kann das Konzept der Segmentierung, das im Bereich der Materialflußoptimierung in der Logistik erfolgreich Anwendung findet, als Analogie herangezogen werden [Wil, 1988, 2]. Segmentierung im indirekten Bereich wird dazu dienen, teilautonome Segmente zu bilden, die in sich geschlossene Vorgangsketten bearbeiten und so zu einer Minimierung der Schnittstellenprobleme beitragen. Das Konzept der Segmentierung führt somit zu einem System der strukturierten Vernetzung.

Ein Zusammenhang zwischen CIM und Unternehmensstrategie läßt sich durch die kritischen Erfolgsfaktoren herstellen: Die CIM-Komponenten müssen den vom Markt gestellten Anforderungen hinsichtlich Kosten, Service, Qualität, Flexibilität und Einführungszeit gerecht werden.

Bei der *Konzentrationsstrategie* muß daher die Produktion eine schnelle Anpassung an Kundenwünsche bei hoher Qualität und gutem Service ermöglichen. Hierfür bietet sich ein CIM-System an, wobei der Integrationsschwerpunkt bei den komplexen Geometriedaten auf der Planungsebene liegen wird (*CAD-CAP-Kopplung*).

Für die *Differenzierungsstrategie* muß die Produktion Anpassungs- und Innovationsfähigkeit bei hoher Qualität gewährleisten. Es ist daher ebenfalls ein durchgängiges CIM-System sinnvoll, der Schwerpunkt liegt hierbei aber mehr im Bereich PPS, das mit den CAD- und CAP-Systemen integriert wird (*PPS-CAD-Kopplung*).

Wird die *Kostenführerschaftsstrategie* verfolgt, so muß die Produktion vor allem hohe Produktivität und Zuverlässigkeit sicherstellen. Hier kommt es daher nicht so sehr auf die Durchgängigkeit der Daten von der Konstruktion bis in die Fertigung an. Priorisiert wird hier eine integrierte automatisierte Fertigung, die Auftragsdaten direkt vom PPS-System erhält (*PPS-CAM-Kopplung*) (vgl. Abbildung 2.4).

CIM als Schlüsseltechnologie der neunziger Jahre stellt für Industriebetriebe ein Instrument dar, einen lang anhaltenden Wettbewerbsvorsprung vor Mitwettbewerbern aufzubauen, da das organisatorische und technische Know-How der CIM-Anwendung dem Wettbewerb unbekannt bleibt und somit im Gegensatz zu Produkt-Know-How schwer imitierbar ist. Der signifikante Wettbewerbsvorteil kann durch eine simultane Verbesserung bei den Erfolgsfaktoren Reaktionszeit, Kosten und Kundennutzen erreicht werden.

Der CIM-Technologie als integriertes Gesamtkonzept für die Wettbewerbsposition wird von den Unternehmen heute noch lediglich eine mittlere Bedeutung gegeben, da technische Restriktionen die Realisierungsmöglichkeiten stark eingrenzen. Jedoch wird die

Wettbewerbs-strategie	Handlungs-maxime für Produktion	Präferiertes Produktionssystem		
		CAD	FFS	CIM
Konzentration	schnelle Anpassung an Kundenwünsche bei hoher Qualität und gutem Service	CAD-System (Schwerpunkt: Änderungs-konstruktion)	konventionelle Werkstatt-fertigung oder FFS	Schwerpunkt: CAD - CAP - Kopplung
Differenzierung	Anpassungs- und Innova-tionsfähigkeit bei hoher Qualität	CAD-System (Schwerpunkt: Neukon-struktion)	FFS	Schwerpunkt: PPS - CAD - Kopplung
Kosten-führerschaft	hohe Produktivität und Zuver-lässigkeit	CAD-System (Insellösung) oder Konventionelle Konstruktion	Transferstrassen * starre * flexible	Schwerpunkt: PPS - CAM - Kopplung

Abbildung 2.4:   Neue Technologien als Instrument der Wettbewerbsstrategie

Bedeutung von CIM bis 1995 sehr hoch sein. Dies zeigt, daß der langfristige Prozeß der Transformation von Produktionsbedingungen, der zur CIM-Realisierung erforderlich ist, heute begonnen werden sollte, um 1995 wettbewerbsfähig sein zu können.

Bis zu diesem Zeitpunkt ist in der überwiegenden Zahl der Unternehmen eine Integrations- und Komponentenlücke zu schließen. Dies bedeutet, daß die Investitions- und Planungsressourcen bereits jetzt gelenkt werden müssen, um bis 1995 die Technologielücken zumindest in den wichtigsten Teilstrecken der Wertschöpfungskette zu schließen und so die Überlebensfähigkeit der Unternehmung zu gewährleisten.

Im Rahmen der Entwicklung einer CIM-Strategie ist sukzessive eine Antwort auf folgende Fragen zu geben:

• Welche Erfolgsfaktoren sind aufgrund der strategischen Orientierung und der gegebenen Marktanforderungen als kritisch einzustufen?

Die Auswertung der Befragung von 28 Industrieunternehmen zeigte, daß die Bedeutung möglicher Einflußfaktoren für die Unternehmen sehr unterschiedlich ist. Die Unternehmen beurteilen die Bedeutung der Produktionstechnologien unterschiedlich und verfolgen unterschiedliche Ziele mit dem Technologieeinsatz. Daraus ist die Hypothese abzuleiten, daß unterschiedliche technische Realisierungskonzepte für CIM zu entwickeln und Einführungsstrategien individuell zu gestalten sind.

• Welche zentralen Anforderungen an die Produktion ergeben sich infolge der kritischen Erfolgsfaktoren und welche Ziele der Einführung neuer Technologien sind daraus abzuleiten?

Bei den Anforderungen an die Produktion steht die Gewährleistung eines hohen Qualitätsstandards im Vordergrund. Bei den produktorientierten Unternehmen dominiert dieses Ziel deutlich die Forderung nach geringen Herstellkosten, nicht so bei den preisorientierten Unternehmen. Dieser Unterschied setzt sich konsistent in den Zielen der Einführung neuer Technologien fort. Die preisorientierten Unternehmen gewichten die Ziele der Produktivitätssteigerung, Personaleinsparung und Know-How-Gewinnung am stärksten, während produktorientierte Unternehmen Durchlaufzeitreduktion, Bestandssenkung und Integrationsfähigkeit als primäre Ziele ansehen.

• Welche Bedeutung der Einzeltechnologien und welche Technologiestrategie ist geeignet, die definierten Ziele zu erreichen?

Bei dieser Fragestellung ist festzustellen, daß die befragten Unternehmen im Bereich der Produktionstechnologien eine deutlich defensivere Technologiestrategie verfolgen als bei Produktinnovationen. Eine schriftliche Fixierung der Technologiestrategie für die Produktion, in der die einzelnen Stufen zur CIM-Realisierung vorgeplant werden, existiert in der Mehrzahl der Unternehmen nicht, ist jedoch auch nach Meinung der Experten für eine zügige Realisierung von CIM erforderlich.

• Wie ist die technische und organisatorische Ausgangssituation der Unternehmung?

In diesem Schritt des Planungsprozesses ist der Verbreitungsgrad der einzelnen CIM-Komponenten im Unternehmen oder in bestimmten strategischen Geschäftseinheiten systematisch zu erfassen. Es ist auch zu bewerten, inwieweit vorhandene Systeme integrationsfähig sind und ob die organisatorische Flexibilität ausreicht, um die CIM-Systeme effizient einsetzen zu können. Eventuell sollte vor der CIM-Realisierung eine Vereinfachung der Organisationsstrukturen z. B. durch das Konzept der modularen Fabrik vorgenommen werden [Wil, 1988, 2].

• Welche personellen und organisatorischen Maßnahmen sind wann zu realisieren?

Die Einführung von CIM erfordert eine erhebliche Veränderung der Organisations- und Personalstrukturen im Unternehmen, die erfahrungsgemäß starke Innovationswiderstände auslöst. Diese Widerstände können den Einführungsprozeß verhindern oder zumindest verzögern. Neben der Planung der Inhalte der Organisations- und Personalentwicklung ist es von Bedeutung, den Zeitpunkt der Realisierung zu definieren. In der Mehrzahl der Unternehmen wird die Organisationsentwicklung nach der Implementierung der Technologie vorgenommen, was die Effizienz des Technologieeinsatzes in der

Nutzungsphase vermindern kann. Eine synchrone Realisierung technischer und organisatorischer Veränderungen kann zu einem höheren Zielerreichungsgrad beitragen.

2.3 Literaturverzeichnis

[AWF, 1985, 1]   AWF (Hrsg):
                 Integrierter EDV-Einsatz in der Produktion, CIM - Computer Integrated Manufacturing. Eschborn 1985.

[Bul, 1987, 1]   Bullinger H. J.; Niemeier, J.; Huber, H.:
                 Computer Integrated Business (CIB)-Systeme. In: CIM-Management 3 (1987) 3, S.12 - 19.

[Cha, 1987, 1]   Chasen, S. H.; Dow, J. W.:
                 The guide for the evaluation and implementation of CAD/CAM-Systems. Atlanta 1979.

[Eid, 1986, 1]   Eidenmüller, B.:
                 Auswirkungen von CIM auf Ablauf- und Aufbauorganisation im Produktionsbereich. Vortrag auf der Systec '86, Sonderdruck, München 1986.

[Gra, 1983, 1]   Grabowski, H.:
                 CAD/CAM-Grundlagen und Stand der Technik. In: FB/IE 32 (1983) 4, S. 224 - 233.

[Har, 1985, 1]   Harrington, J.:
                 Computer Integrated Manufacturing. 3. Aufl., Malabar 1985.

[Por, 1983, 1]   Porter, M. E.:
                 Wettbewerbsstrategie. Frankfurt 1983.

[Sav, 1985, 1]   Savage, Ch. M.:
                 CIM and Management Policy: A word to the president. In: Savage, Ch. M.(Hrsg.): A program guide for CIM implementation, Dearborn 1985, S. 11 - 18.

[Sch, 1984, 1]   Scheer, A.-W.:
                 EDV-orientierte Betriebswirtschaftlehre. Berlin u.a.O. 1984.

[Sch, 1990, 1]   Scheer, A.-W.:
                 CIM - Computer Integrated Manufacturing - Der computergesteuerte Industriebetrieb. 4. Aufl., Berlin u.a.O. 1990.

[Spu, 1983, 1]   Spur, G.:
Aufschwung, Krisis und Zukunft der Fabrik. In: Produktionstechnisches Kolloquium in Berlin. Vorabdruck der ZwF, München 1983, S. 3 - 25.

[Wal, 1987, 1]   Waller, S.:
Computerintegrierte Fertigung: Perspektiven der 90er Jahre. In: Bullinger, H.-J.(Hrsg.): Kongreß III (Kongreßband), Computer Integrated Manufacturing und Unternehmenslogistik. Velbert 1987, S. 01.2.01 - 01.2.17.

[Wil, 1987, 1]   Wildemann, H.:
Auftragsabwicklung in einer computergestützten Fertigung (CIM). In: ZfB 57 (1987) 1, S. 6 - 30.

[Wil, 1988, 1]   Wildemann, H.:
Einführungsstrategien für eine computerintegrierte Fertigung (CIM). Manuskript eines Beitrags für Informatik (1988), Universität Passau, Oktober 1987.

[Wil, 1988, 2]   Wildemann, H.:
Die modulare fabrikkundennahe Produktion durch Fertigungssegmentierung. München, Zürich 1988.

3 Strategische Unternehmensziele sowie konsistente Ableitung von Produktionsanforderungen und Technologiezielen

3.1 Bedeutung der CIM-Strategie in der Wettbewerbsstrategie

Von Bedeutung für die strategische Position eines Unternehmens sind Marktveränderungen, wie z.B. Markteinbrüche oder die Internationalisierung des Wettbewerbs, und Quantensprünge bei Produkt- und Prozeßtechnologien. Grundsätzlich gilt dabei folgende Tendenz: Je später sich ein Unternehmen auf Veränderungen einstellt, desto geringer ist sein Handlungsspielraum. Häufig verbleibt nur noch die Möglichkeit zum operativen Krisenmanagement mit Hilfe von Crashprogrammen, für die überproportional hohe finanzielle Aufwendungen getätigt werden müssen. Günstiger sind daher frühzeitige Reaktionen oder besser noch die "strategische Vorbereitung" der Unternehmen auf Veränderungen. CIM-Komponenten mit ihren charakteristischen Eigenschaften können hierzu einen wesentlichen Beitrag leisten. Technischer Fortschritt und die Internationalisierung des Wettbewerbs führen zu einer neuen Dimension des industriellen Wettbewerbs und erfordern technologiebestimmte Strategien. Die Globalisierung der Märkte führt in vielen Bereichen zu einer weltweiten Standardisierung der Produkte, so daß der Preis immer mehr zum Erfolgsfaktor wird. Unter diesem Gesichtspunkt ist eine moderne, auf Massenproduktion ausgerichtete Fabrik flexibel automatisierten Produktionstechnologien überlegen. Berücksichtigt man jedoch technische Weiterentwicklungen, die zu einer Veränderung des Produkts führen, und wechselnde Anforderungen auf der Kundenseite, weisen flexible Produktionstechnologien Vorteile auf. So können durch CIM die Produktkosten gesenkt und zugleich Verbesserungen bei den Eigenschaften des Produkts erzielt werden [Dav, 1985, 1].

Dies kann aus den Merkmalen neuer Technologien begründet werden: Integration, Automation und Flexibilität bewirken eine Veränderung in der Input-Output-Relation des Produktionssystems, die sich in Kosten- und Leistungsveränderungen niederschlägt. Dabei zielen CIM-Technologien nicht auf "economies of scale" sondern auf "economies of scope", d.h. auf die wirtschaftliche Fertigung kundenspezifischer Produkte in kleinen Losgrößen [Jel, 1983, 1]. Die Integration von Teilsystemen kann einen Produktivitätssprung bewirken, der zu einer höheren Rendite des Gesamtsystems führt. So führt die Kombination neuer Produktionstechnologien wie z.B. die Kopplung eines CAD/CAM-Systems mit FFS in der Regel nicht zu einer Addition von Ertragspotentialen der einzelnen Technologien, sondern häufig zu einer überproportionalen Ertragssteigerung. Integration und Automatisierung neuer Technologien führen zu verkürzten Durchlaufzeiten und damit zu einer erheblichen Verringerung der Kapitalbindung im Umlaufvermögen. Das frei werdende Kapital kann beispielsweise zur Finanzierung von Investitionen verwendet werden.

Investitionen in CIM-Technologien sind weitgehend produktunabhängige Investitionen. Dies eröffnet weitere Einsparungspotentiale: die produktunabhängige Nutzung der Anlage bietet die Möglichkeit zu einer erfahrungsbedingten Reduzierung der Stückkosten für ein ganzes Produktspektrum. So zeigt z.B. der Einsatz flexibler Fertigungssysteme, daß die Erfahrung als Voraussetzung zur Kostensenkung nicht an die kumulierte Produktionsmenge, sondern an die Dauer und Breite der Anwendungen solcher Systeme gebunden ist. Stärker als die konventionelle Automatisierung ermöglicht nämlich die flexible Produktion, kumulierte Erfahrung auf neue Produkte zu übertragen. Neue Erfahrungskurven beginnen deshalb nicht mehr mit der Einführung neuer Produktions-technologien. Die Herstellung neuer Produkte kann damit bereits auf einem günstigeren Stückkostenniveau beginnen [Wil, 1984, 1].

Neue Produktionstechnologien können oftmals ohne hohe Zusatzinvestitionen für neue Fertigungsaufgaben genutzt werden. Das heißt, zum Planungszeitpunkt werden höhere Investitionen getätigt, um die erforderlichen Anpassungen in der Zukunft ohne Zusatzinvestitionen und mit geringem Zeitverlust durchführen zu können. Die beim Wechsel der Fertigungsaufgabe im Vergleich zu konventionellen Produktionstechnologien vermiedenen Folgeinvestitionen stellen ein weiteres Einsparungspotential neuer Produktionstechnologien dar.

Langfristig ermöglicht die rechnerunterstützte Fabrikautomatisierung eine Senkung der Herstellkosten von 25% bis 30% [Schu, 1985, 1]. Mehr als 50% des Kostensenkungspotentials entstehen als indirekter Nutzen und können erst durch die Integration erschlossen werden. Bei CAD/CAM-Systemen wird angeführt, daß gerade der Integrationseffekt in Verbindung mit ihrer Flexibilität zu einer schnelleren Anpassung der Produkte an Kundenwünsche und zu einer Verkürzung der Anlaufzeiten bei Neuprodukten führt. Dies zeigt aber auch, daß sich die Integration nicht auf den Produktionsbereich beschränken darf, sondern daß die vor- und nachgelagerten betrieblichen Funktionsbereiche einbezogen werden müssen. Erst die durchgängige Integration des Informationsflusses über alle Stufen der Auftragsabwicklung - von der Angebotsbearbeitung bis hin zur Vertriebsabwicklung - erlaubt eine kostengünstige Leistungserstellung und ein wirklich kundennahes Agieren der Unternehmung. Diejenigen Unternehmen sind besonders erfolgreich, die durch kundenspezifische Produktinnovationen und guten Service eine große Kundennähe erzielen und durch Investitionen die Qualität und Produktivität ihrer Fertigung sichern [Alb, 1984, 1].

Auch Skinner stellt fest, daß Fertigungsstrategien, die ausschließlich auf Produktivitätssteigerungen ausgerichtet sind, ihr Ziel verfehlen müssen. Langfristig erfolgversprechend ist es dagegen, in Abhängigkeit von der Wettbewerbsstrategie eine ganzheitliche Fertigungsstrategie zu entwickeln, die umfangreiche Investitionen in neue Produktionstechnologien beinhaltet [Ski, 1986, 1]. Dabei zeigen Langzeitstudien, daß erfolgreiche Unternehmen oft in relativ langen Perioden nur inkrementale Veränderungen durchführen, bevor dann eine radikale, unternehmensweite Strukturveränderung erfolgt. Eine Minderheit von Unternehmen initiiert sogar solche Diskontinuitäten, bevor sie Leistungsverluste erleidet. CIM-Technologien können dabei als Wettbewerbsinstrument genutzt werden, um insbesondere über das gesammelte Know-How Marktzugangsbeschränkungen aufzubauen. So können durch EDV-gestützte Informationssysteme zumindest zeitweise Marktzugangsbeschränkungen realisiert werden. Durch einen Know-How-Vorsprung in einer Schlüsseltechnologie kann eine Eintrittsbarriere für neue Konkurrenten entstehen, wenn dieses Know-How in der Unternehmung entwickelt wurde und nicht von potentiellen Wettbewerbern imitiert werden kann. Solche Vorsprünge beim Prozeßwissen bieten in der Regel einen besseren Imitationsschutz als leichter kopierbare Produktinnovationen. Andererseits kann die Wettbewerbsposition von Unternehmen, die mit konventionellen Technologien Eintrittsbarrieren für ihre Branche aufgebaut haben, durch den Technologieeinsatz außerhalb der Branche gefährdet werden, wenn diese externen Anbieter ihr Produktionsprogramm auf Branchenprodukte ausweiten.

Zusammenfassend kann festgestellt werden, daß neue Produktionstechnologien über eine Senkung der Stückkosten, ein beschleunigtes Reaktionsvermögen gegenüber Kunden und über Aufbau von Marktzugangsbeschränkungen auf die Wettbewerbsposition der Unternehmung einwirken. Um diese Wirkungen realisieren zu können, ist eine mit der Wettbewerbsstrategie abgestimmte CIM-Strategie zu verfolgen. Eine isolierte Planung von CIM ist nicht erfolgversprechend.

3.2 Kritische Erfolgsfaktoren und Anforderungen an die Produktion

Die Analyse der Ausgangssituation der Unternehmen beginnt mit der Erfassung der wichtigsten Erfolgsfaktoren im Wettbewerb. Hierbei konnte durch die empirische Studie gezeigt werden, daß sich die Unternehmen bei der Bedeutung der Erfolgsfaktoren signifikant unterscheiden (vgl. Kapitel 1.5).

Mit Hilfe einer Clusteranalyse wurden die beiden Gruppen produkt- und preisorientierte Unternehmen gebildet.
Diese beiden Gruppen unterscheiden sich auch deutlich hinsichtlich der Anforderungen an die Produktion. Die preisorientierten Unternehmen sind deutlich höheren Anforderungen an die Reduktion von Herstellkosten ausgesetzt und die schnelle Einführung neuer Produkte ist für die Unternehmen wichtiger als für die produktorientierten. Bei dieser Gruppe von Unternehmen stehen die Qualititätsanforderungen und die Anpassung an Mengenschwankungen im Vordergrund (vgl. Abbildung 1.7). Die empirische Auswertung führt zu einer plausiblen Bestätigung der These, daß sich die Marktanforderungen, die an die Unternehmen gestellt werden, in den Anforderungen an die Produktion widerspiegeln. Die Befragung zeigte jedoch auch, daß dieser Zusammenhang nicht systematisch analysiert und deduziert wird.

Die Analyse der Technologiestrategien der Unternehmen zeigt, daß die befragten Unternehmen im Bereich der Produkttechnologien eine gezielte Neuentwicklung vor den Wettbewerbern anstreben. Im Gegensatz dazu ist die Technologiestrategie im Bereich der Produktion deutlich defensiver.
Hier strebt der größte Teil der Unternehmen den Einsatz neuer Technologien dann an, wenn ein Ersatzbedarf vorliegt. Dies bedeutet, daß eine langfristige Planung des Technologieeinsatzes in der Mehrzahl der Fälle nicht möglich ist, da der Ersatzbedarf nicht

exakt prognostizierbar ist. Dies liefert die Begründung dafür, daß lediglich etwas über 40% der Unternehmen eine schriftlich fixierte Technologiestrategie im Bereich der Produktion haben.

Auch die Bedeutung der Technologien für die Wettbewerbsposition ist von der strategischen Orientierung abhängig. Die preisorientierten Unternehmen stufen die Bedeutung der Technologien generell höher ein. Lediglich die Technologien CAD, Industrieroboter und Netzwerke sowie Montageautomation werden von den produktorientierten Unternehmen leicht höher bewertet. Die generelle Höherbewertung durch die preisorientierten Unternehmen zeigt, daß auch die untersuchten neuen Produktionstechnologien als wesentliches Rationalisierungsinstrument eingesetzt werden. Die Höherbewertung der Bedeutung ist auch als Erklärungskomponente dafür anzusehen, daß die preisorientierten Unternehmen einen höheren Anteil in der Gruppe der Technologieführer repräsentieren.

3.3 Strategische Technologieziele und Ausgangssituation der Unternehmen

Bezüglich der Anforderungen an die Produktion ergibt sich, daß die Qualitätsmerkmale die Forderungen nach geringen Herstellkosten dominieren (vgl. Abbildung 1.8). Diese Anforderungen spiegeln sich nicht gänzlich in den Zielen, die bei der Einführung der Technologien verfolgt werden, wider (vgl. Abbildung 3.1). Bei diesen Zielen dominieren die Durchlaufzeitreduktion, die Flexibilitätssteigerung und Integrationsverbesserung noch vor der Produktivitätserhöhung. Qualitätsziele sind hier von geringerer Bedeutung. Die geringe Bedeutung der Qualitätsziele bei der Einführung neuer Produkttechnologien dürfte darauf zurückzuführen sein, daß man bei einem Großteil der Unternehmen der Meinung zu sein scheint, daß der erreichte Standard kaum noch verbesserungsfähig ist.

Die Analyse der Bedeutung der wichtigsten Ziele der Einführung neuer Technologien in Abhängigkeit von der strategischen Orientierung zeigte, daß preisorientierte Unternehmen die Produktivitätserhöhung, die Verbesserung der Reaktionsfähigkeit, aber auch die Qualitätssteigerung als wichtigste Ziele ansehen und diese deutlich höher bewerten als die produktorientierten Unternehmen. Diese zweite Gruppe sieht als wichtigste Ziele die Durchlaufzeitreduktion und die Bestandssenkung sowie die Integrationsfähigkeit und Flexibilitätssteigerung an (vgl. Abbildung 3.1). Offensichtlich ist bei den produktorientierten Unternehmen die Problematik der Durchlaufzeiten und Bestände von höherer Bedeutung als bei den preisorientierten Unternehmen.

In einem weiteren Fragenkomplex wurde untersucht, welche Integrationsziele die Unternehmen verfolgen. Hierbei zeigte sich, daß lediglich 14% der Unternehmen nur eine Teilintegration anstreben: 9% der Unternehmen wählen die PPS/CAM-Teilintegration und 5% die CAD/CAM-Integration. Über 85% streben mehrere Teilintegrationen oder sogar eine unternehmensweite Integration an. Die unternehmensweite Integration CAI wollen 27% der Unternehmen realisieren.

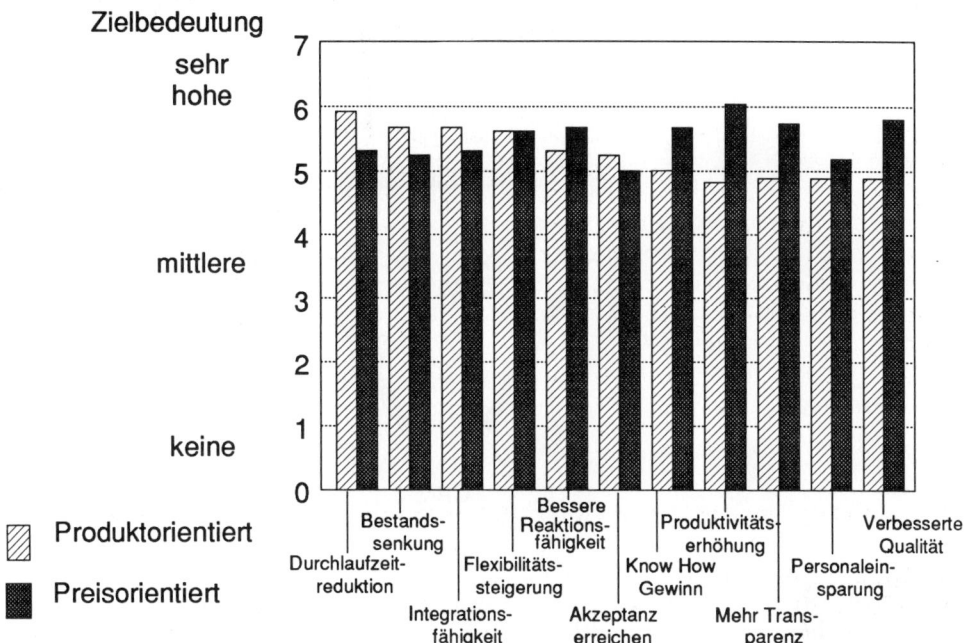

Abbildung 3.1: Bedeutung der wichtigsten Ziele der Einführung neuer Technologien in Abhängigkeit von der strategischen Orientierung

Es wurde im folgenden die Bedeutung der Teilintegration für das geplante CIM-System in der Endausbaustufe analysiert. Hierbei ergab sich, daß nicht alle Unternehmen eine Integration aller Einzelkomponenten miteinander anstreben (vgl. Abbildung 3.2). Es ergaben sich klare Integrationsschwerpunkte im Bereich PPS/CAM-Kopplung, im Bereich CAD/CAM-Kopplung und in der CAD/CAP/CAM-Kette zur vollständigen Integration der Geometriedaten. Die Systeme der rechnerunterstützten Qualitätssicherung sollen auch in hohem Maße mit PPS, CAD und natürlich der Fertigung CAM integriert werden. Der Bereich der Büroautomation steht jedoch nur in intensiver Verbindung zu PPS/BDE-Systemen und soll in über 10% der Fälle mit CAD als Dokumentationssystem integriert werden. Mit den übrigen drei CIM-Komponenten wird die Büroautomation nur in geringen Fällen integriert sein. Diese Auswertung zeigt, daß die Unternehmen offensichtlich klare Integrationsschwerpunkte setzen und nicht, wie es von einigen Anbietern angestrebt wird, jede EDV-Anwendung mit jeder anderen im Unternehmen in Kommunikation treten lassen wollen. Darüber hinaus ist eine Vorgehensweise der strukturierten Vernetzung durch Segmentierung der Fertigung aufgrund der erheblich geringeren Problemkomplexität der unstrukturierten Vernetzung vorzuziehen.

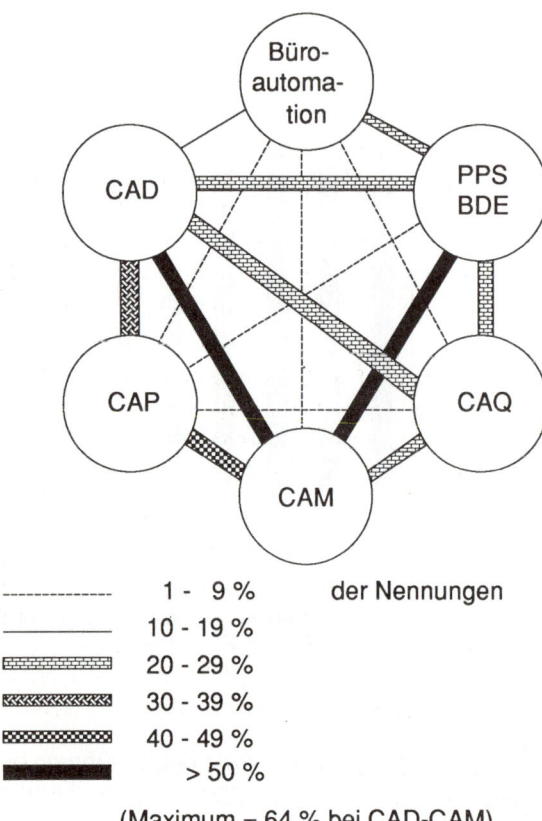

		der Nennungen
-------------	1 - 9 %	
———————	10 - 19 %	
▨▨▨▨▨	20 - 29 %	
▩▩▩▩▩	30 - 39 %	
▨▨▨▨▨	40 - 49 %	
▬▬▬▬▬	> 50 %	

(Maximum = 64 % bei CAD-CAM)

Abbildung 3.2: Geplante Integrationsschritte bei den 6 wichtigsten CIM-Technologien [Wil, 1988, 1]

Die Segmentierung erfolgt zunächst vertikal für einzelne Produkte. In einem zweiten Schritt werden innerhalb dieser Produktionseinheiten horizontal Segmente gebildet. Ein auf diese Weise durch Fertigungssegmentierung geschaffener überschaubarer Material- und Informationsfluß kann dann mit neuen Technologien gezielt integriert werden. Man kann innerhalb der Segmente mit begrenztem Kapitalbedarf einen hohen Integrationsgrad erreichen. Auch weitere organisatorische Maßnahmen bewirken ebenfalls eine Steigerung des Integrationsgrades. Wird z. B. in einem Betrieb Konstruktion, Betriebsmittelkonstruktion, Arbeitsplanung und NC-Programmierung in unterschiedlichen Abteilungen durchgeführt, ist die Erstellung von Geometriedaten für die Produktion kaum koordinierbar. Eine produktbezogene Integration je eines Mitarbeiters aus jeder Abteilung zu einer organisatorischen Einheit ermöglicht eine Effizienzsteigerung ohne hohe Investition. Im Bereich der Auftragsabwicklung sind solche organisatorischen Konzepte des Auftragszentrums in vielen Fällen erfolgreich eingesetzt worden. Solche organisatorischen Modelle stellen den Menschen in den Mittelpunkt der Planungen auf dem Weg zu CIM [Brö, 1985, 1]. Diese Vorgehensweise sollte nicht die technischen Ansatzpunkte ersetzen, sondern als erster Schritt zur Implementierung von CIM angesehen werden. Die Vollintegration, die mit hohen Kosten und Risiken verbunden ist, erschließt dann die letzten ca. 25% der Kostensenkung [Schw, 1987, 1]. 50% der Nutzeffekte sind auf die vereinfachten Abläufe und Strukturen zurückzuführen. Dies bedeutet, daß die organisatorische Lösung mehr ist als eine Notlösung der Integration. Bei der Ausrichtung der Unternehmensstrategie auf die Realisierung von CIM kommt diesen organisatorischen und personellen Aspekten eine große Bedeutung zu. Die Einführung von CIM kann nicht nur als DV-technisches Problem aufgefaßt werden.

Auch das technologische Ausgangspotential ist als zentrale Bestimmungsgröße in das Einführungsmodell einzubeziehen. Um die geplante Leistungsfähigkeit der Produktionssysteme zu erreichen, wird ein Sollzustand definiert. Bis zu dessen Realisierung ist eine für jedes Unternehmen unterschiedlich große Technologielücke zu schließen. Diese Technologielücke, die in der Ausgangssituation konstatiert wird und zu einem definierten Zeitpunkt geschlossen sein soll, läßt sich in verschiedene Komponenten gliedern. Zur Erreichung von CIM ist es erforderlich, die Komponentenlücke durch CA-Technologien zu schließen. Eine andere Dimension stellt die Integrationslücke dar, die die mangelnde Integration der Komponenten über Netzwerke, standardisierte Schnittstellen und gemeinsame Datenbanken beschreibt. Ein Vergleich der geplanten Integrationsschritte mit den bereits realisierten zeigt, daß die Integration noch im Anfangsstadium steht (vgl. Abbildung 3.3). Lediglich eine Integration der Geometriedaten zwischen CAD- und CAM-Systemen ist in 20% der Fälle realisiert. In der Durchschnittsbetrachtung zeigt sich, daß der EDV-Einsatz in den Industriebetrieben noch immer von Inseln dominiert wird. Die integrierten Systeme sind noch deutlich in der Minderzahl. Dies bestätigt die Auswertung der Anzahl der bereits realisierten Integrationsschritte der einzelnen Unternehmen. Es zeigt sich, daß die Hälfte der Unternehmen bisher noch keine Integration vorgenommen hat. Auf der anderen Seite gibt es noch keinen Produktionsbetrieb, der alle technischen Bereiche miteinander, geschweige denn diese auch noch mit dem admistrativen Bereich verknüpft hätte.

Eine Voraussetzung der Integration ist das Vorhandensein der Einzelkomponenten. Es wurde erfragt, welche zentralen CIM-Komponenten von den Unternehmen eingesetzt werden. Diese Analyse zeigt, daß 58% der befragten Unternehmen alle fünf zentralen CIM-Bausteine im Einsatz haben. Darüberhinaus setzen 80% der Unternehmen Netzwerke und 58% Systeme der Bürokommunikation ein.

Dies bedeutet, daß bei einem Großteil der Unternehmen die technischen Voraussetzungen bezüglich der CIM-Komponenten gegeben sind. Immerhin 20% der Unternehmen verfügen über die fünf zentralen CIM-Komponenten und zusätzliche Netzwerke sowie Büroautomationssysteme. Der gleichzeitige Einsatz wesentlicher CIM-Komponenten heißt noch nicht, daß diese Komponenten intergrierbar sind. Diese Analyse kann jedoch in einer Querschnittsuntersuchung über mehrere Unternehmen nicht vorgenommen werden.

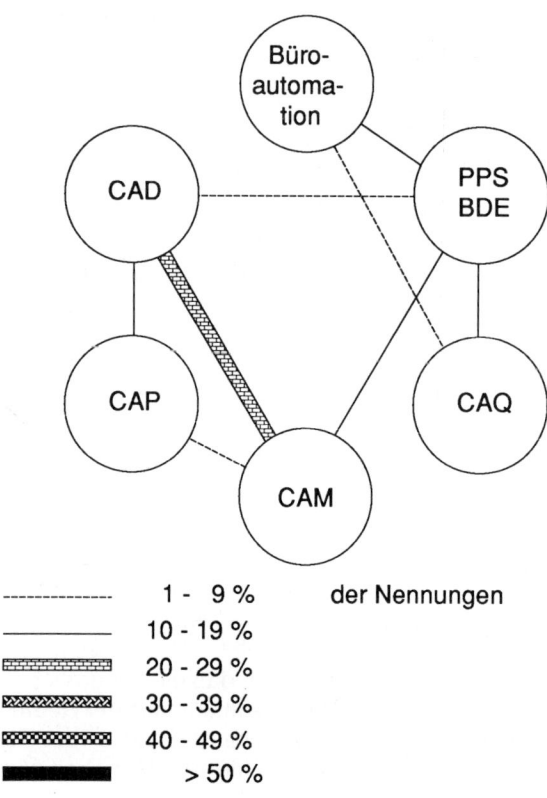

Abbildung 3.3: Realisierte Integrationsschritte bei den 6 wichtigsten CIM-Technologien [Wil, 1988, 1]

Die Integrationsvoraussetzungen sind natürlich nicht nur von dem Vorhandensein der
einzelnen Komponenten abhängig, sondern auch von deren Verbreitung. Es wurde
deshalb summarisch untersucht, ob die Unternehmen bei den eingesetzten Technologien in der Regel in der Phase der Pilotprojekte, der ersten Nutzung oder bereits dem
verbreiteten Einsatz angelangt sind. Etwa die Hälfte der Unternehmen ist der Phase
des verbreiteten Einsatzes zuzurechnen. Ebenfalls etwa 50% der Unternehmen haben
zusätzlich Teilintegrationsschritte realisiert. Zu 74% sind dies die gleichen Unternehmen. Ca. 18% der Unternehmen befinden sich noch in der Pilotphase der Anwendung
neuer computergestützter Produktionssysteme, 32% sind der Phase der ersten
Nutzung zuzurechnen. Es ist festzustellen, daß etwa die Hälfte der untersuchten Unternehmen die technischen Integrationsvoraussetzungen erfüllt, immer vorausgesetzt,
daß die im Einsatz befindlichen Systeme auch integrationsfähig sind.

Bei den analysierten Unternehmen ist noch eine erhebliche Technologielücke zu schließen, bevor die strategischen Wirkungen von CIM voll zum Tragen kommen. Es scheint deshalb dringend notwendig, heute die richtigen Entscheidungen für den Einstieg in CIM zu treffen, um morgen wettbewerbsfähig zu bleiben. Die Herbeiführung dieser Entscheidung wird nur dann zu den richtigen Ergebnissen führen, wenn die eingesetzten Methoden der Entscheidungsfindung der Problemstellung entsprechen.

3.4 Literaturverzeichnis

[Alb, 1984, 1]   Albach, H.:
Schumpeter auf der Spur. In: Wirtschaftwoche (1984) 30, S. 56 - 58.

[Brö, 1985, 1]   Brödner, P.:
Fabrik 2000: Alternative Entwicklungspfade in die Zukunft der Fabrik. Berlin 1985.

[Dav, 1985, 1]   Davis, J.:
CIM - A Competitive Weapon. In: Manufacturing Systems (1985) 9, S. 16 - 19.

[Jel, 1983, 1]   Jelinek, M.; Goldar, J. D.:
The Interface between Strategy and Manufacturing Technology. In: Columbia Journal of World Business 18 (1983), S. 26 - 36.

[Schu, 1985, 1]   Schulz, H.:
Erfolgreiche Nutzung des Potentials rechnergestützter Fabrikautomatisierung. In: Werkstatt und Betrieb 118 (1985) 9, S. 565 - 568.

[Schw, 1987, 1]   Schwimann, H. G.:
Neue Zahlen über CIM. In: Produktion vom 9. April 1987.

[Ski, 1986, 1]   Skinner, W.:
The productivity paradox. In: HBR 64 (1986) 4, S. 55 - 59.

[Wil, 1984, 1]   Wildemann, H.:
Investitionsplanung und Wirtschaftlichkeitsrechnung für eine flexible Produktionstechnik. In: Albach, H.; Held, F. (Hrsg.): Betriebswirtschaftslehre mittelständischer Unternehmen. Stuttgart 1984, S. 163 - 181.

[Wil, 1988, 1]   Wildemann, H.:
Einführungsstrategien und Verbreitung von CIM in den Unternehmen. In: Wildemann, H. (Hrsg.): Arbeitsunterlagen zur 5. Arbeitskreissitzung "Einführung für neue Technologien in Produktion und Logistik". Internes Arbeitspapier, Universität Passau 1988, S. 15 - 101.

4 CIM als Strategiebereich

4.1 Begründung einer neuen Unternehmensteilstrategie

Wenn die Wettbewerbsfähigkeit der Unternehmen langfristig gesichert werden soll, so sind alle zur Verfügung stehenden Rationalisierungsmittel auszuschöpfen. Die Unternehmen sehen sich ständig steigenden Anforderungen durch den Wandel der technischen, ökonomischen und wirtschaftlichen Randbedingungen ausgesetzt.

4.1.1 Technisches Umfeld und Entwicklungstendenzen

Das technische Umfeld der Betriebe ist durch einen sehr schnellen Wandel gekennzeichnet. Beispielhaft sei hier die rasante Entwicklung auf dem Gebiet der Schneidwerkstoffe angeführt. Durch Vervollkommnung der Beschichtung von Hartmetallen, der Verbesserung von Schneidkeramik sowie von Industriediamanten sind wesentlich höhere Schnitt- und Vorschubgeschwindigkeiten erreichbar, die häufig nur durch die Maschine begrenzt werden.

Auf der Produktseite ist eine Entwicklung von ständig kürzer werdenden Produktlebenszyklen abzusehen. So werden 40 - 60% des Umsatzes wachsender Unternehmen mit Produkten gemacht, die jünger sind als 5 Jahre. Für die heute zu installierenden Produktionsmittel bedeutet dies, daß sie für Produktvarianten ausgelegt werden, die bei der Planung noch nicht absehbar sind.

In der Bundesrepublik sind mehr als 50% der Werkzeugmaschinen älter als 15 Jahre. Bei den neubeschafften Werkzeugmaschinen ist der Trend zu NC-/CNC-Maschinen zunehmend (vgl. Abbildung 4.1). Die Anzahl der neubeschafften Einheiten hat sich bei steigendem Investitionsvolumen verringert. Dabei hat sich die Entwicklung zugunsten von Systemlösungen, wie z. B. hochautomatisierten flexiblen Fertigungszellen oder flexiblen Fertigungssystemen ausgeweitet. Diese Werkzeugmaschinen kombinieren oft unterschiedliche Bearbeitungsverfahren, die früher an mehreren Stationen durchgeführt wurden. Eine Komplettbearbeitung von Werkstücken ohne Ortswechsel ist somit möglich.

Die Zahl der Installationen für solche Systeme stieg in den letzten Jahren insbesondere in Europa stark an (vgl. Abbildung 4.2), denn solche Anlagen gewährleisten, daß die Forderung nach Flexibilität der Produktion erfüllt wird. Durch Einsatz der NC-Technologie wird es möglich, Maschinen und Abläufe so zu steuern, daß ein bedienarmes Arbeiten möglich ist und die Auslastung der Anlagen erhöht wird.

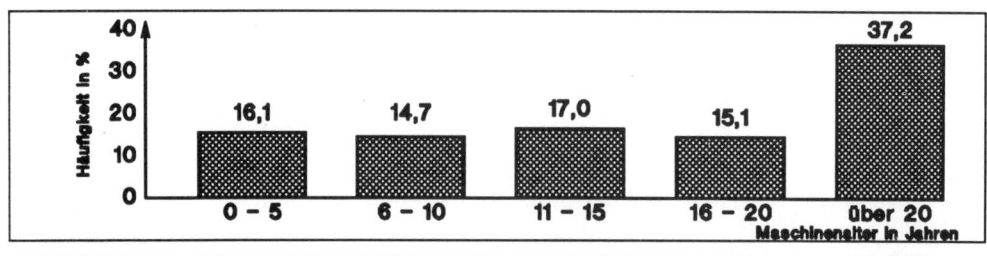

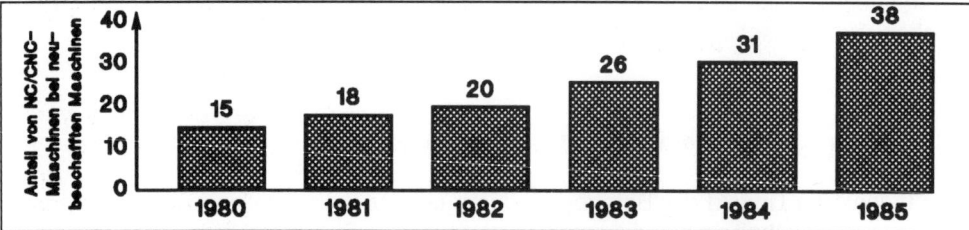

Werkzeugmaschinenpark der Bundesrepublik Deutschland
1980: 1,25 Mill. Einheiten, davon 27.000 NC/CNC–Maschinen (2,2 %)
1985: 1,12 Mill. Einheiten, davon 64.000 NC/CNC–Maschinen (5,7 %)

Abbildung 4.1:   Struktur des Werzeugmaschinenparks [nach VDW]

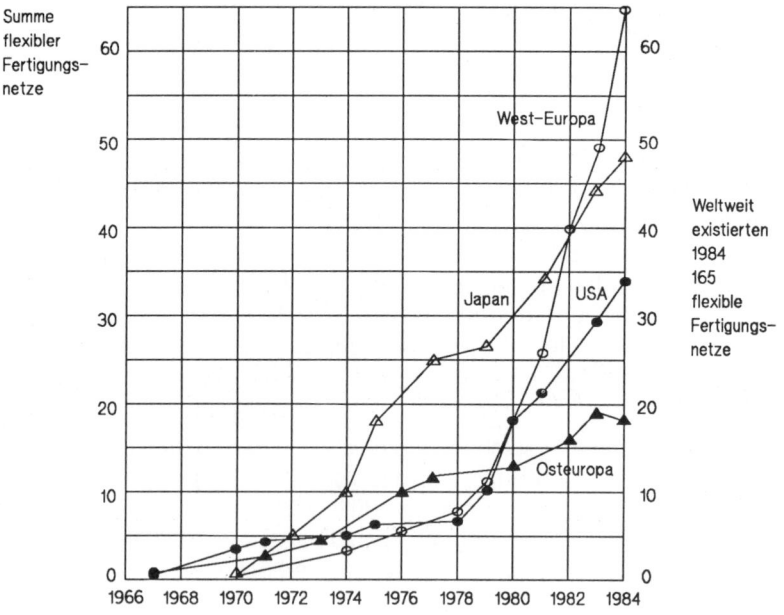

Abbildung 4.2:   Einsatz flexibler Fertigungssysteme [Spu, 1986, 1]

4.1.2 Wirtschaftliches Umfeld und Entwicklungstendenzen

Hier ist das Unternehmen den Randbedingungen von Beschaffungs- und Absatzmarkt ausgesetzt (vgl. Abbildung 4.3). Auf der Beschaffungsseite müssen die Unternehmen sich bemühen, ihre Beschaffungspolitik vermehrt auf internationale, preisgünstige Märkte auszurichten. Insbesondere bei Rohstoffen und Energie ist mittel- bis langfristig mit steigenden Kosten zu rechnen. Auf dem Personalmarkt sind steigende Kosten für Fachpersonal, das den neuen Technologien gerecht wird, zu erwarten. Auf dem Kapitalmarkt unterliegen die Kapitalkosten durch sich verändernde Zinssätze ständigen Schwankungen. Durch die steigenden Investitionen in höher automatisierte, flexible Produktionsanlagen steigt die Belastung der Unternehmen.

Auf dem Absatzmarkt hat sich in den hochindustrialisierten Ländern der Wandel vom Verkäufermarkt zum Käufermarkt vollzogen. Neben dem technischen Stand der Produkte haben in den letzten Jahren kurze Lieferzeit sowie die Einhaltung der zugesagten Liefertermine eine hohe Bedeutung erlangt. Durch die Verflechtungen im internationalen Markt und insbesondere durch die sog. Schwellenländer wächst die Konkurrenz weiter an und der Wettbewerb wird härter. Der Einfluß des Kunden auf das Unternehmen und die Produkte steigt an. Die Preise, die sich für die Produkte am Markt erzielen lassen, fallen. Wenn nicht ständig neue, innovative Produkte entwickelt werden, sinken die verbleibenden Marktanteile sehr schnell.

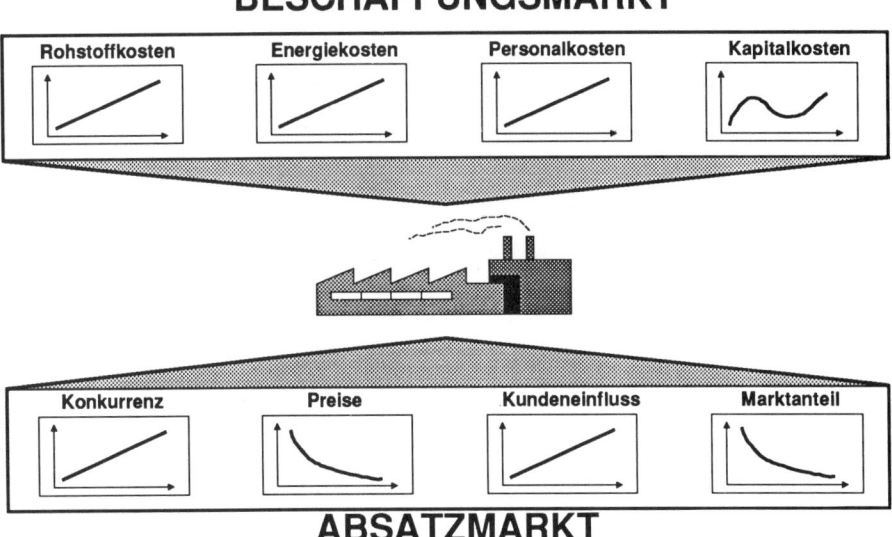

Abbildung 4.3: Marktseitige Einflüsse auf Unternehmen

4.1.3 Bedeutung der Veränderung für die Unternehmen

Im marktwirtschaftlichen Wettbewerb bedeutet die Sicherung der Zukunft der Unternehmen, schneller und besser zu sein als die Konkurrenz. Die Entwicklungen auf dem ökonomischen, technischen und sozialen Gebiet bedeuten für Unternehmen, daß bei steigender Anzahl der Produktvarianten die zu erwartenden Absatzzahlen schrumpfen (vgl. Abbildung 4.4). Gleichzeitig werden qualitativ hochwertige Produkte erwartet. Die sinkenden Produktlebenszyklen zwingen zu kurzen Entwicklungszeiten für neue Produkte. Von den Unternehmen wird zunehmend eine termingetreue Anlieferung der Produkte bei abnehmenden Lieferzeiten erwartet. Die Unternehmen sind deshalb gefordert, eine Fertigung mit hoher Flexibilität bei kurzer Durchlaufzeit zu gewährleisten.

Strategien dienen dazu, die Unternehmenszielsetzung, langfristig optimale, wirtschaftliche Markterfolge zu sichern, unter Berücksichtigung der Entwicklungen im Umfeld der Unternehmen und innerhalb der Unternehmen zu erreichen. Dabei wirken sich Strategien in der Regel nur auf abgegrenzte Unternehmensfunktionen aus. Sie wirken bereichsweise und optimieren somit gezielt Einzelbereiche. Meist schlagen sie sich vornehmlich im Auftreten der Unternehmen am Markt nieder.

Neben den bisherigen Strategien ist die CIM-Strategie eine neue, den gewandelten Randbedingungen angemessene Strategie (siehe auch Abbildung 1.5). Deren Ziel ist es, unterschiedliche Unternehmensfunktionen zu integrieren und im Hinblick auf den Gesamtbetrieb zu optimieren. Sie wirkt also vornehmlich unternehmensintern. Die höhere Integrationsstufe ermöglicht ein hohes Niveau des Informations- und Datenflusses. Zielkonflikte im Unternehmen werden nicht mehr aus Abteilungssicht gelöst, sondern durch das Zusammenwirken aller am Produktionsprozeß beteiligten Bereiche. Insbesondere durch die Entwicklungen auf dem Gebiet der Informationstechnik wird dieser Integrationsgedanke realisierbar.

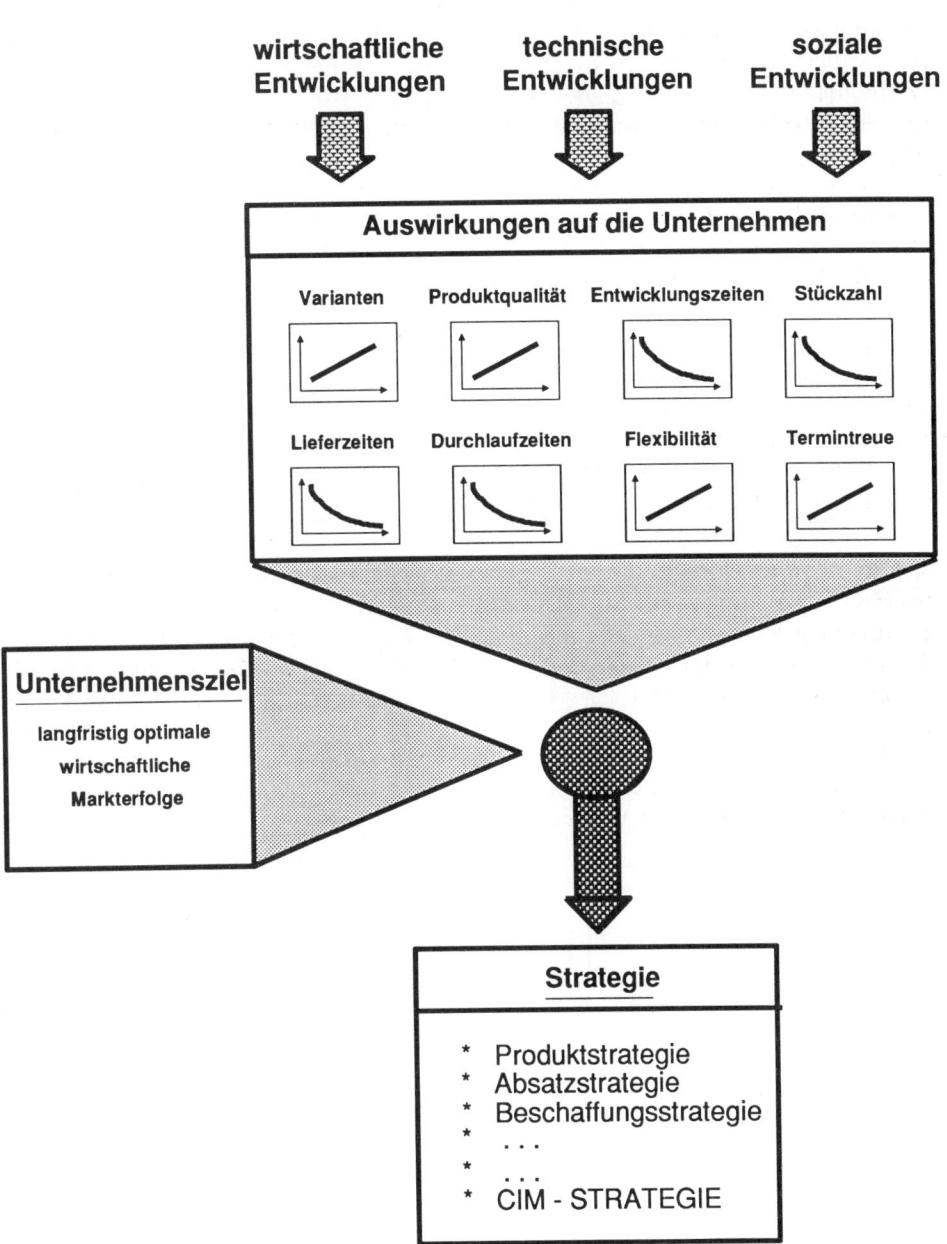

Abbildung 4.4:   CIM als neue Unternehmensstrategie

4.2 Zielsetzung und strategische Bedeutung von CIM

Das wichtigste Kennzeichen der Integrationsidee ist der durchgängige rechnerunterstützte Informationsfluß zwischen den Abteilungen. Durch die gemeinsame, bereichsübergreifende Nutzung einer Datenbasis kann die Integration erreicht werden. Dabei sind alle an der Produkterstellung beteiligten technischen und administrativen Bereiche betroffen.

Der rechnerunterstützte Informationsfluß läßt sich in drei Schwerpunkte untergliedern (vgl. Abbildung 4.5):

In der CIM-Kette "Produkt" werden Daten zwischen den CAD-, CAP-, CAM- und CAQ-Systemen ausgetauscht. Dabei handelt es sich um technische, produktbeschreibende Grunddaten. Die CIM-Kette "Produktionsplanung" verknüpft administrative Daten und Prozeßdaten. Diese Daten sollten wegen der Echtzeit-Anforderungen der CIM-Kette

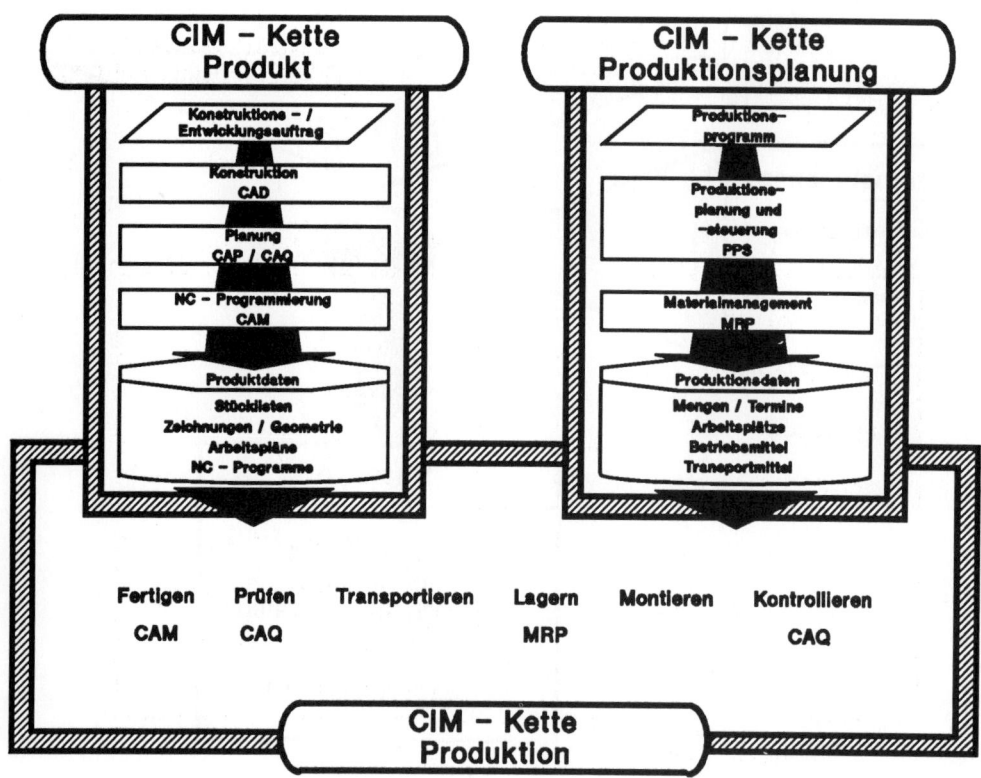

Abbildung 4.5:   Schwerpunkte des rechnerunterstützten Informationsflusses [AWK, 1987, 1]

"Produktion" sehr schnell übertragen und verarbeitet werden, damit auf Ablaufstörungen reagiert werden kann.

Die genannten Funktionsketten von CIM sind nicht in allen Fällen so klar zu trennen. Je nach Fertigungsart kann die Trennung verwischen, weil z. B. Produktspezifikation und -produktion zeitlich sehr nahe zusammenliegen, teilweise sogar überlappt ablaufen.

4.2.1 Möglichkeiten von CIM

Die CIM-Strategie ist eine Integrationsstrategie, die die betrieblichen Bereiche zusammenrücken läßt. Diese Integrationsstrategie wirkt auf die innerbetrieblichen Bereiche und führt zu einer höheren Produktivität. Die höhere Produktivität der rechnerintegrierten Fertigung ergibt sich durch (vgl. Abbildung 4.6):

- Verminderung der Liege-, Stillstands- und Rüstzeiten von Produktionssystemen durch raschere Bereitstellung von Rechnerprogrammen
- Optimierung des Bearbeitungsablaufs mit Hilfe von Simulationsprogrammen
- Verminderung der Durchlaufzeiten von Konstruktion und Arbeitsplanung durch CAD und CAP

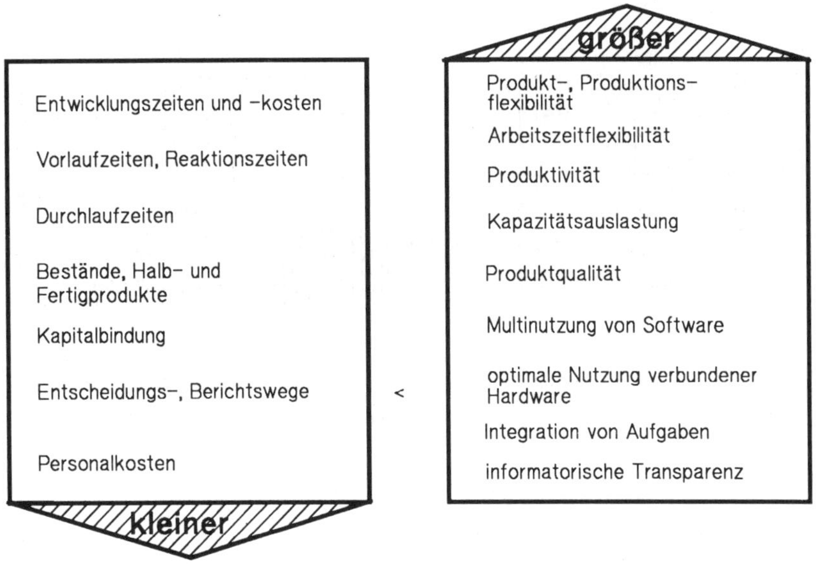

Abbildung 4.6:   Vorteile der rechnerintegrierten Fertigung [Spu, 1986,1]

- Erleichterung der Kooperation zwischen unterschiedlichen Abteilungen, beispielsweise durch frühzeitige Präsentation von Konstruktionszeichnungen, so daß die Anforderungen der Produktion oder der Qualitätssicherung Berücksichtigung finden können
- Erhöhung der Fertigungsqualität durch Rechnersteuerung, Planung, Überwachung und Protokollierung auch von sehr komplexen Prozessen
- Einführung der rechnergesteuerten flexiblen Montage
- Einbindung aller betrieblichen Aktivitäten in einen kontinuierlichen transparenten Strom von Informationen, Handlungen und Prozessen
- Einbindung von Zulieferern in das betriebliche Informationsnetz

In Abbildung 4.7 sind die Erfahrungen amerikanischer Unternehmen bei der Umsetzung des CIM-Gedankens aufgezeigt. Sicherlich sind diese Zahlen nicht ohne weiteres auf die Verhältnisse in der deutschen Wirtschaft zu übertragen. Es wird jedoch deutlich, in welchem Umfang Leistungsreserven vorhanden sind.

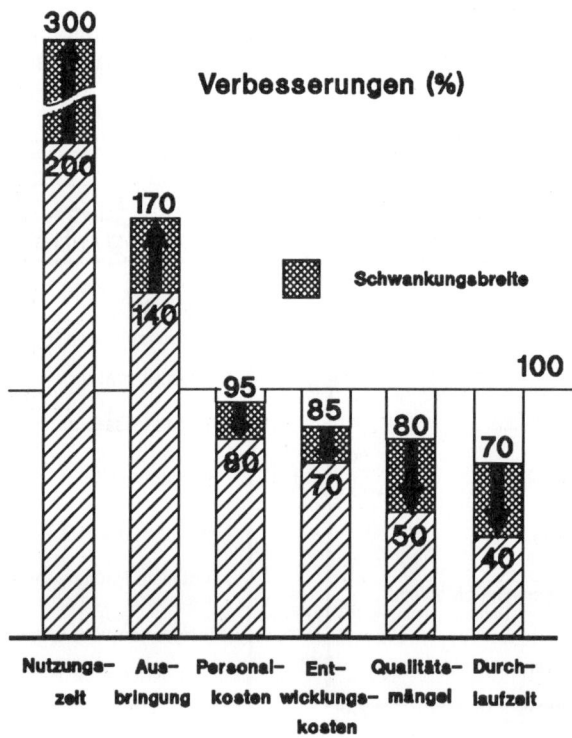

Abbildung 4.7:   Verbesserungen durch CIM in amerikanischen Unternehmen [in Anlehnung an Spu, 1986, 1]

Eine Gegenüberstellung von konventioneller und rechnerintegrierter Produktentwicklung ist in Abbildung 4.8 gezeigt. Insbesondere durch den Einsatz der Simulation in der Entwurfsphase lassen sich schon sehr früh verschiedene Prototypen miteinander vergleichen, ohne daß sie im Experiment untersucht wurden. Dies führt zu einer erheblichen Einsparung von Rohstoffen und Energie. Darüberhinaus können völlig neue Forschungsansätze kostengünstig überprüft werden. Das sehr kostenintensive Erstellen und Vergleichen verschiedener Konzepte kann reduziert werden und die Zeit bis zur Produktionsfreigabe kann erheblich gesenkt werden. Dies allein bedeutet schon einen erheblichen Wettbewerbsvorteil gegenüber der Konkurrenz.

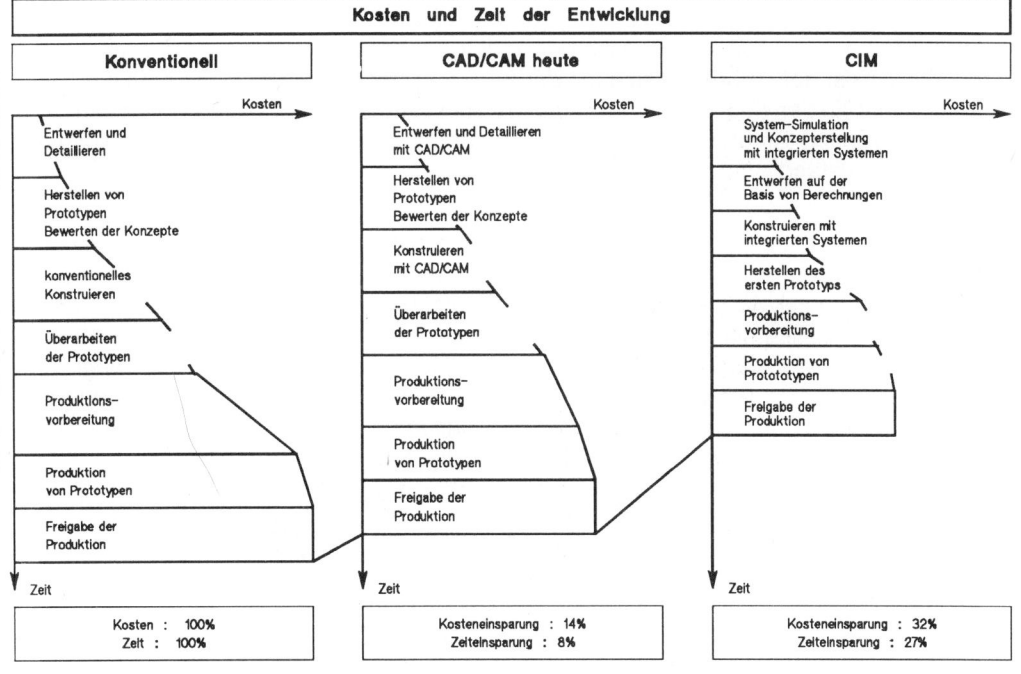

Abbildung 4.8: Vergleich von konventioneller und rechnerintegrieter Produktentwicklung [Spu, 1986, 1]

4.2.2 **Strategische Bedeutung von CIM**

Für die Unternehmen bietet die CIM-Strategie die Möglichkeit, mit Hilfe der modernen Technologien Informationen von und über alle betroffenen Unternehmensbereiche bereitzustellen und zu nutzen mit dem Ziel, langfristig optimale Markterfolge zu sichern. In diesem Zusammenhang bedeutet CIM nicht nur die technische Installation von CAD-, PPS- oder CAQ-Systemen, sondern insbesondere die Neugestaltung der Aufbau- und Ablauforganisation sowie der Arbeitsinhalte. Für die Unternehmen heißt das, daß die Einführung einer CIM-Strategie ein Prozeß ist, der sich über mehrere Jahre erstreckt und tiefgreifende Änderungen sowohl in der Technik als auch in der Organisation mit sich bringt.

Eine CIM-Strategie hat vorerst nur Auswirkungen im innerbetrieblichen Bereich und erfordert einen hohen personellen und organisatorischen Aufwand bei der Einführung. Mittel- bis langfristig werden die Auswirkungen aber auch unternehmensextern deutlich.

Ein wichtiger Aspekt für die Einführung von CIM ist die Entwicklung der Mitarbeiterqualifikation. Die Arbeitsinhalte der Mitarbeiter werden schwieriger. Für die CIM-Strategie bedeutet dies, daß sehr frühzeitig mit der Schulung der Mitarbeiter begonnen werden muß, damit sie den neuen Anforderungen gerecht werden. Darüber hinaus müssen die Mitarbeiter nach Einführung des Systems in der Lage sein, Anpaß- und Umstellungsarbeiten selbständig durchzuführen.

Parallel zu der Mitarbeiterqualifikation steigt das innerbetriebliche Wissen und pendelt sich langfristig auf einem hohen Niveau ein. Durch die technischen Möglichkeiten der offenen Kommunikation werden nicht nur alle Unternehmensbereiche dichter zusammenrücken, sondern auch das Unternehmen wird in einen sehr engen Informationsverbund zwischen Zulieferern und Abnehmern eintreten können. So wird es z.B. möglich, Auftragsdaten, Geometrie- oder Zeichnungsdaten papierlos, per Datenfernübertragung on-line zu übermitteln. Langfristig lassen sich dadurch schnellere Reaktionen auf sich ändernde Marktforderungen sowie kürzere Auftragsdurchlaufzeiten erreichen.

Insgesamt ist festzustellen, daß sich die Umsetzungsgeschwindigkeit einer strukturellen Investition wie CIM von einer technischen Investition grundlegend unterscheidet. Während bei einer technischen Investition fast sofort nach der Installation Fortschritte erzielt werden, wird der Nutzen einer CIM-Strategie erst erheblich später und allmählich erzielt.

Da es bei der Implementierung von CIM sehr hoher Investitionen bedarf, ist ein schrittweises Vorgehen, unter Berücksichtigung der gegebenen Unternehmensbedingungen sowie der Unternehmenszielsetzung, erforderlich. Insbesondere sind die Betriebstypologien zu berücksichtigen. Abhängig von Fertigungsart und -verfahren sind unterschiedliche Schritte für die Einführung von CIM empfehlenswert.

4.3 Strategische Rechtfertigung von CIM-Systemen

Die Bewertung von CIM-Systemen erfordert eine ganzheitliche, langfristige Betrachtung. Eine wirtschaftliche Beurteilung von CIM ausschließlich über monetäre Effekte, die in Ein- und Auszahlungsreihen abgebildet werden können, ist nicht ausreichend. Eine Einordnung von CIM-Technologien im Hinblick auf die strategischen Wirkungsdimensionen ist zwingend erforderlich, da die CIM-Strategie ein Instrument der Unternehmensstrategie ist. Eine rein strategisch begründete Entscheidung ist jedoch wirtschaftlich riskant, z.B. wenn die finanziellen Belastungen die Liquidität des Unternehmens gefährden können. Es ist deshalb eine Rechtfertigung von CIM sowohl auf der strategischen Ebene als auch auf der operativen Ebene erforderlich (vgl. Abbildung 4.9). Die operativen Methoden dienen der Erfassung der monetären, finanzwirtschaftlichen Effekte und der Investitionskontrolle. Sie werden im Kapitel 9 behandelt. Im folgenden werden Instrumente vorgestellt, die eine strategische Beurteilung von Chancen und Risiken der CIM-Technologien vor dem Hintergrund der Stärken und Schwächen der Unternehmung unterstützen.

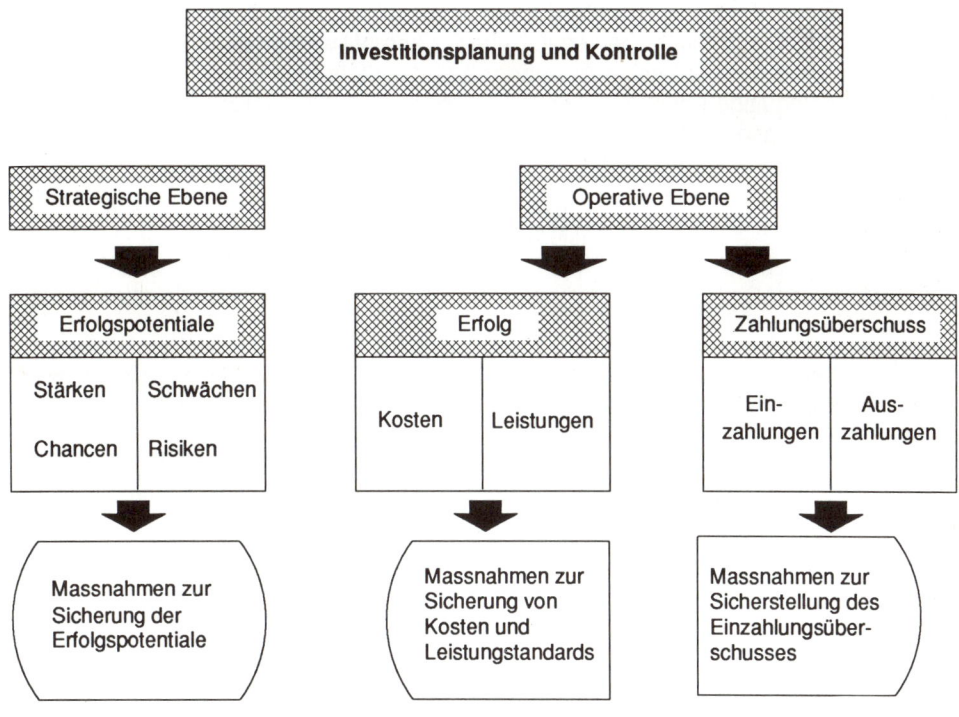

Abbildung 4.9:   Entscheidungsebenen bei der Investitionsplanung von CIM-Systemen

4.3.1 Ableitung von Strategieempfehlungen mit Hilfe des Technologieportfolios

Als Grundlage zur Entscheidung über die Kapitalzuweisung für CIM-Technologien sind die Chancen und Risiken aufzuzeigen und aus der Sicht der Branche des Anwenders zu bewerten. Als Instrument hierzu können Chancen- und Risikoprofile verwendet werden, aus denen die Attraktivität der CIM-Komponenten abgeleitet wird. Außerdem ist eine Beurteilung der Einsetzbarkeit der Technologie im Unternehmen erforderlich. Dies geschieht mit Hilfe einer Stärken-/Schwächen-Analyse der Unternehmung, aus der sich ihre Technologieposition für die betrachtete Technologie ergibt.

Ziel einer solchen Vorgehensweise ist die Ableitung konkreter "Handlungsanweisungen" bzw. Strategieempfehlungen (Normstrategien) für die Investitionsplanung. Solche Strategieempfehlungen können aus der Gegenüberstellung von Technologieattraktivität und Technologieposition im Technologie-Portfolio gewonnen werden [Wil, 1987, 1].

Technologieattraktivität

Im Chancenprofil werden die vom Einsatz der neuen Technologie erwarteten wesentlichen Chancen aufgetragen und in einer qualitativ-verbalen Nominalskalierung mit "niedrig", "mittel" und "hoch" bewertet. Beim Risikoprofil wird analog vorgegangen. Die Bewertung muß der potentielle Anwender aus der Sicht seiner Branche vornehmen. Eine allgemeingültige Abschätzung von Chancen und Risiken ist zwar möglich, jedoch als Entscheidungsgrundlage nicht hinreichend.

Im folgenden wird die Methodik angewandt für das fiktive Beispiel eines Maschinenbauunternehmens, das vor der Realisierung von CIM noch vor der Aufgabe steht, CIM-Komponenten zu implementieren. Es soll eine strategische Auswahl zwischen den Technologien CAD und FFS mit Hilfe des Technologieportfolios herbeigeführt werden.

Zur Beurteilung der Technologieattraktivität sind zunächst mögliche Bereiche für Chancen im Wettbewerb aufzuzeigen, die einzelnen Chancen sind in ihrer Bedeutung untereinander zu gewichten und die beiden Technologien werden hinsichtlich ihrer Wirkungen auf die einzelnen Parameter beurteilt und es wird eine Gesamtchance berechnet (vgl. Abbildung 4.10). Eine analoge Vorgehensweise ist zur Beurteilung der Markt- und insbesondere Technologierisiken erforderlich. Auch hier werden die Technologien vergleichend bewertet und ein Gesamtrisiko wird ermittelt (vgl. Abbildung 4.11).

Gewich-tung	Chancenmerkmal / Chancenbewertung	Niedrig	Mittel	Hoch
5.0	Dynamik der Technologie		O ●	
10.0	Flexibilitätserhöhung		O	●
15.0	Produktivitätserhöhung	●		O
5.0	Qualitätsverbesserung	O	●	
15.0	Synergieeffekte durch Integration		O	●
25.0	Schnelle Reaktion auf Kundenwünsche	O		●
25.0	Kundenindividuelle Produkte		O	●
	Gesamtbeurteilung		O	●

O FFS   ● CAD

Abbildung 4.10: Chancenprofile der Technologien

Gewich-tung	Risikomerkmal / Risikobewertung	Niedrig	Mittel	Hoch
15.0	Beschäftigungsrisiko	●	O	
15.0	Erfolgswahrscheinlichkeit der Einführung		●	O
20.0	Personalabhängigkeit		O	●
15.0	Systemfixierung	O	●	
20.0	Verfügbarkeitsrisiken	●		O
15.0	Zuverlässigkeit der Kostenschätzung	O	●	
	Gesamtbeurteilung		O ●	

O FFS   ● CAD

Abbildung 4.11: Risikoprofile der Technologien

47

Aus der Gegenüberstellung von Chancen und Risiken in einer 9-Felder-Matrix kann als erste Beurteilungsgröße die Attraktivität der Technologie abgeleitet werden (vgl. Abbildung 4.12).

Bei hohen Chancen und nur geringerem oder mittlerem Risiko der Technologie kann ihre Attraktivität als hoch eingestuft werden. Sind die hohen Chancen dagegen mit einem hohen Risiko verbunden oder sind mittlere Chancen der Technologie mit mittleren oder geringem Risiko verbunden, so kann man nur noch von einer mittleren Technologieattraktivität sprechen. In allen anderen Fällen ist die Attraktivität der Technologie als gering zu beurteilen und zwar·auch, wenn ein nur geringes Risiko mit geringen Chancen verknüpft ist.

Für das Beispielunternehmen, das eine Differenzierungsstrategie verfolgt und große Bedeutung auf die schnelle Reaktion auf Kundenwünsche und das Anbieten kundenindividueller Lösungen legt, ergibt sich für CAD eine hohe Technologieattraktivität, für FFS eine mittlere. Diese Beurteilung zeigt jedoch nicht, ob das Unternehmen auch in der Lage ist, die Technologie effizient zu nutzen, um die Wirkungen auch in echte Wettbewerbsvorteile transformieren zu können.

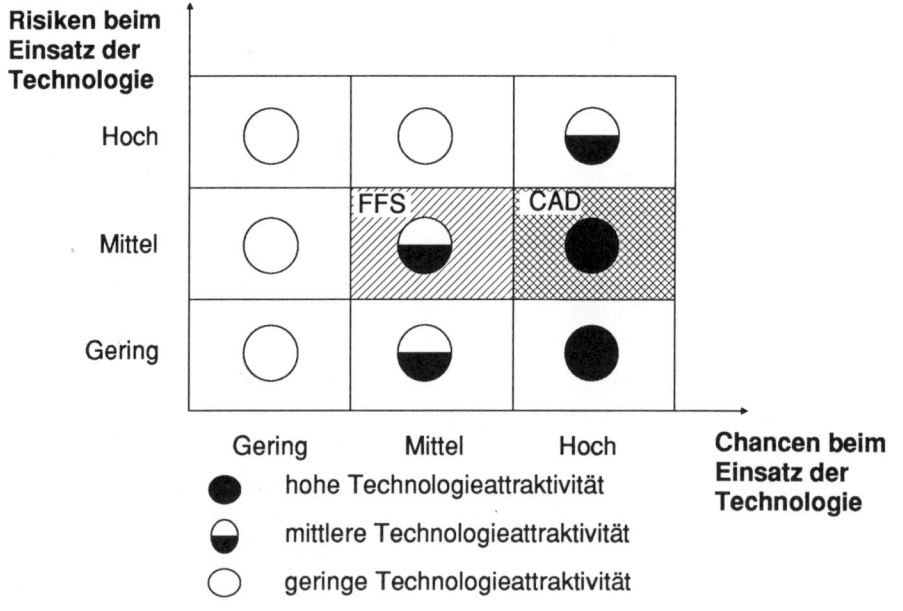

Abbildung 4.12: Technologieattraktivität

Technologieposition der Unternehmung

Neben der Chancen-Risiken-Beurteilung der Technologie ist zur Beurteilung der Wettbewerbswirkungen eine Stärken-/Schwächen-Analyse der Unternehmung für die betrachtete Technologie erforderlich. Hierzu müssen diejenigen Erfolgsfaktoren, die bei der Einführung von entscheidender Bedeutung sind, analysiert, gewichtet und bewertet werden. Insbesondere die Qualifikation der Planer und Anwender sowie die organisatorische Adaptionsfähigkeit der Unternehmung sind für die Effizienz der Einführung von zentraler Bedeutung.

Für jeden einzelnen Erfolgsfaktor ist zu prüfen, ob die Ressourcen des Unternehmens stark, mittel oder schwach sind. Aus der Betrachtung aller Erfolgsfaktoren ergibt sich dann die Gesamtbeurteilung der Technologieposition der Unternehmung für die neue Technologie (vgl. Abbildung 4.13).

Das Beispielunternehmen verfügt über geringe Erfahrung mit komplexen DV-Systemen und Großrechnern. Es setzt jedoch bereits lange NC-Maschinen ein und hat auch kleinere flexiblere Fertigungszellen im Einsatz. Sowohl die finanziellen als auch die planerischen Ressourcen für CAD sind nicht vorhanden. Das angestrebte Standard-FFS ist

Gewichtung	kritische Erfolgsfaktoren / Beurteilung	schwach	mittel	stark
10.0	Beziehung zu Hard-/Software-Anbietern	●		○
10.0	Erfahrungen mit DV-Anbietern	●	○	
10.0	Erfahrungen mit NC-Technologie	●		○
10.0	Finanzierungspotential	●	○	
15.0	Integration in das Gesamtsystem		●	○
15.0	Planungs-know-how für komplexe Systeme		●	○
15.0	Planungs-know-how für DV-Systeme	●	○	
10.0	Schnittstellenprobleme lösen		●	○
5.0	Vertrautheit mit Gruppentechnologie	●	○	
	Gesamtbeurteilung	●	○	

○ FFS   ● CAD

Abbildung 4.13: Beurteilung der Technologieposition

jedoch realisierbar. Die Technologieposition der Unternehmung für die FFS-Anwendung ist stark, die für die CAD-Anwendung schwach.

Technologie-Portfolio

Die möglichen Kombinationen aus externen Chancen/Risiken und internen Ressourcen können mit Hilfe der Technologie-Portfolio-Matrix dargestellt werden. In dieser Matrix werden die für die Unternehmung in Frage kommenden Technologien eingeordnet, um in einem nächsten Schritt Handlungsanweisungen für die Ressourcenverteilung anzugeben.

Die Konzeption der Normstrategien erfolgt auf der Basis eines 9-Felder-Schemas, das aus der Kombination der Technologieattraktivität und Technologieposition gebildet wird. In der Matrix können dann vereinfacht drei Zonen unterschieden werden (vgl. Abbildung 4.14):

- Die Zone, in der mittlere bzw. hohe Technologieattraktivität mit einer mittleren oder starken Technologieposition verknüpft ist (rechts oben) - hier erscheint es auf jeden Fall sinnvoll, die Einführung der Technologie zu planen.
- Die Zone, in der mittlere oder niedrige Technologieattraktivität mit einer schwachen bzw. mittleren Technologieposition zusammentrifft (links unten) - in diesen Fällen kommt eine Einführung der Technologie für die Unternehmung zum gegenwärtigen Zeitpunkt nicht in Frage.
- Dazwischenliegend auf der Diagonale die Zone der selektiven Vorgehensweise, in der weitere Prüfungen durchgeführt werden müssen, ob die Einführung einer Technologie für das Unternehmen vorteilhaft und realisierbar ist oder nicht.

Im Beispielunternehmen sind die Technologien FFS und CAD beurteilt worden und die Bewertungsergebnisse sind in Abbildung 4.14 wiedergegeben. Die Handlungsempfehlungen aus strategischer Sicht lauten:

- Die Einführung eines FFS ist zu planen, da die internen Voraussetzungen gegeben sind und die Technologie von mittlerer Attraktivität ist.
- Die CAD-Anwendung sollte nicht umgehend realisiert werden. Zwar ist CAD sehr attraktiv, aber die Technologieposition der Unternehmung ist zu schwach, um die Technologie effizient zu nutzen. Durch Einstellung von Experten, Pilotanwendungen einfacher Systeme und vorbereitende Schulung kann die Position gestärkt werden, und dann ist die Einführung zu planen.

Die strategische Auswahl von CIM-Komponenten führt nicht zu einer Mittelfreigabe für die Investition selbst, sondern dient dem optimalen Einsatz von Planungsressourcen, die auf strategisch wichtige und vom Unternehmen realisierbare Technologien gelenkt werden. Vor der Freigabe der Finanzmittel für die Investition in die CIM-Komponenten ist auf der operativen Ebene das finanzielle Ergebnis als weiteres Entscheidungskriterium zu berechnen.

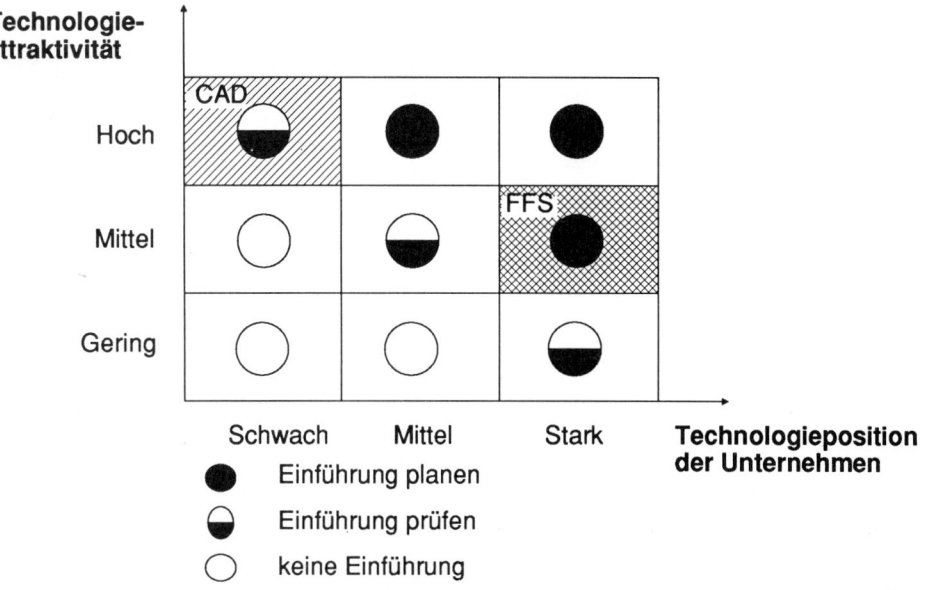

Abbildung 4.14: Technologieportfolio

4.3.2 Zeitliche Planung der Investitionen in CIM

Portfoliomethoden stellen die strategische Position eines Unternehmens zu einem bestimmten Zeitpunkt dar, um im Rahmen einer komparativ-statischen Betrachtungsweise Sollstrategien aufzuzeigen. Um die Komponente Zeit bei der Planung berücksichtigen zu können, wurde als weiteres Planungsinstrument der Technologie-Kalender entwickelt. Der Technologie-Kalender bildet den Einsatz neuer Technologien im Unternehmen und das Produktionsprogramm im Zeitverlauf ab [Wes, 1986, 1] (siehe hierzu auch Kapitel 9.3.2).

Der Technologie-Kalender ist in 3 Bereiche gegliedert (vgl. Abbildung 4.15):

Technologieeinsatz
Der erste Bereich des Technologie-Kalenders zeigt den Einsatz neuer Technologien im Unternehmen auf. Hierbei werden drei Technologiesektoren differenziert:

* Produkttechnologien:
  In diesen Technologiesektor fallen alle technologischen Entwicklungen, die sich auf

Bauart und Funktionsweise des Produkts oder einzelner Komponenten davon beziehen.

• Werkstofftechnologien:
Die Entwicklung immer leistungsfähigerer Werkstoffe erfordert ihre gesonderte Betrachtung im Technologie-Kalender, da Werkstoffe große Auswirkungen auf die Produkttechnologie (Werkstoffanwendung), aber auch auf die Produktionstechnologie (Werkstoffverarbeitung) haben.

• Produktionstechnologien:
In den Sektor Produktionstechnologie fallen alle Entwicklungen, die zur Herstellung, Verarbeitung und Montage von Produkten oder Produktkomponenten dienen.

Ausgangspunkt für eine Darstellung des Technologieeinsatzes im Zeitverlauf kann die langfristige Produktpolitik des Unternehmens sein. Hieraus ergeben sich die Entwicklungsprogramme mit den entsprechenden Einsatzzeitpunkten für Produkt- und Werkstofftechnologien. Auf einer weiteren Zeitachse wird eingetragen, wann neue Produk-

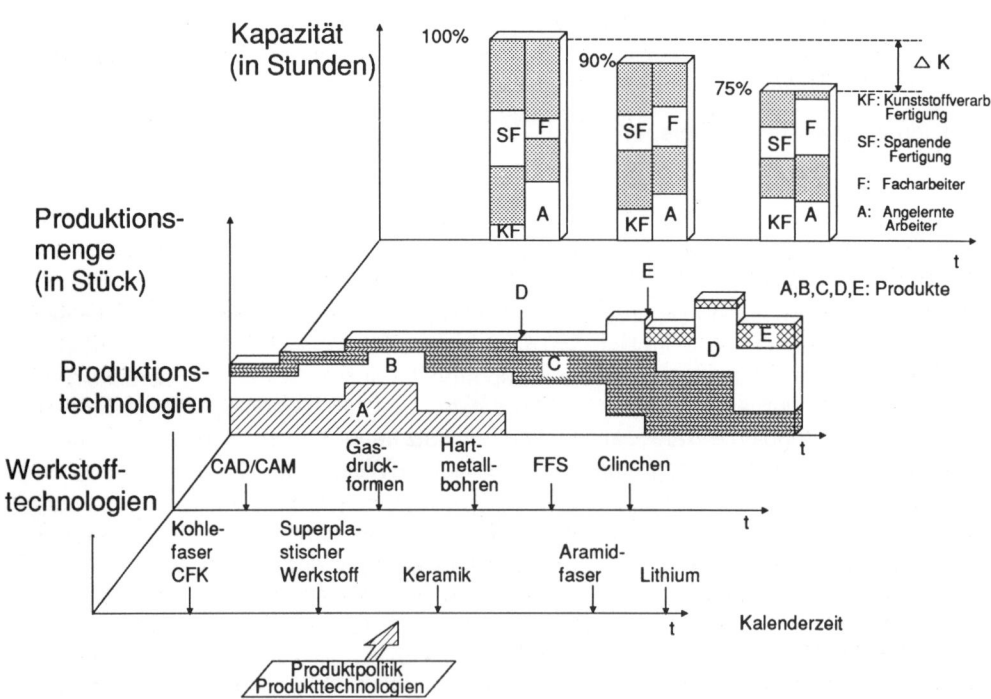

Abbildung 4.15: Technologie-Kalender

tionstechnologien im Unternehmen eingesetzt werden sollen. Dabei ist zu berücksichtigen, daß sich die drei Technologiesektoren gegenseitig beeinflussen. So kann beispielsweise der Einsatz eines neuen Werkstoffs eine neue Verarbeitungstechnologie erfordern und gleichzeitig eine veränderte Bauweise des Produkts ermöglichen.

Produktionsprogramm

Im zweiten Bereich des Technologie-Kalenders wird die erwartete bzw. angestrebte Entwicklung des Produktionsprogramms nach Menge und Struktur dargestellt. In dieser Graphik ist festzuhalten, zu welchen Zeitpunkten alte Produkte auslaufen und durch neue Produkte ersetzt bzw. zu welchen Zeitpunkten gänzlich neue Produkte ins Produktionsprogramm aufgenommen werden. Hiermit kann produktbezogen die Entwicklung technologischer Schwerpunkte des Unternehmens und der Fertigung (z.B. bei gleichzeitigem Anlauf mehrerer Neuprodukte) transparent gemacht werden. Diese Form der Darstellung und Analyse ist jedoch nur bei einer begrenzten Anzahl von Produkten des Unternehmens wie z.B. im Flugzeugbau oder in der Automobilindustrie anwendbar. Bei Unternehmen mit stark diversifiziertem Produktionsprogramm ist die Analyse dagegen für Sparten oder Geschäftsbereiche durchzuführen.

Kapazitätsentwicklung

Aus dem Einsatzzeitpunkt der Technologien sowie der Entwicklung des Produktionsprogramms können die benötigten Kapazitäten in den einzelnen Fertigungsbereichen und in den verschiedenen Personalgruppen abgeleitet werden. Zwischen der Gesamtkapazität zu Beginn und am Ende des Planungszeitraums wird sich in der Regel eine Differenz ergeben, d.h. es sind Kapazitäten auf- oder abzubauen, und die Struktur des Kapazitätsangebots verändert sich.

Für die strategische Investitionsplanung sind insbesondere Veränderungen der strukturellen Zusammensetzung der Kapazitäten von Bedeutung, die sich im Zeitablauf durch den Einsatz der neuen Technologien ergeben. Beispielsweise kann die Verwendung neuer Werkstoffe zu einem deutlich verringerten Kapazitätsbedarf im Bereich der spanenden Fertigung führen und gleichzeitig den Ausbau der kunststoffverarbeitenden Fertigung erfordern. Investitionen dürfen in diesem Fall also nicht mehr vorrangig in dem derzeit besonders kostenintensiven Bereich der spanenden Fertigung getätigt werden, sondern müssen in die Kunststoffverarbeitung gelenkt werden.

Mit der wachsenden Anzahl neuer Technologien sehen sich die Unternehmen vor die Frage gestellt, in welchem Umfang in neue Technologien zu investieren ist. Betrachtet über die Zeit, steht dem Unternehmen ein begrenztes Investitionsbudget zur Verfügung. Dieses ist auf die strategischen Ziele des Unternehmens auszurichten. Das Gesamtinvestitionsbudget ist Ergebnis der kurz-, mittel- und langfristigen Finanzplanung des Unternehmens. Diesem Gesamtbudget ist der Investitionsbedarf der einzelnen Bereiche gegenüberzustellen. Die Entwicklung des für neue Technologien benötigten Investitionsbudgets läßt sich aus der Kapazitätsstrukturplanung im Technologie-Kalender ableiten. Bei einer Unterdeckung des Gesamtinvestitionsbedarfs muß es zu einer Überprüfung der strategischen Planung in Hinsicht auf die Finanzierungsmöglichkeiten kommen (vgl. Abbildung 4.16). Gegebenenfalls müssen über die Bestimmung von Prio-

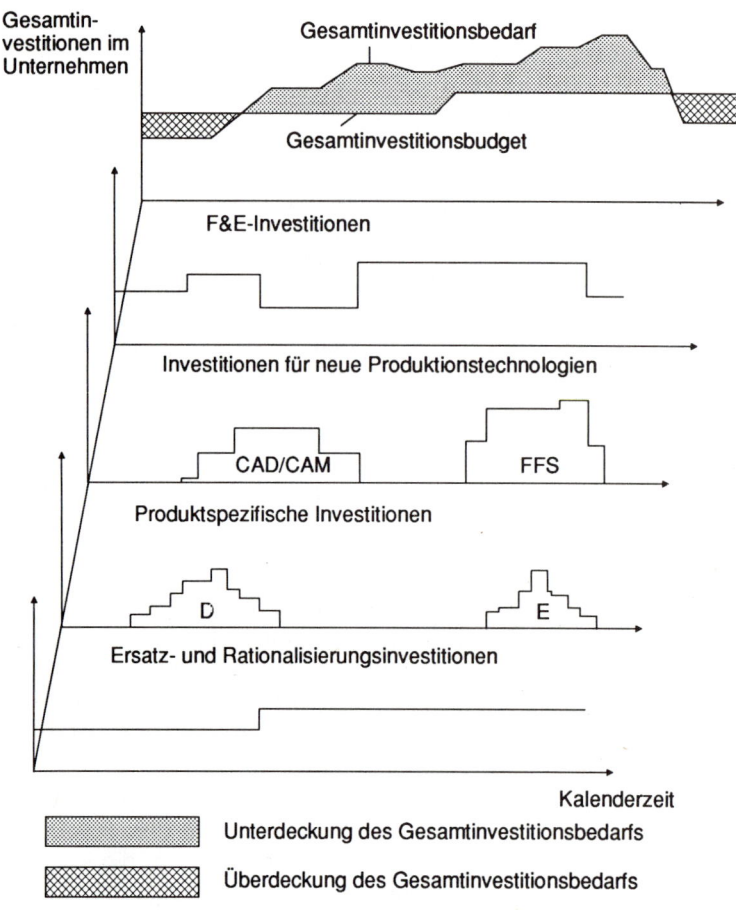

Abbildung 4.16: Ableitung des Investitionsbudgets aus dem Technologiekalender

ritäten Umschichtungen zwischen den Teilbudgets vorgenommen werden. Die Investitionen für neue Technologien sind hierbei entsprechend ihrer Gewichtung innerhalb der strategischen Zielsetzungen des Unternehmens zu berücksichtigen. Der Technologie-Kalender unterstützt somit die Ermittlung des Investitionsbudgets unter Berücksichtigung von Produkt-/Markt-/Technologie-Strategien und trägt dem Umstand Rechnung, daß Kostensenkungspotentiale durch neue Technologien nur dann voll ausgenutzt werden können, wenn Investitionen gebündelt in strategisch wichtigen Bereichen eingesetzt werden.

4.3.3 Argumentenbilanz zur Erfassung der schwer quantifizierbaren Wirkungen

Bei der Prioritätensetzung sowohl für Planungs- als auch Investitionsressourcen ergibt sich das Problem, daß die Bedeutung der schwer monetär quantizierbaren Kriterien für neue Technologien und insbesondere für CIM sehr hoch ist (vgl. Abbildung 4.17). Hieraus ergibt sich die Forderung, die Methoden der Investitionsrechnung um Verfahren zu erweitern, die es erlauben, "weiche", d.h. nicht monetäre Wirkungen miteinzubeziehen. Ein weiteres interessantes Ergebnis der auf Seite 12 bereits zitierten Befragung unter 28 Unternehmen war, daß die Technologieführer bei neuen Produktionstechnologien und auch bei konventionellen Techniken die monetär schwer quantifizierbaren Wirkungen in der Investitionsentscheidung deutlich niedriger gewichten als die Verfolgergruppe (s. Kapitel 1.5). Bei CIM hingegen ist es so, daß die Technologieführer durch Einzelkomponenteneinsatz bereits ihre Rationalisierungspotentiale ausgeschöpft haben und der Schritt zur Integration jetzt auch stark über die weichen Faktoren zu rechtfertigen sein wird.

Die Berücksichtigung von Wirkfaktoren in Wirtschaftlichkeitsrechnungen setzt deren Quantifzierbarkeit voraus. Allerdings ist die Prognosesicherheit zum Teil selbst bei kurz- und mittelfristig wirksamen Faktoren von CIM begrenzt. Wirkungen, die teilweise über die normale Nutzungsdauer von CIM-Komponenten hinausgehen, in verschiedenen Subsystemen der Unternehmung zur Geltung kommen und den unternehmerischen Erfolg mitbestimmen, sind vielfach schwer zu quantifizieren.

AKTIVA	PASSIVA
* Verbesserung der Wettbewerbs- position - höhere Flexibilität - verkürzte Produktanlaufzeiten - Durchlaufzeitreduzierung - Eröffnung von Kostensenkungspotentialen - höhere Qualität * hohe Technologieattraktivität * gute Technologieposition der Unternehmung * hoher Nutzungsgrad * Ausgleich von Marktrisiken * attraktive Arbeitsplätze * ...	* hohes Investitionsvolumen * unsichere Schätzung von Investitionsvolumen und Kosteneinsparungen * finanzielle Risiken * Einführungs- und Anlauf- risiken * Integrations- und Anpassungs- probleme * höhere Personalabhängigkeit * Technologiefixierung * ... Argumentengewinn für eine Kapitalallokation in CIM

Abbildung 4.17: Strategische Argumentenbilanz für CIM

Grundsätzlich ergeben sich Wirkungen, die nach innen auf die Unternehmung und solche, die nach außen auf den Markt gerichtet sind. Systematisch werden zunächst Vorteile einer CIM-Einführung aufgestellt, die sich aus der Implementierung ergeben.

Die Nachteile von CIM sind ebenfalls nach ihren direkten und indirekten Auswirkungen aufzuzeigen. Eine Gegenüberstellung läßt für die erste Abschätzung der Einführung einen Argumenten-Gewinn oder -Verlust erkennen. In weiteren Berechnungsstufen sind relevante Wirkungsfaktoren zu quantifizieren und in einer Wirtschaftlichkeitsrechnung zu bewerten.

Zu einem frühen Planungszeitpunkt werden auf der strategischen Betrachtungsebene die Vor- und Nachteile einer CIM-Einführung in einer Argumentenbilanz bewertet. Durch einen iterativen Prozeß werden in nachfolgenden Planungsphasen die meßbaren Faktoren in die Wirtschaftlichkeitsrechnung aufgenommen. Am Ende dieses Prozesses steht eine Argumentenbilanz, die nur noch nicht monetär quantifizierbare Faktoren enthält.

4.4 Konsequenzen aus CIM für das Unternehmen und Voraussetzungen zur CIM-Einführung

Bei allen Vorteilen, die aus CIM-orientierten Maßnahmen für das Unternehmen erwachsen, sollte man auch die Nachteile und die erforderlichen Voraussetzungen in Betracht ziehen. Denn die Festlegung "Wir machen jetzt CIM!" alleine reicht nicht aus: Es müssen Rahmenbedingungen geschaffen werden. Durch Aktivitäten für die Rechnerunterstützung werden Zeit und finanzielle Mittel für andere Aktivitäten entzogen. Dies gilt es bei allen CIM-Aktivitäten zu beachten, gleichgültig, ob es sich um eine umfangreiche Maßnahme mit großen Reorganisationen handelt, oder um kleine, individuelle Schritte. Wer sich der Notwendigkeit verschließt, bestimmte Konsequenzen in Kauf zu nehmen, und wer die möglichen Risiken nicht in Betracht zieht, die sich aus CIM für das Unternehmen ergeben können, handelt nicht verantwortungsbewußt. Nur Schönmalerei alleine darf es nicht geben - sie entspricht auch nicht der Realität.

CIM resultiert nicht aus Einzelwirtschaftlichkeit oder technologischer Notwendigkeit. Wesentlicher Beweggrund, sich mit CIM zu beschäftigen und das eigene Unternehmen auf entsprechende Konzepte auszurichten, ist der Wettbewerbsdruck durch nationale und internationale Wettbewerber, die diese Technologien und deren qualitativen Vorteile nutzen: Besserer Kundenservice durch kürzere Lieferzeiten, vermehrtes Eingehen auf Kundenwünsche, und ggf. gesteigerter Produktqualität. Kostensenkungen durch Anwendung dieser Technologien sind zumindest kurzfristig nicht zu erwarten; langfristig ist die Produktivität jedoch entscheidend steigerbar.

Der Gewinn aus den CIM-Investitionen wird somit erst langfristig erzielbar sein. Das Risiko, für die Investitionen tatsächlich einen finanziellen Ertrag zu erzielen, ist nicht zu unterschätzen. Daher ist eine Betrachtung der Konsequenzen sinnvoll, die sich für das Unternehmen ergeben, wenn es sich für den Einsatz von CIM-Technologien entscheidet (vgl. Abbildung 4.18).

→ Die Entscheidung für CIM erhöht in kurzfristiger Betrachtung das unternehmerische Risiko, langfristig gibt es jedoch kaum eine Alternative

→ CIM bedeutet die bewusste Integration der Fertigungstechnologie in die Unternehmensstrategie

→ CIM bedeutet eine Rahmen-Festlegung von Kapazitäten und anwendbaren Technologien

→ CIM bedeutet die Bereitstellung von finanziellen und personellen Ressourcen, die damit nicht für andere Aufgaben zur Verfügung stehen:
  Finanzielle Mittel
  Personelle Kapazitäten
  Organisatorische Änderungen
  Zeit (auch der Unternehmensleitung)

→ CIM birgt nicht nur Rationalisierungspotentiale, sondern auch erhebliche Risikopotentiale durch inner- und ausserbetriebliche Abhängigkeiten

→ Eine hohe Kostensenkung ist von CIM im Maschinenbau kaum zu erwarten; erhebliche Verbesserungen sind jedoch bei Durchlaufzeiten und höherer Transparenz zu erzielen

Abbildung 4.18: Konsequenzen aus CIM

Die Entscheidung für CIM bedeutet die bewußte Integration der Fertigungstechnologie bzw. Produktionstechnologie in die Unternehmensstrategie.

CIM bedeutet die Ausrichtung der Produktionstechnologie auf rechnerunterstützte Entwurfs-, Planungs-, Steuerungs- und Fertigungssysteme; das beinhaltet auch entsprechende Anpassungen von Produkt und Produktpalette.

CIM bedeutet das Ausrichten der Anlageninvestitionen auf rechnerunterstützte Systeme. Das bedeutet wiederum im Vergleich zu bisherigen Investitionsvorhaben:

- Höhere Anschaffungskosten
- Längere Einführungszeiten ("Durststrecke")
- Höherer Einarbeitungsaufwand für Betreiber- und Servicepersonal

CIM kann eine Steigerung der kurz- und der langfristigen Flexibilität ergeben; gleichzeitig bedeutet es aber eine langfristige Rahmen-Festlegung von Kapazitäten und angewendeter Technologie.

CIM birgt ein höheres Einführungsrisiko als die bisher gewohnten Investitionsentscheidungen:

- Hohe Investitionsbeträge
- Lange Einführungszeiten
- Längerfristige Bindung des Unternehmens an das gewählte Produkt
- Weitreichende Auswirkungen auf benachbarte, vor- und nachgelagerte Bereiche
- Technische und organisatorische Probleme durch
  - Inkompatibilitäten
  - Anpassungen von Hard- und Software
  - Verärgerung einzelner Mitarbeiter durch organisatorische Änderungen, neue und ungewohnte Abläufe, neue Kompetenzregelungen

Die für CIM erforderlichen Investitionen binden finanzielle und personelle Ressourcen und mindern damit die Möglichkeiten, andere Chancen wahrzunehmen. Die Entscheidung für CIM bedeutet im einzelnen:

- Bereitstellen finanzieller Mittel für CIM-Investitionen (Sach- und Personalinvestitionen)
  ==> Fehlt für andere Investitionen/Gewinnverwendung

- Bereitstellen personeller Kapazität für
  - Analyse von Unternehmensanforderungen und Marktangebot
  - Auswahlprozeß (Messebesuche, Vorführungen, Tests)
  - Einführung und Systemunterstützung
  ==> Fehlt für andere Aufgaben

- Durchführen organisatorischer Änderungen:
  - Umstrukturierungen
  - Teilweise völlig neue Abläufe
  - Änderungen der Kompetenzverteilung
  ==> Bringt Unruhe und Zeitverluste

- Bereitstellen von Zeit durch die Unternehmensleitung, da sie die Entscheidungen treffen und stützen sowie die Mitarbeiter ständig hierfür motivieren muß
  ==> Fehlt für andere Aufgaben

CIM birgt Rationalisierungspotentiale, aber auch Risikopotentiale durch größere Abhängigkeit von Arbeitnehmern, Kunden und Lieferanten. Im Unternehmen selbst birgt es Risikopotentiale durch gegenseitige Abhängigkeiten der einzelnen CIM-Bausteine sowie reduzierte Fehlerausgleichsmöglichkeiten.

Auch bei Investitionen in CIM-Technologien ist ein Gleichgewicht der konkurrierenden Größen

- Investitionssummen
- Personalanzahl und -qualifikationsniveau
- Finanzierungsfähigkeit
- Liquidität

einzuhalten.

Die Bilanz der Zielerreichung bei der Einführung von CIM zeigt, daß mittelfristig überwiegend die organisatorischen Ziele erreicht werden (Reduzieren der Durchlaufzeit, Erhöhen der Transparenz), während die technologisch begründeten Ziele, insbesondere der Wunsch nach Kostensenkung, mittelfristig nicht im gesetzten Ausmaß erreicht wurde (vgl. Abbildung 4.19).

Als weitere Konsequenzen der CIM-Entscheidung sind zu nennen:

- CIM erfordert zusätzlich zu den Sach- und Personalinvestitionen einen hohen Eigenanteil für Installation und Anpassung von Software und Organisationshilfsmitteln (vgl. Abbildung 4.20). Hier gilt das Stichwort: "CIM kann man nicht kaufen, nur die Komponenten dazu".

- Durch Anlaufprobleme sind bei einigen Unternehmen kurzfristig Auftragsausfälle bis zu 50% der Sachinvestitionen aufgetreten.

- CIM bedeutet die intensive Beschäftigung mit einer Vielzahl von Einflußfaktoren, die je nach Unternehmen unterschiedliche Bedeutung haben können (vgl. Abbildung 4.21).

Im Bewußtsein dieser Konsequenzen aus der Entscheidung für CIM sollte dann eine erhöhte, den vielfältigen Verflechtungen von CIM gerecht werdende Sorgfalt bei der Planung des CIM-Konzepts und seiner Realisierung leichter fallen. Dann kann die Realisierung der CIM-Idee auch die Vorteile bringen, die sich das Unternehmen davon erhofft.

Zielgrösse

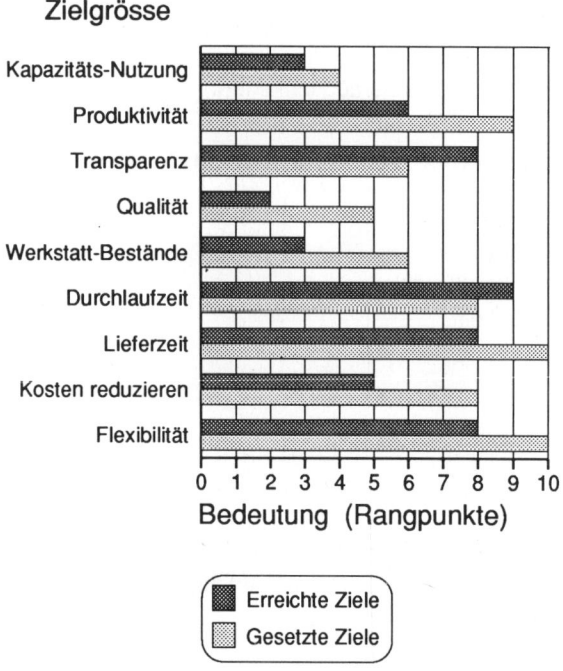

Abbildung 4.19: Zielsetzung und Zielerreichung bei CIM - Erfahrungen von CIM-Anwendern

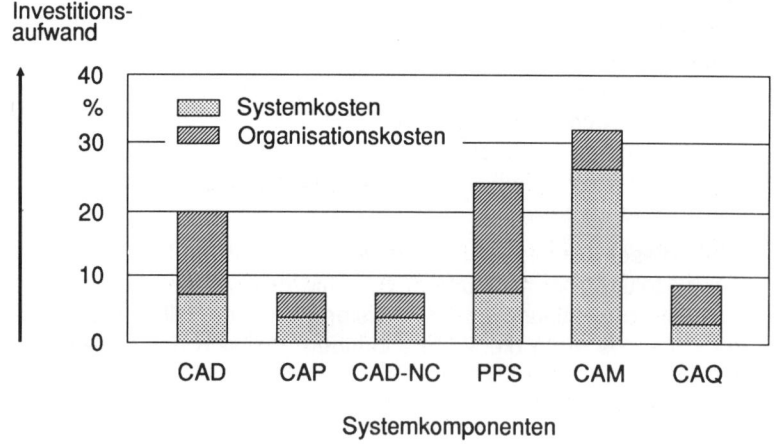

Abbildung 4.20: Investitionsaufwand der verschiedenen CIM-Systemkomponenten

Organisatorische Einflussfaktoren auf die CIM-Schwerpunkte
Unternehmensgrösse,
Fertigungstyp (Einzel-, Serien-, Massenfertigung),
Fertigungsorganisation (Werkstatt- bzw.Fliessfertigung),
Losgrösse,
Konstruktionsart,
Produktspektrum,
Zahl der Varianten,
verfügbare Auftragszeit (Marktdruck),
Berarbeitungs- bzw. Herstellart,
produktspezifische Anforderungen (konstruktions-, bearbeitungs-,
montageintensiv),
Verhältnis Planungsdaten zu Ausbringungs-Stückzahl,
Qualitätsanforderungen,
möglicher Planungshorizont,
Abhängigkeiten Lieferant-Hersteller-Abnehmer,
vorhandenes Automatisierungsniveau.

Organisatorische Einflussfaktoren auf die CIM-Einführung
finanzielle Verhältnisse (Liquidität, Verschuldungsgrad),
Unternehmensziele,
Mitarbeiterstruktur,
vorhandene bzw. potentielle Mitarbeiter-Qualifikation,
Rechtsform Eigentümer,
Stückkosten bzw. Herstellkosten,
Tranzparenz der Unternehmensabläufe,
unternehmerische Risikofreude,
Bedarf für Ersatz- bzw. Neuinvestitionen,
Informationsbedarf in und zwischen Abteilungen,
Informationsaustausch der Abteilungen im Auftragsdurchlauf,
Amortisationszeit- und Wirtschaftlichkeitsbetrachtungen,
Wettbewerbsdruck,
höhere Qualitätsanforderungen der Abnehmer,
Druck der Abnehmer, die Lieferzeit zu verkürzen,
verfügbare Programmierkapazität.

Technische Einflussfaktoren auf das CIM-Konzepts
Hardware-Kompatibilität,
Software-Kompatilität (Datenformat),
Möglichkeit, Netzwerke zu installieren (Verkabelung,Kopplung),
Datenbank-Nutzung und Zugriff,
Möglichkeit zur Anwendung von Standard-Schnittstellen (z.B. für den
Austausch von Produktdaten über IGES, VDA),
Erweiterungsfähigkeit von Hard- und Software.

Abbildung 4.21: CIM-Einflussfaktoren

4.5 Literaturverzeichnis

[AWK, 1987, 1] AWK [Hrsg]:
Produktionstechnik. Auf dem Weg zu integrierten Systemen. Düsseldorf VDI-Verlag 1987.

[Spu, 1986, 1] Spur, G.:
CIM - Die informationstechnische Herausforderung an die Produktionstechnik. In: Produktionstechnisches Kolloquium, Berlin 1986, S. 5 - 19.

[Wes, 1986, 1] Westkämper, E.:
Strategische Investitionsplanung mit Hilfe einesTechnologiekalenders. In: Wildemann, H., (Hrsg.): Strategische Investitionsplanung für neue Technologien in der Produktion, Tagungsband 1, 2. Fertigungswissenschaftliches Kolloquium an der Universität Passau, München 1986, S. 143 - 182.

[Wil, 1987, 1] Wildemann, H.:
Methoden der strategischen Investitionsplanung. Wiesbaden 1987.

5 Personalpolitische Aspekte einer CIM-Strategie

5.1 Vorbemerkung

In vielen Betrieben wird die Einführung von CIM-Komponenten und deren Vernetzung allein als betriebswirtschaftlich-technisches Problem der Investition und der Auswahl geeigneter Hard- und Softwarelösungen gesehen. Die Betriebswirtschaft und die Ingenieurwissenschaften haben diese verengte Perspektive erweitert und machen mit den Stichworten der Datenintegration und Funktionsintegration bei CIM-Projekten den engen Zusammenhang von Informationstechnik und Betriebsorganisation deutlich.

Die Sozialwissenschaften konzentrieren sich auf den Zusammenhang von Technik mit Arbeits- und Personalstrukturen. These ist, daß die grundsätzlichen Gestaltungsspielräume beim Einsatz von Technik und Arbeit zunehmend größer werden, und daß die Wahl der einen oder anderen Struktur entscheidend zum Erfolg oder Mißerfolg von CIM-Projekten beiträgt. Unterschiedliche Arbeits- und Personalstrukturen stellen unterschiedliche Anforderungen an die technischen Systeme, aber auch an die Betriebsorganisation, und sollten daher als grundlegende Voraussetzung systematisch in die CIM-Planung eingehen.

Thema dieses Kapitels sind grundlegende Optionen der Gestaltung von Arbeits- und Personalstrukturen bei rechnerintegrierter Fertigung. Wir werden uns dabei auf Entwicklungen in der Werkstatt konzentrieren und von dort aus den Gesamtzusammenhang zur Diskussion stellen. Ausführlich wird die Thematik Personalentwicklung und Qualifikation in einem gesonderten Band dieser Reihe behandelt.

5.2 Falsche Vorstellung einer fertigungstechnisch determinierten Arbeitsplatzstruktur

Die schon seit einiger Zeit geführte lebhafte Diskussion über die "Fabrik der Zukunft" hat in der Öffentlichkeit zu Vermutungen und Spekulationen über den Verbreitungsgrad und die Reichweite der Fabrikautomatisierung geführt, die in vielerlei Hinsicht überzogen sind. Häufig spielen dabei auch jene futuristischen Bilder eine Rolle, auf denen man die "Fabrik der Zukunft" schon plastisch vor sich sehen kann. Man sieht menschenleere Fabrik- und Montagehallen, in denen sich fahrerlose Transportsysteme und Roboter zwischen vollautomatischen Maschinen bewegen. Aus diesen und ähnlichen Zukunftsvisionen wird heute zu leicht und zu schnell gefolgert, daß der Mensch in absehbarer Zeit in der industriellen Fertigung keine wesentliche Rolle mehr spielen wird. Empirische Untersuchungen zeigen dagegen, daß wir von der Fabrik mit durchgängig automatisierter und rechnerintegrierter Fertigung noch weit entfernt sind [Schu, 1989, 1].

Auf dem Gebiet der flexiblen Automatisierung der Produktion und dem der Vernetzung von CIM-Komponenten steht die Industrie erst am Anfang eines langen Weges zur Fabrik der Zukunft. Dabei scheint die informationstechnische Vernetzung schneller voranzukommen als die maschinentechnische Integration der Produktion in flexiblen Fertigungs- und Montagezellen bzw. -systemen sowie automatischen Materialflußsystemen.

Auf dem Weg zur Fabrik der Zukunft nimmt Fertigungsarbeit quantitativ zweifelsohne weiter ab, spielt jedoch gleichzeitig eine qualitativ immer wichtiger werdende Rolle. Der Fertigungsprozeß ist insbesondere in der Metallbearbeitung bei zunehmenden Flexibilitätsanforderungen so komplex, daß eine umfassende informationstechnische und maschinentechnische Automatisierung auf absehbare Zeit eher unwahrscheinlich ist. In der Mensch-Maschine-Arbeitsteilung gehen - in der Tendenz - die einfacheren und routinisierbaren Aufgaben an die Maschine und die komplexeren Aufgaben an den Menschen. Von ihrem Zuschnitt und ihrer Ausgestaltung wird die Wirtschaftlichkeit flexibel automatisierter und rechnerintegrierter Fertigungssysteme letztlich abhängen.

Nach einer lange Zeit dominierenden und auch heute noch weit verbreiteten Vorstellung besteht eine starke, deterministische Beziehung zwischen den technischen Parametern eines gegebenen Fertigungssystems, den Qualifikationsanforderungen an den zugehörigen Arbeitsplätzen und der qualifikatorischen Zusammensetzung des zu seinem Betrieb notwendigen Personals.

Diese Vorstellung war für einen Wissenschaftler, Unternehmensberater oder Personalverantwortlichen, der in Innovationsplanungen eingeschaltet wurde, recht bequem. Gestützt auf sie, war es kein besonderes Problem, angesichts der bevorstehenden erstmaligen Einführung eines neuen Fertigungssystems in einem Betrieb die notwendigen personellen Maßnahmen von vornherein festzulegen. Hierzu mußte es ausreichen, einen anderen, technisch fortschrittlicheren Betrieb gleicher Art (z.B. in den USA oder in Japan) zu finden, in dem das neue Fertigungssystem bereits implementiert ist; die Ist- oder ggf. Soll-Werte dieses Betriebs konnten dann getrost auch als Zielvorgaben für den eigenen Betrieb und als Anhaltspunkte dafür benutzt werden, welche Umsetzungen, Qualifizierungen oder Neueinstellungen notwendig sind, um möglichst bald auch über die Personalstruktur zu verfügen, die man anderswo aufgrund längerer Erfahrung mit gleichen Fertigungen als optimal betrachtet.

Diese Vorstellung ist jedoch zumindest bei weitgehend mechanisierter oder gar mehr oder minder automatisierter Fertigung sicherlich falsch [Lut, 1982, 1]. So konnte man schon vor fast 20 Jahren an damals hochmodernen teilautomatisierten Walzstraßen gleicher technischer Auslegung quantitativ und qualitativ extrem verschiedene Besatzungen antreffen, wobei die zuständigen Ingenieure sehr überzeugend behaupteten, sie hätten die jeweils einzig richtige Lösung gefunden.

Der Grund für die zu beobachtende arbeitsorganisatorische Vielfalt ist in der veränderten Funktion menschlicher Arbeitsleistung für das Produktionsergebnis bei automatisierter Fertigung zu suchen (vgl. Abbildung 5.1). Während bei weniger mechanisierten Fertigungen menschliche Arbeitsleistung unmittelbar in den Produktionsprozeß eingebunden ist, und Arbeitskräfte kontinuierlich oder doch in kurzen Wiederholzyklen in den Fertigungsablauf intervenieren bzw. bestimmte Operationen selbst ausführen, gerät der Mensch bei fortschreitender Mechanisierung und Automatisierung in zunehmende zeitliche und sachliche Distanz zum Produktionsprozeß, der über immer längere Strecken und im Hinblick auf eine immer größere Zahl von Funktionen selbstgeregelt und ohne menschliches Eingreifen abläuft.

Damit hängt die für ein bestimmtes Produktionsergebnis benötigte menschliche Arbeitsleistung nicht mehr unmittelbar vom Produktionsverfahren und den Produktionsmitteln ab, so wie man früher für kompliziertere Dreharbeiten einen gelernten Dreher oder zum Auf- und Abladen eine bestimmte Zahl von ungelernten, aber kräftigen Arbeitern brauchte.

Technik und Arbeitskraft bei (teil-)
mechanisierter Fertigung

Technik und Arbeitskraft bei (teil-)
automatisierter Fertigung

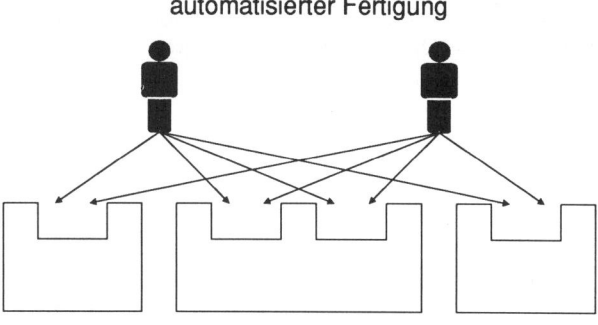

Abbildung 5.1:   Das Verhältnis von Technik und Arbeit auf unterschiedlichen Automationsniveaus

Die verbleibenden Beiträge des Menschen zum Fertigungsprozeß - wie etwa Einrichtung und Funktionsüberwachung von Maschinen und komplexen Anlagen, Wartung und Reparatur usw. - sind für die betriebliche Organisation hochgradig disponibel geworden. Sie können in vielfältiger Weise miteinander und mit anderen systemexternen Aufgaben kombiniert und zu Arbeitsplätzen gebündelt werden. Je nach den Formen dieser Kombination und Bündelung sind dann am gleichen Fertigungssystem ganz unterschiedliche Formen von Arbeitsorganisation vorstellbar, denen auch jeweils ganz andere Qualifikationsstrukturen des eingesetzten Personals (ebenso wie ganz unterschiedliche Verteilungen von Belastungen, Verantwortung und Initiative auf die Arbeitskräfte) entsprechen.

Im Prozeß der fertigungstechnischen Automatisierung tritt die Arbeitskraft sukzessive aus dem Produktionsprozeß heraus. Die technischen und ökonomischen Spielräume in der Gestaltung des Verhältnisses von Technik, Arbeit und Personal nehmen zu.

Die mit der fertigungstechnischen Automatisierung tendenziell größer werdenden arbeitsorganisatorischen Gestaltungsspielräume können allerdings durch die informationstechnische Automatisierung von Planungs-, Organisations- und Steuerungssystemen wieder eingeschränkt werden [Hir, 1986, 1; Hir, 1990, 1]. So wird durch die Auslegung von Hard- und Softwarestrukturen bei DNC-, CAD-CAP- und PPS-Systemen auf eine zentralisierte, bürogebundene Bedienung und/oder einen ingenieurmäßig ausgelegten Leitstand die in der Regel vorhandene starke funktionale Arbeitsteilung zwischen Werkstatt und Büro und/oder Leitstand festgeschrieben, wenn nicht sogar vertieft.

Zwar kann prinzipiell von einer überaus hohen Gestaltbarkeit mikroelektronischer Techniken ausgegangen werden, jedoch trifft dies für den konkreten Anwendungsfall nicht unbedingt zu. Denn vielfach müssen einzelne Anwenderbetriebe fertige Systemkonzepte übernehmen, die sich nur noch in Grenzen - sofern der Anwenderbetrieb über die notwendigen finanziellen und qualifikatorischen Ressourcen sowie zeitlichen Freiräume verfügt - modifizieren lassen. Mittlerweile haben sich allerdings - teilweise mit staatlicher Förderung - auf dem Technikmarkt Alternativen zu den deterministisch-zentralistischen Systemen herausgebildet. Diese neuen, für verschiedene Formen der Arbeitsteilung zwischen Werkstatt und technischen Büros offenen Systeme haben sich aber noch nicht in der Breite durchgesetzt.

Für die Offenheit des Zusammenhangs von Technik und Arbeit sowie für die Restriktionen beim Einsatz zentralistischer Planungs- und Organisationssysteme gibt es mittlerweile viele Belege aus qualitativen und quantitativen Studien. So wurden etwa für die NC-Organisation, für flexible Fertigungssysteme, für Montagesysteme, im Bereich der Produktionsplanung und -steuerung und schließlich auch in der Nutzung von CAD/NC- bzw. CNC-Systemen außerordentlich unterschiedliche und nur teilweise auf technisch-ökonomische Merkmale zurückführbare Arbeits- und Personalstrukturen aufgefunden. Wo das betriebliche Management glaubt, aus den technischen Parametern geplanter Fertigungssysteme und unter Berufung auf Erfahrungen in anderen Betrieben die für die eigene Fertigung einzig richtige Personalstruktur im voraus bestimmen zu können, werden grundlegende und gefährliche Risiken eingegangen.

5.3 Optionen der Gestaltung von Arbeits- und Personalstrukturen

Mit zunehmender Automatisierung und mit dem Einsatz von CIM-Komponenten und deren Vernetzung erhöhen sich die potentiellen technischen und organisatorischen Spielräume. Dabei werden drei grundsätzliche Gestaltungsalternativen sichtbar, die sich zwischen den Polen einer weiteren Arbeitszerlegung einerseits und einer weitgehenden Reintegration von Arbeitsaufgaben andererseits abbilden lassen.

5.3.1 Grundlegende Alternativen

Die gegebenen Gestaltungsalternativen unterscheiden sich nach der Auslegung der fachlichen und funktionalen Arbeitsteilung. Dabei verstehen wir unter funktionaler Arbeitsteilung die Ausdifferenzierung von Funktionen wie Qualitätskontrolle, Instandhaltung, Werkzeugvoreinstellung, Fertigungsplanung und -steuerung, Programmierung etc. zu selbständigen organisatorischen Einheiten. Mit fachlicher Arbeitsteilung bezeichnen wir das Ausmaß der Arbeitszerlegung innerhalb der organisatorischen Einheiten. Eine starke horizontale, fachliche Arbeitsteilung ist in der Regel auch mit einer starken vertikalen Arbeitsteilung (Hierarchie) verbunden.

In der Vielzahl der organisatorischen Teil- und Gesamtlösungen bei den unterschiedlichen CIM-Komponenten sehen wir drei grundlegende Optionen der Arbeitsgestaltung [Lut, 1987, 1; Hir, 1990, 1]. Wir unterscheiden zwischen einem *neo-tayloristischen* Weg (hohe funktionale und fachliche Arbeitsteilung), einem Weg *qualifiziert-kooperativer Produktionsarbeit* (niedrige funktionale und fachliche Arbeitsteilung) und einem Weg des *polarisierten Arbeitskräfteeinsatzes* in der Werkstatt (niedrige funktionale, aber hohe fachlich-hierarchische Arbeitsteilung). Diese Optionen heben sich in unterschiedlicher Weise von den bisher dominanten, tayloristisch geprägten, betont arbeitsteiligen Konzepten und Strukturen der Betriebs- und Arbeitsorganisation ab.

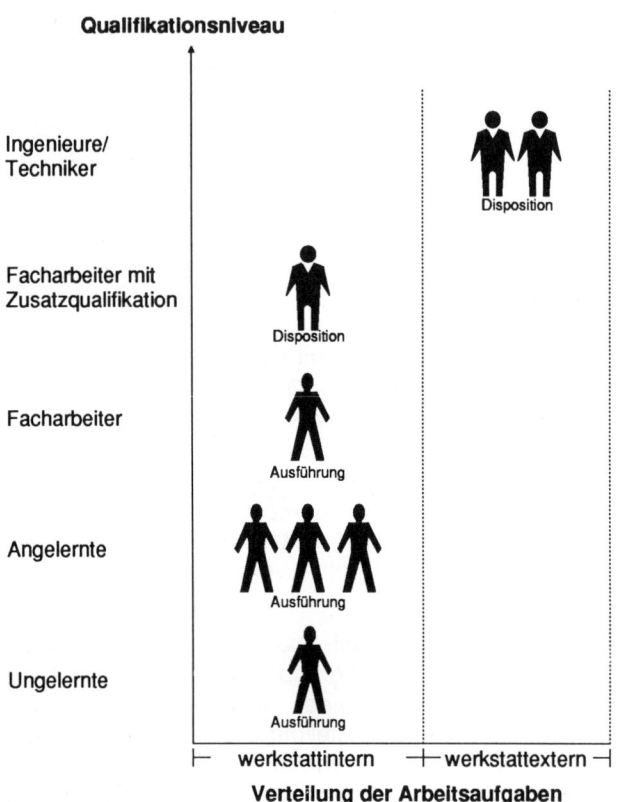

Abbildung 5.2: Rechnerunterstützter Neo-Taylorismus

(1) Rechnerunterstützter Neo-Taylorismus

Die erste Option kann man als "rechnerunterstützten Neo-Taylorismus" bezeichnen (vgl. Abbildung 5.2). Sie setzt auf eine Fortsetzung und Vertiefung der fachlichen und funktionalen Arbeitsteilung. Die Informatisierung der Aggregate-, Materialfluß- und Fertigungssteuerung erlaubt die Zentralisierung dieser Funktionen in den technischen Büros der Arbeitsvorbereitung. Instandhaltung und Reparatur sowie andere Aufgaben des Servicebereichs werden von spezialisierten Facharbeitern und Technikern ausgeführt. In der Produktion verbleiben nur die direkt fertigungsbezogenen Aufgaben wie Handhabung, Überwachung und Einrichtung. Auch diese werden soweit praktikabel in spezialisierte Tätigkeitsgruppen und Arbeitsplätze aufgespalten, denen die Arbeitskräfte fest zugeordnet sind. Ihre Qualifikationen ergänzen sich.

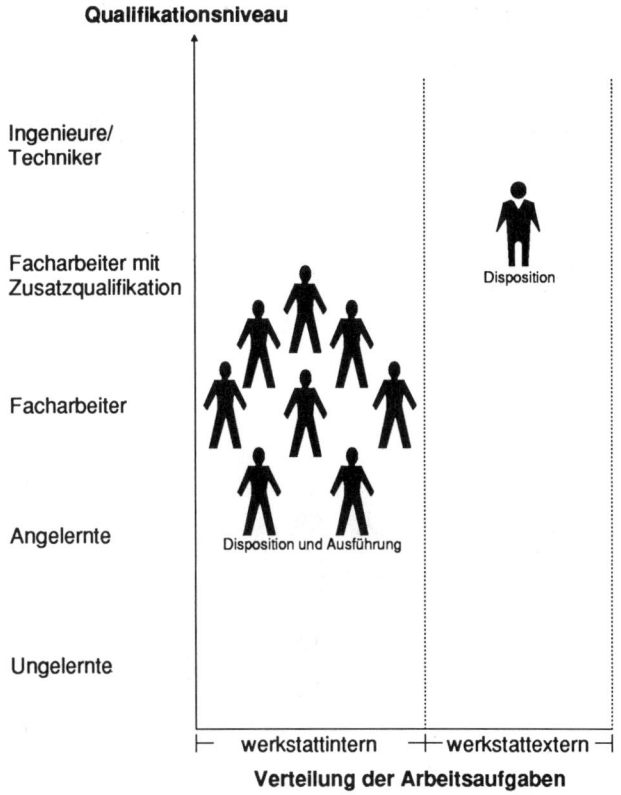

Qualifikationsniveau

Ingenieure/
Techniker

Facharbeiter mit
Zusatzqualifikation

Disposition

Facharbeiter

Angelernte

Disposition und Ausführung

Ungelernte

⊢ werkstattintern ─┼─ werkstattextern ─┤
Verteilung der Arbeitsaufgaben

Abbildung 5.3:   Qualifiziert kooperative Produktionsarbeit

(2) Qualifiziert-kooperative Produktionsarbeit

Die zweite Option bezeichnen wir als "qualifiziert-kooperative Produktionsarbeit" (vgl. Abbildung 5.3). Hier wird eine Rücknahme funktionaler und fachlicher Arbeitsteilung angestrebt. Die Arbeitsvorbereitungs- und Servicefunktionen werden von der Werkstatt in Zusammenarbeit mit den spezialisierten Dienststellen ausgeführt. Die fachliche Arbeitsteilung im Produktionsbereich ist weitgehend zurückgenommen. Qualifizierte Produktionsfacharbeiter bewältigen sowohl die ihnen zugewiesenen Arbeitsvorbereitungs- und Serviceaufgaben als auch die verbleibenden Restfunktionen der Fertigung als ganzheitliche Tätigkeit. Ihre Qualifikationsprofile überlappen oder ersetzen sich. Die Arbeit trägt stark kooperative Züge und geht im Extremfall in Gruppenarbeit mit ständig wechselnder Aufgabenzuordnung und homogenen Qualifikationsprofilen über.

69

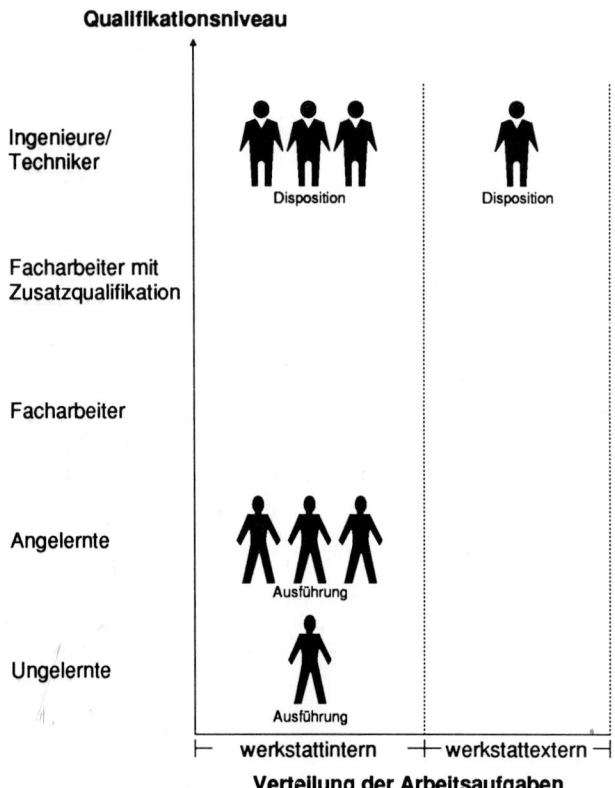

Qualifikationsniveau

Ingenieure/
Techniker

Facharbeiter mit
Zusatzqualifikation

Facharbeiter

Angelernte

Ungelernte

⊢ werkstattintern ⊣⊢ werkstattextern ⊣

Verteilung der Arbeitsaufgaben

Abbildung 5.4:   Polarisierte Produktionsarbeit

(3) Polarisierte Produktionsarbeit

Die dritte Option steht zwischen den beiden vorher genannten (vgl. Abbildung 5.4). Auch hier werden Arbeitsvorbereitungs- und Servicefunktionen in die Werkstatt hineingezogen. Innerhalb der Fertigungsbelegschaft bildet sich jedoch eine neue Form der Arbeitsteilung zwischen hochqualifizierten Aufgaben der Systemführung oder in Leitständen einerseits und weniger qualifizierten Restfunktionen und ausführenden Aufgaben andererseits. Für die eher dispositiven Spitzenarbeitsplätze bilden sich neue Berufsbilder, die sich denen von Technikern und Ingenieuren immer mehr angleichen. Bei den weniger qualifizierten Restfunktionen findet sich - wie im neo-tayloristischen Modell - eine feste Zuordnung von Arbeitskräften zu Aufgabenbündeln. Die Qualifikationsprofile ergänzen sich bei nur geringfügigen Überlappungen.

5.3.2 **Beispiele**

Die drei Optionen stellen jeweils extreme Varianten der Schneidung der fachlichen und funktionalen Arbeitsteilung dar. Arbeits- und Personalstrukturen in der industriellen Fertigung nähern sich solchen Strukturen mehr oder weniger stark an.

Beispiele für den rechnergestützten Neo-Taylorismus, für qualifiziert-kooperative Produktionsarbeit und für polarisierte Produktionsarbeit finden sich sowohl in Fertigungssystemen mit konventionellen alleinstehenden Maschinen und Anlagen als auch in Bereichen mit weitreichender flexibler Automatisierung, z.B. bei flexiblen Fertigungssystemen [Hir, 1988, 1].

a) Konventionelle Fertigungssysteme

Bei Fertigungssystemen mit überwiegend *konventionellen Einzelmaschinen* führt der Einsatz neuer Techniken häufig in Richtung auf das neo-tayloristische Modell. Mit dem CNC/DNC-Einsatz geht ein Großteil der Steuerungsfunktionen auf die Programmierer in der Arbeitsvorbereitung über. Planende und organisierende Kompetenzen von Meistern und Maschinenbedienern wandern im Rahmen von PPS-Systemen in die Software und an die technischen Angestellten der Fertigungssteuerung. In der Werkstatt verbleiben tendenziell ausführende Funktionen - eine ausgeprägte fachliche Arbeitsteilung bindet die Arbeitskräfte an einzelne Aggregate. Dies geht oft einher mit einer Vertiefung der vertikalen Arbeitsteilung zwischen Hilfskräften, Bedienern, Springern, Einstellern usw.

Seit einigen Jahren setzt sich - etwa im Maschinenbau - zunehmend das *Leitstandsmodell* als Organisationsprinzip der Werkstatt durch [Har, 1990, 1]. Hier scheint auch gegenwärtig ein Schwerpunkt der Hard- und Softwareentwicklung zu liegen. Systemanbieter bemühen sich um CIM-fähige Leitstandskonzepte, die die Werkstattsteuerung, die Logistikkette und die CAD/CAM-Integration umfassen. Damit werden Tendenzen in Richtung auf das Modell polarisierter Produktionsarbeit gestützt. Im Gegensatz zum neo-tayloristischen Organisationsmodell bleiben dispositive Funktionen in der Werkstatt, diese werden allerdings zentralisiert und i.d.R. technischen Angestellten übertragen. Damit wird die funktionale Arbeitsteilung zurückgenommen: Die Werkstatt verfügt über eine hohe Funktionsmasse dispositiver und ausführender Aufgaben. Dies geht jedoch einher mit einer Vertiefung der fachlichen Arbeitsteilung: Auf der ausführenden Ebene wird die Arbeit zerlegt bei einem gleichzeitigen Ausbau der Trennung von dispositiven und operativen Funktionen.

Qualifiziert-kooperative Arbeitsstrukturen finden sich auf dem hier zur Diskussion stehenden Automatisierungsniveau vor allem in Fertigungsinseln (vgl. Abbildung 5.5).

Mit dem Konzept "Fertigungsinsel" verbindet sich die Absicht, die betriebliche Arbeitsteilung weitreichend zu begrenzen und möglichst alle mit der Fertigung bestimmter Produkte oder Produktkomponenten zusammenhängenden Arbeitsaufgaben innerhalb definierter Arbeitsgruppen ausführen zu lassen [insbes. AWF, 1984, 1; AWF, 1987, 1]. Die betriebliche Arbeitsteilung soll nicht nur in ihrer funktionalen, sondern vor allem auch in

71

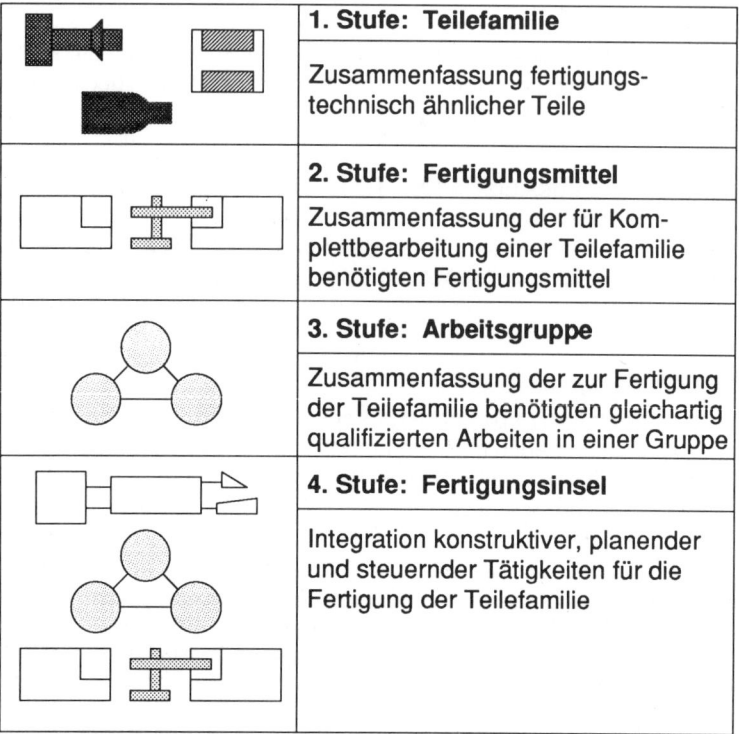

	1. Stufe: Teilefamilie
	Zusammenfassung fertigungs-technisch ähnlicher Teile
	2. Stufe: Fertigungsmittel
	Zusammenfassung der für Kom-plettbearbeitung einer Teilefamilie benötigten Fertigungsmittel
	3. Stufe: Arbeitsgruppe
	Zusammenfassung der zur Fertigung der Teilefamilie benötigten gleichartig qualifizierten Arbeiten in einer Gruppe
	4. Stufe: Fertigungsinsel
	Integration konstruktiver, planender und steuernder Tätigkeiten für die Fertigung der Teilefamilie

Abbildung 5.5:   Bildung einer Fertigungsinsel [Brö, 1985, 1]

ihrer fachlichen und hierarchischen Dimension abgebaut werden. Arbeitsorganisatori-sche Grundmerkmale von Fertigungsinseln sind:

- Gruppenarbeit, d.h., eine bestimmte Zahl von Arbeitskräften führt in einem Teilpro-zeß anfallende Arbeitsaufgaben kooperativ im gemeinsamen Arbeitsvollzug aus.

- Selbstkoordination, d.h., die Festlegung der Tätigkeiten in personeller, zeitlicher und sachlicher Hinsicht erfolgt autonom durch die Arbeitsgruppe.

- Eigenplanung, d.h. Übernahme produktionsvorbereitender und -kontrollierender Aufgabenkomplexe durch die Gruppe und die Beschränkung der zentralen Arbeits-vorbereitung auf eine Rahmenplanung.

Hinzu kommen eine Reihe von Zusatzmerkmalen, deren weitgehende Realisierung als hinreichende Voraussetzung für ein Funktionieren von Fertigungsinseln anzusehen ist.

Zu nennen sind hier insbesondere: homogene Qualifikationsstruktur innerhalb der Gruppe, damit alle Gruppenmitglieder möglichst alle anfallenden Arbeiten ausführen können; überschaubare Größe der Fertigungsinseln; systematische Qualifizierung der Arbeitsgruppe; schließlich eine Lohnform und eine Einstufungspraxis, die Gruppenarbeit nicht behindern, sondern fördern.

Mittlerweile sind im In- und Ausland bereits eine Reihe von Fertigungsinseln installiert. Prominente Beispiele finden sich bei den Firmen Sulzer-Weise und Felten & Guilleaume. Das Werk des Pumpenherstellers Sulzer-Weise GmbH in Bruchsal gehört zu den Pionieren beim Aufbau von Fertigungsinseln in der Bundesrepublik Deutschland [KfK, 1984, 1]. Brödner beschreibt das Fertigungssystem, in dem verschiedenartige rotationssymmetrische Kleinteile hergestellt werden, wie folgt [Brö, 1985, 1/S. 154]:

"In einem mittelgroßen Maschinenbaubetrieb mit herkömmlicher Werkstattfertigung und zentraler Arbeitsplanung wurde zur vollständigen Fertigung einer Teilefamilie von 4.000 unterschiedlichen Teilen eine Fertigungsinsel eingerichtet (vgl. Abbildung 5.6). Sie umfaßt eine CNC-Drehmaschine, eine konventionelle Drehmaschine, eine CNC-Bohr- und Fräsmaschine, einen Handarbeitsplatz sowie alle für die Fertigung benötigten Werkzeuge, Vorrichtungen und Meßeinrichtungen. In der Fertigungsinsel arbeitet eine Gruppe von drei gleichqualifizierten Facharbeitern, zu deren Aufgabe es gehört, Material zu disponieren und bereitzustellen, die Fertigungsaufträge im Rahmen des für zehn Werktage im voraus vorgegebenen Auftragsbündels termingerecht zu steuern, Arbeitspläne und NC-Programme zu erstellen und die Qualität zu sichern. Dafür steht ihnen ein Rechner (LSI 11/23) in der Insel zur Verfügung.

Die Arbeitspläne werden aus vorstrukturierten, im Rechner abgelegten Standardarbeitsplänen abgeleitet, indem sie um werkstück- und verfahrensspezifische Abläufe und Daten ergänzt werden. Ähnlich baut auch die Programmierung auf verallgemeinerten Bearbeitungszyklen auf, die um die jeweils spezifischen geometrischen und technologischen Daten (Maße, Schnittgeschwindigkeiten, Vorschübe, Spantiefe etc.) zu vervollständigen sind. Diese Methoden entsprechen weitgehend der gewohnten Arbeitsweise von Facharbeitern, nutzen ihr Fachwissen und sind zugleich sehr effizient.

Da jedes Mitglied der Arbeitsgruppe jede beliebige anfallende Aufgabe in der Fertigungsinsel übernehmen kann, sprechen sie sich ab, wer welche Aufgabe als nächstes übernimmt. Auch dafür können sie sich auf vollständige und aktuelle Zustandsübersichten im Rechner abstützen und insbesondere situationsabhängige Umstände (z.B. Rüstaufwand, Verfügbarkeit von Werkzeugen und Vorrichtungen, Maschinenzustände) berücksichtigen, um insgesamt hohe Mengenleistung und Qualität zu erzielen. Im Vergleich zur früheren Werkstattfertigung werden die wirtschaftlichen Vorteile deutlich: Die Kosten für Arbeitsplanung und NC-Programmierung wurden gesenkt, die Durchlaufzeiten sanken im Schnitt um 70% und die Fertigungsbestände um 30%, während sich die Produktivität nahezu verdoppelt hat."

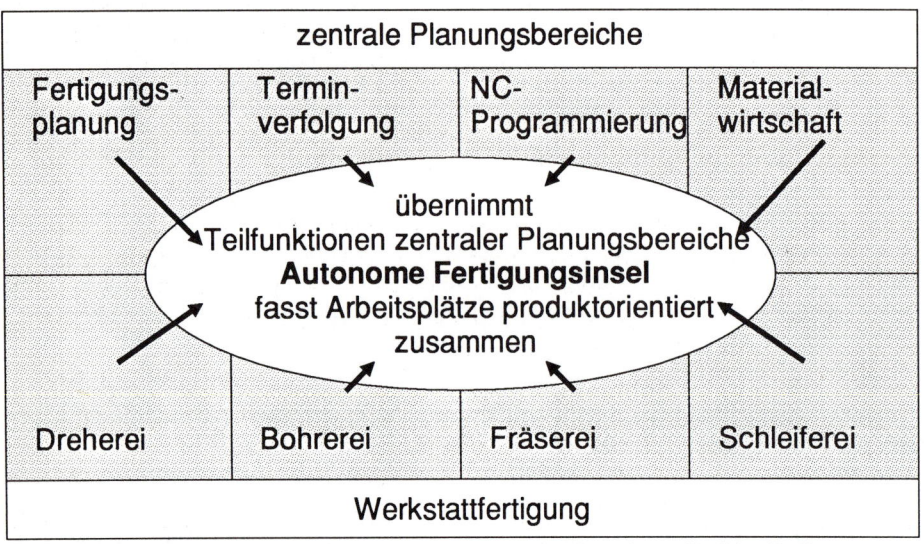

Die autonome Fertigungsinsel arbeitet flexibler als ein zentraldisponiertes flexibles Fertigungssystem
(Bild: Massberg)

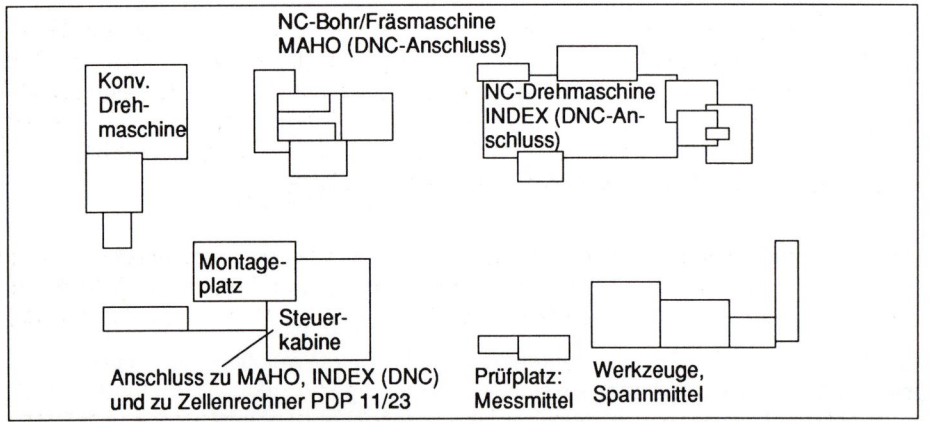

Grundriss der autonomen Fertigungsinsel "Auferin": Der Anschluss zum Arbeitsvorbereitungsrechner ist das Herz dieser modernen Werkstatt. Die Mitarbeiter teilen die Arbeit so ein, dass die Termine des wöchentlichen Auftragspools erfüllt werden. (Bild: Sulzer-Weise)

Abbildung 5.6: Das Konzept der AUFERIN Fertigungsinsel bei Sulzer-Weise [KFK, 1984, 1]

Das Werk Nordenham der Firma Felten & Guilleaume Energietechnik AG hat die gesamte Fertigung und Verwaltung nach dem Inselkonzept reorganisiert [Kli, 1987, 1]. Die betrieblichen Rahmenbedingungen lassen sich wie folgt charakterisieren:

- Gesamtzahl der Beschäftigten im Dezember 1985, einschließlich Vertrieb: 935; Beschäftigte in der Fertigung (ohne Auszubildende): 567

- Produktionsprogramm: 1. Elektromotoren in Sonderausführungen (z.B. explosionsgeschützt) in ca. 20 Grundtypen mit mehr als 5.000 Varianten, 2. Garnituren, z.B. Verbindungs- und Anschlußelemente für Kabel, Verteilerschränke für Straßenblocks, in sechs Grundtypen mit mehr als 2.500 Varianten, 3. Kleinschaltgeräte in acht Grundtypen mit ca. 300 Varianten

- Seriengrößen: 1-5 (durchschnittlich 2) bei Elektromotoren, 10-200 (durchschnittlich 100) bei Garnituren, 5.000-2.000.000 bei den Schaltgeräten

Eine der insgesamt zehn Fertigungsinseln in der Metallteilefertigung dient der Produktion von Dreh- und Frästeilen in Klein- und Mittelserien. Als Hauptkapazitäten wurden installiert: zwei Revolverdrehmaschinen, ein CNC-Bearbeitungszentrum. Als Nebenkapazitäten sind eingesetzt: zwei Sägeautomaten, zwei Fräsmaschinen, fünf Drehmaschinen, acht Bohreinheiten einschließlich Gewindeschneiden, eine Schleifmaschine, eine Stempeleinrichtung.

Ein typisches Beispiel für die Veränderung des Fertigungsdurchlaufs bei der Umstellung auf Fertigungsinseln ist die Bearbeitungsfolge von Preßkabelschuhen (vgl. Abbildung 5.7). Im alten System der Werkstattfertigung durchlaufen die Werkstücke sieben Kostenstellen: Materiallager, Zuschneiderei, Fräserei, Bohrerei, Dreherei, Galvanik, Lager. In der Fertigungsinsel "Dreh- und Frästeile" erfolgt die Komplettbearbeitung, mit Ausnahme der Galvanik, in einer organisatorischen Einheit.

Die Inseln der Metallteilefertigung haben zwischen drei und neun Arbeitskräfte und einen Inselleiter. Neben der Maschinenbedienung werden Teile der Auftragsklärung sowie planende und dispositive Tätigkeiten (Feinplanung, NC-Programmierung etc.) in den Inseln ausgeführt.

Die fachliche Arbeitsteilung unterschied sich zunächst nicht wesentlich von der der traditionellen Werkstattfertigung: Die meisten Inselmitarbeiter waren fest einer Maschine zugeordnet, teilweise wurden auch Springer und NC-Programmierer in den Inseln eingesetzt. Im Laufe der Zeit baute sich die Arbeitsteilung ab. Vertretungserfordernisse und die durchgehende Bearbeitung von Aufträgen machten einen breiteren Einsatz der Arbeitskräfte erforderlich. Arbeitsanreicherung und Arbeitsplatzwechsel wurden vom Betrieb durch ein breites Schulungsprogramm und andere Anreize (z.B. Lohn) systematisch gefördert.

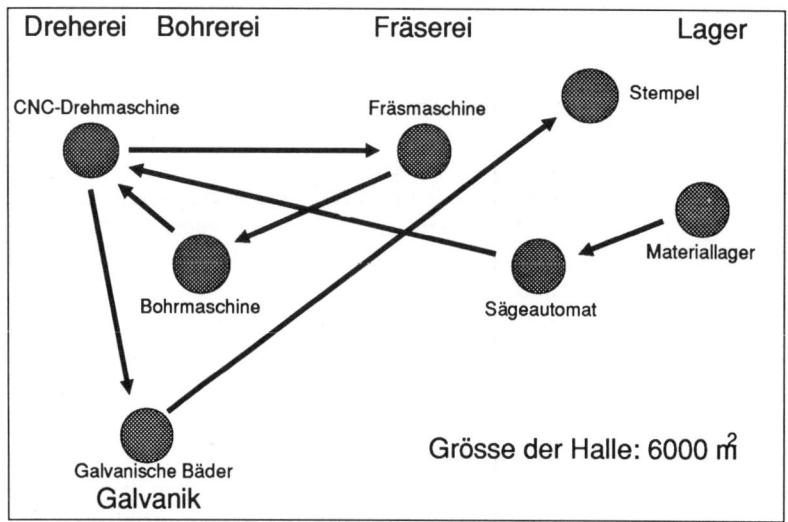

Die Fertigung von Presskabelschuhen im alten System (Werkstattfertigung)

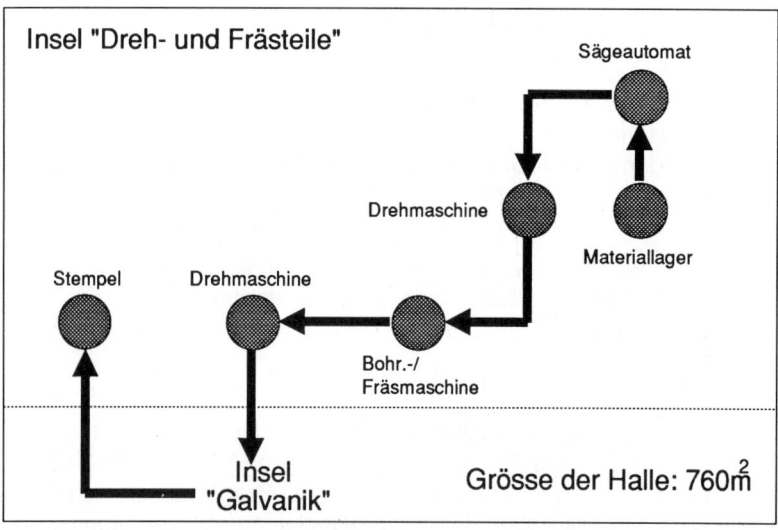

Die Fertigung von Presskabelschuhen in der Insel "Dreh- und Frästeile in Klein- und Mittelserien"

Abbildung 5.7:   Die Fertigung von Presskabelschuhen bei Felten & Guilleaume [Kli, 1987, 1]

Die wirtschaftlichen Auswirkungen der gesamtbetrieblichen Reorganisation auf Fertigungsfläche, Bestände, Durchlaufzeiten, Dispositionssicherheit und Ausschußquoten waren durchweg positiv und haben den Betrieb aus einer dramatischen Krisensituation auf einen wirtschaftlichen Expansionskurs gebracht.

b) Flexibel automatisierte Fertigungssysteme

Auch beim Einsatz flexibler Fertigungszellen und -systeme lassen sich die oben genannten Strukturmuster ausmachen (vgl. Abbildung 5.8). Auch hier findet sich das *neotayloristische Modell* einer starken Ausgliederung von Arbeitsvorbereitungs- und Ser-

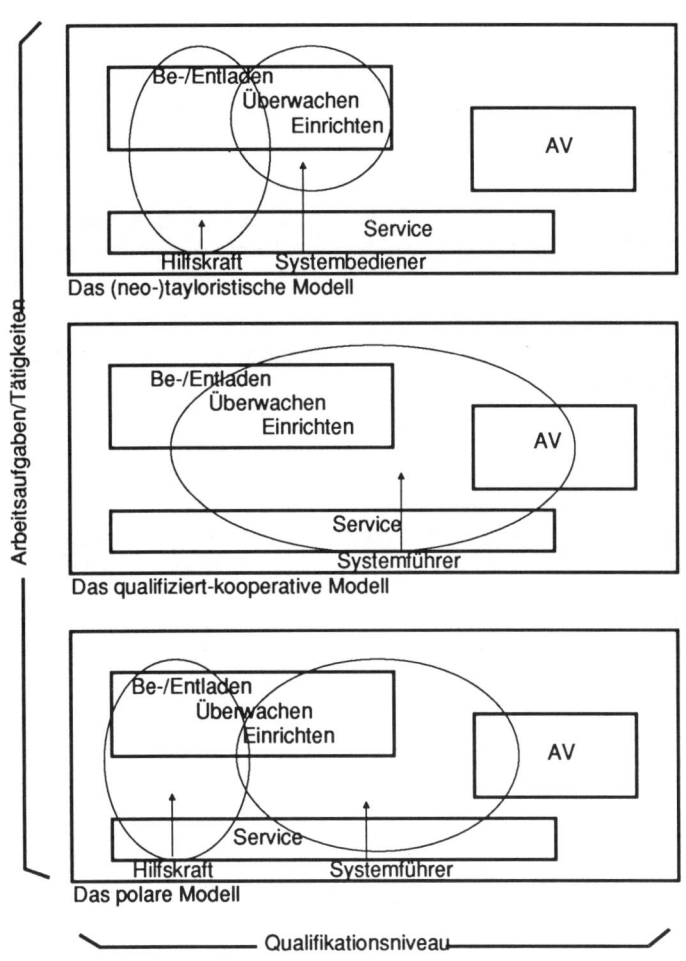

Abbildung 5.8: Modelle von Produktionsarbeit bei (teil-)automatisierter Fertigung

vicefunktionen (Instandhaltung und Reparatur, Werkzeugvoreinstellung, Qualitätskontrolle etc.). Im System verbleiben Hilfskräfte für manuelle Restfunktionen (z.B. Palettieren) und Systembediener für Einrichtungstätigkeiten. Planende und organisierende Funktionen werden von einem Schichtführer oder Meister ausgeführt.

Im *polaren Modell* sind Systemführer mit einem breiten Aufgabengebiet die tragenden Kräfte. Sie führen neben umfangreichen Produktionsfunktionen auch noch Aufgaben aus dem AV- und Servicebereich durch. Ihnen stehen Hilfskräfte zur Abdeckung der Automatisierungslücken gegenüber.

Im *qualifiziert-kooperativen* Strukturtyp findet sich sowohl eine starke Rücknahme der funktionalen als auch der fachlichen Arbeitsteilung. Eine Gruppe von Systemführern nimmt alle anfallenden Arbeitsaufgaben vom Einrichten über Qualitätskontrolle, Programmierung oder Programmoptimierung bis zu kleinen Instandhaltungsaufgaben etc. wahr. Die Arbeitskräfte sind dabei nicht auf einzelne Aggregate spezialisiert, sie können vielmehr alle im System anfallenden Aufgaben ausführen.

Ein prominentes Beispiel für solche Arbeitsstrukturen bildet das Anfang der 80er Jahre aufgebaute flexible Fertigungssystem bei der Zahnradfabrik Friedrichshafen [Schu, 1986, 1; ZF, 1988, 1]. Das FFS (vgl. Abbildung 5.9) ist ausgelegt für die losweise, spanabhebende Bearbeitung von Zahnrädern aus drei Teilefamilien.

Durchgeführt wird die komplette "Weichbearbeitung", d.h. in der Anlage finden alle notwendigen Arbeitsgänge bis zum Härten der Werkstücke statt. Die Werkzeugmaschinen sind jeweils mit einem Handhabungsgerät und drei Werkstückträger-Bereitstellplätzen zu einer (teilautonomen) Fertigungszelle kombiniert. Da in einem Fall zwei Werkzeugmaschinen zu einer Fertigungszelle zusammengefaßt sind, entstehen aus den 14 Maschinen 13 Bearbeitungsstationen; eine 14. Zelle stellt die zentrale Be- und Entladestation mit Bereitstellplätzen und Handhabungsgerät dar. Eine Verknüpfung dieser Stationen oder Zellen erfolgt materiell über den gemeinsamen Werkstückspeicher (einschließlich zentraler Transportanlage), informationstechnisch über die übergeordnete Steuerung (mit Prozeßrechner).

Die technische Systementwicklung war keineswegs auf eine perfektionierte Vollautomatisierung ausgelegt, zumal eine Anlage dieser Größe und Komplexität ohnehin die Präsenz mehrerer Arbeitskräfte notwendig macht. Zwar sollte im Vergleich zur bisherigen Fertigung Arbeitskraft eingespart werden, aber eine Bedienmannschaft von etwa sechs Mann pro Schicht (bei zweischichtigem Einsatz) war von Anfang an vorgesehen.

Gegenüber der konventionellen Teilebearbeitung mit Einzelmaschinen liegt der Unterschied in der Fertigungsstruktur vor allem in der Verkettung der einzelnen Bearbeitungsstationen. Der Bedienmannschaft verbleiben dabei vor allem die folgenden Arbeitsaufgaben:

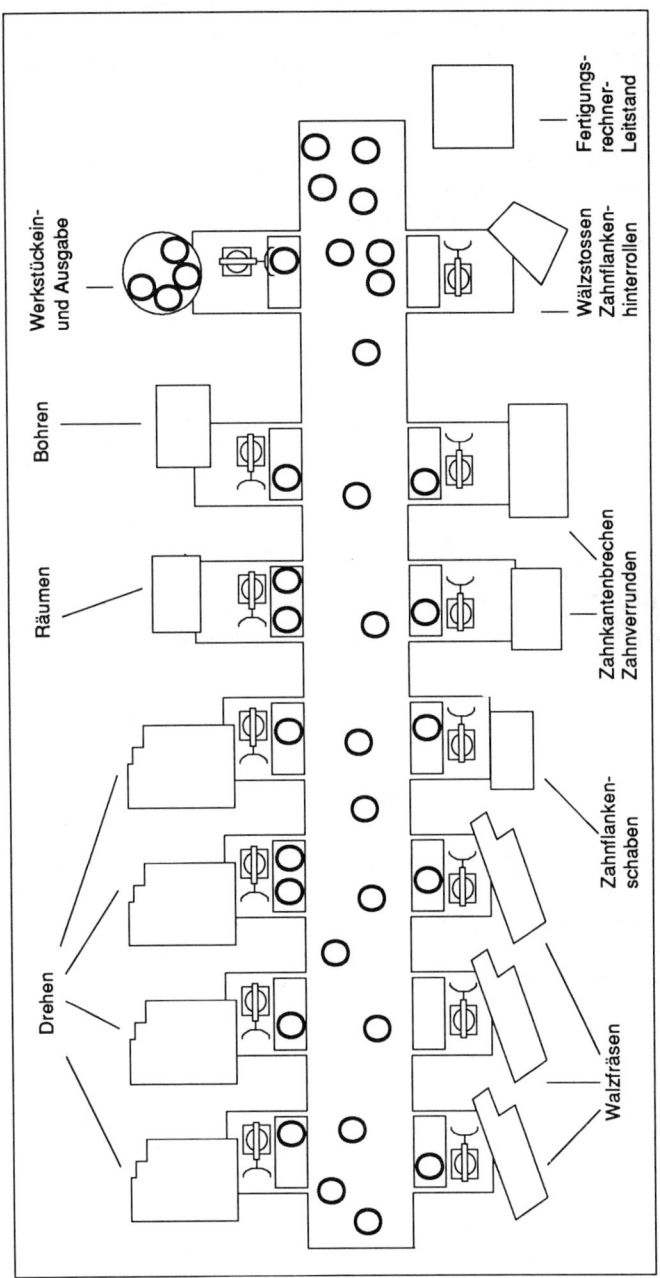

Abbildung 5.9: Layout eines flexiblen Fertigungssystems der Zahnradfabrik Friedrichshafen zur Herstellung rotationssymmetrischer Werkstücke
(nach Vorgaben der ZF)

- Als umfangreichster Komplex das Umrüsten der teils gleichartigen, teils verschiedenartigen Werkzeugmaschinen, einschließlich der zugehörigen Handhabungsgeräte; das reicht vom Einlesen der NC-Programme über Auswechseln der Werkzeuge und Anpassen der Spannmittel bis zum Optimieren von Vorschubgeschwindigkeiten oder Drehzahlen.

- Zum zweiten ist die vergleichsweise anspruchslose, aber körperlich belastende Tätigkeit des Eingebens von Rohlingen in das System und des Entladens der fertig bearbeiteten Zahnräder manuell durchzuführen, wobei es hier nur um das Auflegen bzw. Abnehmen der Werkstücke von einem getakteten Rundtisch geht, da das Be- und Entladen der im System stehenden Werkstückträger durch ein Handhabungsgerät erfolgt.

- Zum dritten gibt es eine ganze Reihe dispositiver Steuerungs- und Überwachungstätigkeiten, die sich sowohl auf das Fahren der Gesamtanlage (einschließlich des gemeinsamen Transportsystems) als auch auf die einzelnen Bearbeitungsstationen und dort insbesondere auf die Werkzeugmaschinen beziehen.

Diese Hauptaufgaben werden ergänzt durch eine Anzahl von Nebentätigkeiten, die wiederum von Hilfsfunktionen (wie z.B. Späne beseitigen) bis zu anspruchsvolleren Arbeiten der Qualitätskontrolle, der Werkzeugvoreinstellung, der Programmoptimierung, der Maschinenwartung usw. reichen; diese können je nach organisatorischem Konzept und Besetzungsdichte ebenfalls der Systemmannschaft oder anderen betrieblichen Stellen zugewiesen werden.

Angestrebt wurde ein möglichst geringer Grad stabilisierter Arbeitsteilung (im Sinne dauerhafter Zuweisung spezifischer Aufgaben), wobei im konkreten Arbeitsvollzug eine wechselnde Aufgabenzuweisung an die einzelnen Arbeitskräfte entsprechend dem Arbeitsanfall, der Personalverfügbarkeit etc. erfolgen sollte (Aufgaben-Rotation).

Im Vergleich zu den im Werk dominierenden Strukturen der Angelerntenfertigung, die ihrerseits Ausdruck jahrzehntelang vorherrschender Rationalisierungstendenzen sind, bedeutete das im flexiblen Fertigungssystem angestrebte Modell qualifizierter Produktionsarbeit zunächst einmal eine starke Rücknahme der sonst üblichen Arbeitsteilung; dies in dreifacher Hinsicht (vgl. Abbildung 5.10):

- Die vertikal-fachliche, nach Weisungsbefugnis, Anforderungsniveau etc. differenzierte Arbeitsteilung innerhalb eines Fertigungsbereichs, wie sie traditionell zwischen Werkhelfer, Maschinenbediener, Springer, Einrichter, Vorarbeiter/Anlagenführer besteht, wird tendenziell aufgehoben.

- Die horizontal-fachliche Arbeitsteilung, insbesondere zwischen verschiedenen Bearbeitungsverfahren bzw. Maschinenarten wie Drehen, Fräsen, Räumen, entfällt.

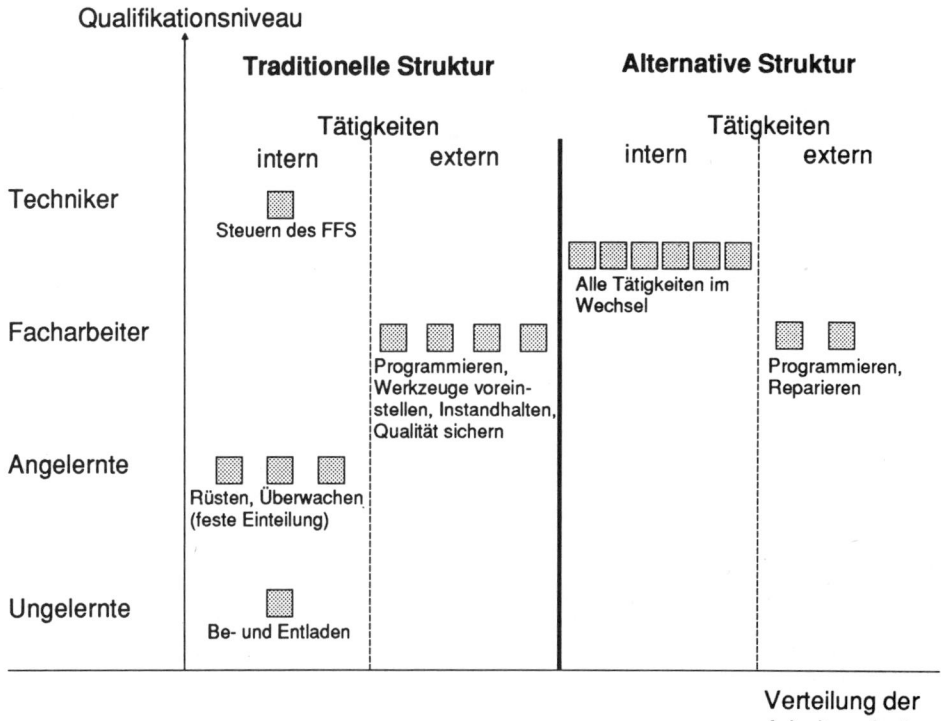

Abbildung 5.10: Alternative Arbeitsstrukturen in flexiblen Fertigungssystemen

- Schließlich wird die funktionale Arbeitsteilung zwischen der Fertigung im engeren Sinne und den fertigungsnahen technischen Diensten wie Arbeitsvorbereitung, Werkzeugvoreinstellung, Programmieren, Qualitätskontrolle reduziert.

Dieser Abbau traditioneller Arbeitsteilung sollte mit einer ausgeprägten Form von *Gruppenarbeit* einhergehen: Die insgesamt anfallenden Aufgaben werden nicht von vornherein den einzelnen Arbeitskräften fest zugewiesen, sondern sie werden (die Schichtführerposition eingeschlossen) als Ganzes von der Gruppe übernommen und dann, nach einem längerfristig festgelegten Rotationsschema oder auch je nach aktueller Arbeitssituation, aufgeteilt.

Zur Durchsetzung dieser Strukturen wurden in einer längeren Qualifizierungsphase zwei "Pilotgruppen" von je zehn Arbeitskräften in einer Kombination von theoretischer Unterweisung und praktischer Arbeit mit sämtlichen Bearbeitungsverfahren vertraut gemacht, die im FFS vertreten sind (vor allem: Drehen, Abwälz-/Verzahnungsfräsen

81

Arbeitsteilung in der Ausbildungsphase

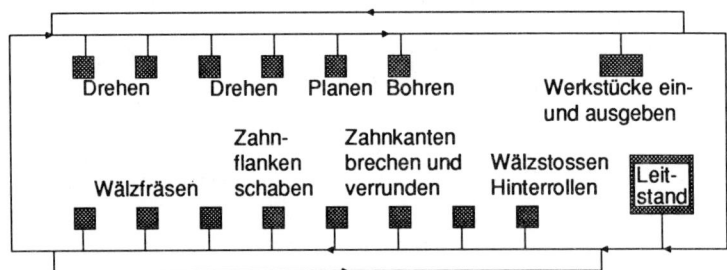

Zehn Arbeitskräfte pro Schicht - Arbeitsplatzwechsel nach Ausbildungsplan:
- je eine Arbeitsgruppe pro Systemseite
- Wechsel der Systemseiten nach mehreren Wochen

Geplante Arbeitsteilung im Normallauf

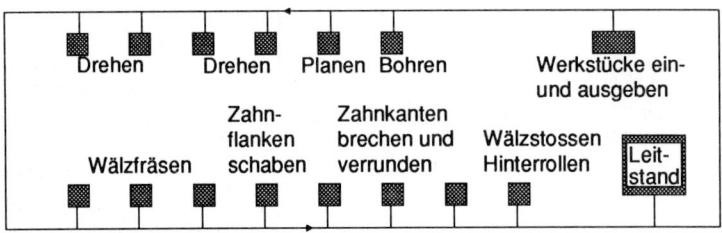

Sechs Arbeitskräfte pro Schicht - Arbeitsplatzwechsel nach Bedarf und Interesse
zwischen allen Systemkomponenten

Abbildung 5.11: Arbeitsteilung am FFS in der Einfahrphase und im (geplanten) Normallauf [Kni, 1988, 1]

und Zahnflankenschaben), in die NC-Programmierung auf den im FFS vorkommenden
Werkzeugmaschinen und Handhabungsgeräten eingeführt und in alle anderen Systemkomponenten und systemrelevanten Verfahren (z.B. Qualitätskontrolle und Werkzeugvoreinstellung) eingewiesen.

Abbildung 5.11 und 5.12 zeigen die in der Praxis realisierten Modelle der Arbeitsorganisation. In der Qualifizierungsphase (vgl. Abbildung 5.11) arbeiteten jeweils fünf Arbeitskräfte auf einer Systemseite. Nach mehreren Wochen wechselten die Arbeitsgruppen auf die jeweils andere Maschinengruppe über und erlangten so sukzessive die für
die Bedienung des Gesamtsystems erforderlichen Kenntnisse. Innerhalb der Arbeits-

Realisierte Arbeitsteilung in der 1. Schicht

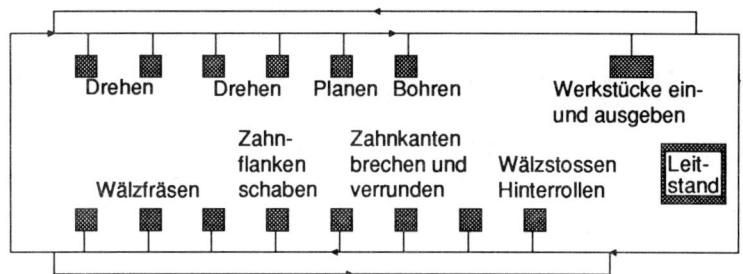

Sechs Arbeitskräfte pro Schicht - Arbeitsplatzwechsel analog zur Ausbildungs-
phase:

- zwei Arbeitsgruppen
- Wechsel der Seiten nach acht Wochen

Realisierte Arbeitsteilung in der 2. Schicht

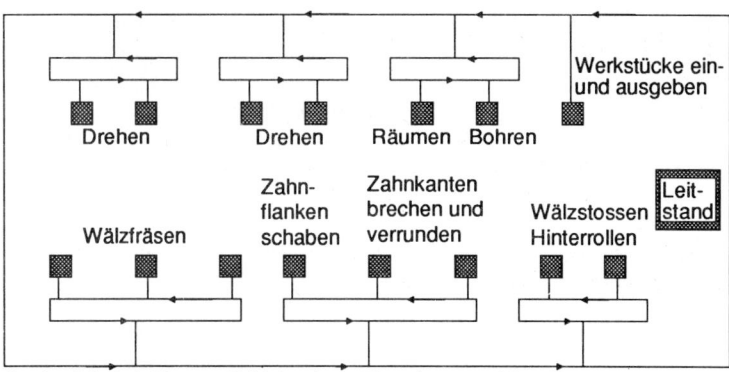

Sechs Arbeitskräfte pro Schicht - feste Zuweisung zu Maschinengruppen -
Wechsel alle vier Wochen

Abbildung 5.12: Arbeitsteilung am FFS im (realisierten) Normallauf -erste und zweite
Schicht-

gruppen gab es aufgrund von Vorerfahrungen in der konventionellen Fertigung Schwerpunkte des Einsatzes (z.B. beim Drehen), aber keine festen Zuordnungen.

Für die Position des Schichtführers (Außenbeziehungen, Maschinenbelegung, Personal) wurden zwei Modelle getestet: Einmal wurde sie alle zwei Wochen neu besetzt,
zum anderen war sie aus der Rotation ausgeschlossen und einem Mitglied der Systemmannschaft fest zugeordnet.

Die ursprünglich geplante volle Rotation (vgl. Abbildung 5.11) hat sich im Normallauf nicht durchgesetzt. Nach den Präferenzen der Schichtbesatzungen kristallisierten sich vielmehr zwei Modelle einer eingeschränkten Rotation heraus (vgl. Abbildung 5.12):

- In der ersten Schicht wechseln zwei Arbeitsgruppen mit je drei Personen alle acht Wochen die Systemseite. Die Aufgaben werden je nach Arbeitsanfall verteilt. Die Schichtführerposition ist aus der Rotation ausgeschlossen.

- In der zweiten Schicht wird mit festen Zuordnungen einzelner Arbeitskräfte zu sechs Arbeitsstationen (in der Regel zwei Zellen) gearbeitet. Nach jeweils vier Wochen erfolgt ein Wechsel zwischen den Stationen. Bei Bedarf hilft man sich wechselseitig aus. Auch hier ist der Schichtführer nicht an der Rotation beteiligt.

Die funktionale Arbeitsteilung ist gegenüber der konventionellen Fertigung zurückgenommen, aber nicht aufgehoben. Die Erstellung neuer NC-Programme ist relativ selten, sie erfolgt in der Arbeitsvorbereitung. Programmoptimierung und -verwaltung sind funktionell der Werkstatt zugeordnet.

Die von beiden Schichtmannschaften geforderte Integration eines Instandhaltungsfachmanns in die Teams konnte nicht realisiert werden. Kleinere Störungen werden in der Regel selbst erledigt, größere Probleme dagegen von den Instandhaltungsspezialisten. Qualitätskontrolle und Werkzeugvoreinstellung werden so gut wie vollständig von den Systemmannschaften durchgeführt. Auch die Feinplanung ist dem Arbeitsbereich zugeordnet, liegt allerdings in der Verantwortung des Schichtführers.

Die realisierten Formen der Rotation haben sich gut bewährt. So haben die gut qualifizierten Schichtbesatzungen in der Aufbau- und Einfahrphase des Systems wesentlich zur Beseitigung der "Kinderkrankheiten" beigetragen. Im Normallauf konnten Verfügbarkeit und Produktionsleistung erheblich gesteigert werden; das in den Gruppen akkumulierte und vor Ort verfügbare Erfahrungswissen verhalf zur schnellen Störungsbeseitigung.

Das bei der Zahnradfabrik Friedrichshafen realisierte Konzept der qualifizierten Gruppenarbeit steht mittlerweile nicht mehr allein. In vielen Betrieben wurden ähnliche Strukturen erprobt. So konnten etwa in der Automobilindustrie in Bereichen mit flexiblen Zellen und Systemen weitreichende Formen der Selbststeuerung aller Prozesse vor Ort im Rahmen von qualifizierter Gruppenarbeit durchgesetzt werden [Ble, 1988, 1].

5.4 Vor- und Nachteile qualifiziert-kooperativer Produktionsarbeit

Arbeitsorganisatorische Alternativen werden traditionellerweise nicht in die Wirtschaftlichkeitsanalyse von Fertigungssystemen einbezogen. Der Faktor Arbeit wird in der Regel nur grob nach Kopfzahlen und durchschnittlichen Lohnkosten kalkuliert. Arbeitsstrukturen beeinflussen aber direkt oder indirekt eine ganze Reihe bedeutsamer Kostenfaktoren [Auc, 1985, 1; Rot, 1988, 1; Wil, 1986, 1; Schr, 1988, 1]. Diese sollen im folgenden zunächst etwas näher ausgeführt werden. Im Anschluß werden die oben vorgestellten drei Modelle von Produktionsarbeit mit Hilfe der Kostenfaktoren bewertet.

5.4.1 Kostenfaktoren alternativer Arbeitsstrukturen

Das betriebliche Arbeitssystem ist eng in alle Unternehmensbereiche eingebunden und wirkt auf eine Vielzahl von Parametern direkt oder indirekt ein. Die unseres Erachtens wichtigsten Kostenfaktoren alternativer Arbeitsstrukturen sollen im folgenden kurz erläutert werden.

Die *Investitionskosten* sind direkt von der Mensch-Maschine-Funktionsteilung abhängig. Als Regel gilt: Je höher das angestrebte Automatisierungsniveau, desto komplexer und teurer ist die zu installierende Fertigungs- und Informationstechnik unter sonst gleichen Bedingungen. Eine Rücknahme hochgesteckter Automatisierungsziele zugunsten der Nutzung qualifizierter Arbeitskräfte kann die Investitionskosten drastisch reduzieren.

Angesichts der mit dem Investitionsvolumen steigenden Stundensätze sind die *Stillstandskosten* von Anlagen ein wesentliches Kriterium ihrer Wirtschaftlichkeit. Die Ausfallzeiten sind zu einem großen Teil von dem Auftreten technischer und/oder organisatorischer Störungen sowie von der Geschwindigkeit der Störungsbeseitigung abhängig. Dies gilt insbesondere für verkettete Produktionseinrichtungen, in denen sich Stillstände fortpflanzen, wenn die Versorgung der nachgeschalteten Maschinen ausfällt. Die Störungsbeseitigung hat nun direkt mit der gewählten Arbeitsorganisation und der personellen Besetzung zu tun. Je höher die verfügbaren systemspezifischen Kenntnisse und Erfahrungen sind und je schneller diese bei Störungen mobilisiert werden können, um so länger wird die effektive Nutzungszeit sein.

Bei flexibel automatisierten Anlagen ist zwischen kurz- und langfristiger Flexibilität zu unterscheiden. Die kurzfristige Flexibilität betrifft ein gegebenes Produktspektrum, das durch mehr oder weniger große Umrüstvorgänge bearbeitet werden kann. Bei der langfristigen Flexibilität geht es um die Anpassung der Anlagen an neue Produktkonfigurationen. Bei beiden Formen der Flexibilität ist der Zeit- und Kostenaufwand der Umstellung entscheidend für die Nutzung (*Flexibilitätskosten*). Auch hier sind direkte Zusammenhänge zu Arbeits- und Personalstrukturen gegeben.

Die mit Durchlaufzeiten verbundenen Probleme und Kosten aus Kapitalbindung, langen Lieferfristen und mangelnder Termintreue werden in der Öffentlichkeit breit diskutiert (*Logistikkosten*). Die Arbeitsteilungsstrukturen können auf diesen Kostenfaktor Einfluß nehmen. So kann es z.B. bei einer stark ausgeprägten funktionalen Arbeitsteilung zwischen Werkstatt und technischen Büros zu erheblichen Abstimmungsproblemen kommen, die die Durchlaufzeiten verlängern.

Die *direkten und indirekten Personalkosten* werden unmittelbar durch Arbeits- und Personalstrukturen beeinflußt. Je geringer die fachliche Arbeitsteilung in der Werkstatt und je stärker die wechselseitige Ersetzbarkeit der Arbeitskräfte, desto eher kann auf Reserven für die Vertretung von spezialisiertem Personal verzichtet werden. Durch die breite Einsetzbarkeit können passive Arbeitsanteile reduziert werden. Je geringer die Ausdifferenzierung von Arbeitsfunktionen in spezialisierte Dienste, um so eher werden auch indirekte Personalkosten eingespart. Diese Mechanismen schaffen Spielräume für das Vorhalten von Personal- und Qualifikationsreserven zur Sicherung einer hohen Prozeßkontinuität.

Die Kosten der Realisierung von neuen Arbeitsstrukturen (z.B. für die Organisations- und Personalentwicklung) sind ein weiterer und unseres Erachtens zentraler Faktor (*Implementationskosten*). Je stärker die neuen von den gegebenen Strukturen der fachlichen und funktionalen Arbeitsteilung abweichen und je höher die Qualifikationsanforderungen, um so größer sind die erforderlichen Aufwendungen.

5.4.2 Kostenbewertung arbeitsorganisatorischer Grundmodelle

Ein Vergleich der drei arbeitsorganisatorischen Modelle (taylorisierte, qualifiziert-kooperative und polare Produktionsarbeit) zeigt für die ersten vier - eher fertigungsbezogenen - Kostenfaktoren deutliche Vorteile für Strukturen qualifiziert-kooperativer Produktionsarbeit (vgl. Abbildung 5.13).

Dies gilt insbesondere dann, wenn Strategien sog. "harter Automatisierung" mit ihren Standardisierungsansprüchen an Produkt und verbleibende Arbeitsvollzüge an Grenzen stoßen und statt dessen Strategien flexibler Automatisierung zu verfolgen sind. Bei den eher personen- und organisationsbezogenen Kostenfaktoren ist das Bild weniger eindeutig.

(1) Investitionskosten
Durch den Einsatz qualifizierter Arbeitskräfte können Planungs- und andere Investitionskosten für komplexe und extrem teure Automatisierungstechniken im Hard- und Softwarebereich eingespart werden, da das Personal dazu in der Lage ist, Offenheiten und Lücken im Prozeßablauf zu überbrücken. Qualifizierte Produktionsarbeiter sind aufgrund ihrer fachlichen Kenntnisse und ihrer betrieblichen Erfahrungen in der Lage, "Kinderkrankheiten" neuer technischer Systeme zu erkennen und in Zusammenarbeit mit den Ingenieuren und Herstellermonteuren zu beseitigen. Technische Neuerungen können schneller der betrieblichen Realität des Anwenderbetriebes angepaßt werden.

Im polaren Modell von Produktionsarbeit sind Qualifikationspotentiale auf technische und administrative Leitstände in der Werkstatt zentralisiert, dadurch knapper und weiter vom Prozeß entfernt. Fertigungssysteme bedürfen einer höheren technischen Autonomie, die Investitionskosten steigen entsprechend. Dies gilt verstärkt für das tayloristi-

	Taylorisierte Produktions-arbeit	Qualifiziert-kooperative Produktions-arbeit	Polarisierte Produktions-arbeit
Investitions-kosten	●	○	◑
Stillstands-kosten	●	○	◑
Flexibilitäts-kosten	●	○	◑
Logistik-kosten	●	○	◑
Direkte Personal-kosten	◑	◑	◑
Indirekte Personal-kosten	●	○	○
Implementations-kosten	○	●	◑

○ gering	◑ mittel	● hoch

Abbildung 5.13: Kostenfaktoren alternativer Arbeitsstrukturen

sche Modell von Produktionsarbeit, in dem intelligente Arbeitsfunktionen soweit als möglich aus der Werkstatt ausgelagert und in zentralen Dienststellen konzentriert werden.

(2) Stillstandskosten
Angesichts der nach wie vor hohen Kosten für Komponenten flexibler Automatisierung ist von besonderer Bedeutung, daß sich durch den Einsatz qualifizierter Arbeitskräfte Risiken und Dauer von Störungen vermindern lassen. Qualifizierte Produktionsarbeiter

sind in der Lage, einen Teil der Störungen durch vorzeitiges Eingreifen zu verhindern oder auch selbst zu beseitigen. Störungsursachen können erkannt und gezielt die jeweils benötigten Spezialisten angefordert werden. Solche Kompetenzen sind insbesondere dann von Vorteil, wenn Spezialisten nicht sofort verfügbar sind. Dies betrifft einmal Situationen, in denen die entsprechenden Arbeitskräfte in anderen Abteilungen gebunden sind, und zum anderen den Zeitraum außerhalb der Normalarbeitszeit, in dem die Instandhaltung normalerweise mit stark verringerter Besetzung arbeitet.

Auch hier ist die größere Prozeßferne von Qualifikationen im polaren und tayloristischen Modell von Produktionsarbeit für die höhere Gewichtung von Stillstandskosten verantwortlich.

(3) Flexibilitätskosten

Auch für die Flexibilität von Fertigungssystemen macht sich der Einsatz von Strukturen der qualifiziert-kooperativen Produktionsarbeit direkt bezahlt. Im Bereich der kurzfristigen Flexibilität wird die Umstellung der Anlagen erheblich beschleunigt, da Umrüstvorgänge nicht vom Spezialwissen und den Kapazitäten eines Einrichters abhängig sind, sondern von der Bedienmannschaft in Abhängigkeit von den Anforderungen ausgeführt werden können. Im Bereich der langfristigen Flexibilität schlägt die umfassende Vertrautheit der qualifizierten Produktionsarbeiter mit ihrem Fertigungssystem zu Buche, die schnelle Umsetzung und Einführung technisch-organisatorischer Neuerungen wird erleichtert.

Auf größere Bereiche (Leitstand) oder sogar ganze Werke (zentrale Dienststelle) spezialisiertes Personal wird nie über das intime Erfahrungswissen der Eigenheiten komplexer Fertigungssysteme verfügen, das qualifizierten Bedienmannschaften vor Ort zur Verfügung steht. Daher sind die Kosten der kurz- und langfristigen Flexibilität im polaren und tayloristischen Modell von Produktionsarbeit höher zu veranschlagen.

(4) Logistikkosten

Das Modell qualifiziert-kooperativer Produktionsarbeit sieht eine starke Rücknahme der funktionalen Arbeitsteilung zwischen Arbeitsvorbereitung und Werkstatt vor. Unstimmigkeiten zwischen Arbeitsplänen, Programmen, Produktionsplänen und den Erfordernissen der Werkstatt werden sich verringern. Dadurch können die Durchlaufzeiten und Logistikkosten (im Sinne einer erweiterten Definition) verringert werden.

Das polare Modell hat hier deutliche Vorteile gegenüber dem tayloristischen Konzept, kann jedoch nicht die Effizienz von Strukturen qualifiziert-kooperativer Produktionsarbeit erreichen.

(5) Direkte und indirekte Personalkosten

Wenn die oben genannten Ziele der Reduzierung der Investitionskosten sowie der Erhöhung der Verfügbarkeit und der Flexibilität mit Strukturen qualifiziert-kooperativer Produktionsarbeit erreicht werden sollen, müssen sich die Besetzungszahlen an Maximalerfordernissen orientieren [vgl. ISF, 1989, 1/ S. 64 ff. und S. 152 ff.]. Gleichwohl sind nennenswerte Einsparungseffekte gegenüber alternativen Arbeits- und Personalstrukturen möglich. Zum einen handelt es sich um Einsparungen von Personalkosten in der Fertigungsbelegschaft selbst. Aufgrund der wechselseitigen Vertretungsfähigkeit kann die Besetzungsdichte niedriger gehalten werden, als dies im Regelfall bei einer stärker arbeitsteiligen Organisation und einer Personalstruktur mit insgesamt niedrigen und stärker spezialisierten Qualifikationen möglich wäre. Dies gilt vor allem deshalb, weil die weitreichende wechselseitige Vertretungsfähigkeit es sehr viel leichter macht, die Systembediener gleichmäßig und kontinuierlich auszulasten und es gestattet, die Besetzungsdichte an globalen Engpaßkriterien und nicht an den sehr viel restriktiveren Engpässen bei spezialisierten Arbeitskräften auszurichten.

Gleichwohl gehen wir für das direkte Personal von vergleichbaren Kosten zwischen den drei Modellen aus, da sowohl bei der qualifiziert-kooperativen als auch bei der polaren Produktionsarbeit AV- und Servicefunktionen, die im tayloristischen Modell zentralen Abteilungen zugeordnet sind, in der Werkstatt ausgeführt werden. Durch diese Verlagerung können jedoch in den beiden zuerst genannten Modellen die indirekten Personalkosten deutlich reduziert werden.

(6) Implementationskosten

Bei den Implementationskosten weist das Modell qualifiziert-kooperativer Produktionsarbeit deutliche Nachteile auf. Da es sich in der Regel um eine weitreichende Neuorientierung handelt, sind zahlreiche Probleme abzuarbeiten. Solche Implementationsprobleme und -kosten sind nicht nur fertigungstechnischer Art (z.B. Transparenz und adäquate Eingriffsmöglichkeiten für das Bedienpersonal), sondern betreffen auch Fragen der Produktionsorganisation (Vereinbarkeit verschiedenartiger Organisationsformen und -prinzipien) und der Personalwirtschaft (Sicherung der Verfügbarkeit über ausreichend qualifiziertes Personal, z.B. durch entsprechende innerbetriebliche Qualifizierung).

Strukturen qualifiziert-kooperativer Produktionsarbeit haben bei den eher fertigungsbezogenen Kostenfaktoren (Investitionskosten, Stillstandskosten, Flexibilitätskosten, Logistikkosten) deutliche Vorteile. Bei den personen- und organisationsbezogenen Variablen gilt dies nur für die indirekten Personalkosten, während die Implementationskosten negativ zu Buche schlagen.

Die personen- und organisationsbezogenen Kostenfaktoren treten eindeutig hinter die fertigungsbezogenen Kostenfaktoren zurück. Die direkten Personalkosten machen heute in der Metallverarbeitung häufig nur noch zehn Prozent der Gesamtkosten aus. Der geringe Anteil der Arbeitskosten wird besonders deutlich, wenn man Stundensätze von Bearbeitungszentren (z.B.: DM 150,- bis 350,-) oder Flexiblen Fertigungssystemen (z.B.: DM 1.000,- bis 1.500,-) zu den Stundenlöhnen in Beziehung setzt. Deren Anteil an den Stundensätzen flexibel automatisierter Anlagen liegt häufig unter zehn Prozent.

Ähnliches gilt für die Kosten der Implementation neuer Arbeitsstrukturen. Aufwendungen von mehr als fünf Prozent der Investitionssumme für die Qualifizierung sind beim Aufbau von Fertigungssystemen ganz ungewöhnlich. Andere Bestandteile der Implementationskosten können stärker zu Buche schlagen. Konflikte zwischen alten und neuen Organisationsformen, Probleme der Rekrutierung geeigneter Arbeitskräfte usw. können erhebliche Probleme nach sich ziehen.

Diese Nachteile sind zwar überwiegend einmaliger Natur, während die ihnen gegenüberstehenden Vorteile längerfristig gelten. Doch sind die mit der Durchsetzung arbeitsorganisatorischer Innovationen verbundenen mittelbaren und unmittelbaren Kosten und Risiken - je nach der betrieblichen Ausgangssituation - nicht unerheblich und können gerade wegen ihres Einmalcharakters im betrieblichen Entscheidungsprozeß stärker ins Gewicht fallen als die erst sukzessive anfallenden Erträge der neuen Organisationsform.

Wie rentabel Strukturen qualifiziert-kooperativer Produktionsarbeit im Endeffekt sind, ist für den einzelnen Betrieb schwer abzuschätzen: Zum einen sind die Auswirkungen auf Größen wie Verfügbarkeit und Flexibilität nur schwer zu quantifizieren, zum anderen laufen verschiedene Kostenfaktoren gegeneinander. Den Vorteilen einer solchen Fertigungs- und Arbeitsorganisation für den Betrieb stehen unter Umständen Nachteile gegenüber, die sich aus besonderen Kosten und Problemen der Einführung und Stabilisierung einer von den bisher vorherrschenden Formen der Produktionsarbeit abweichenden Struktur ergeben. Diese Einführungsschwelle trägt vermutlich auch mit dazu bei, daß bisher solche alternativen Formen von Produktionsarbeit sehr viel mehr diskutiert als realisiert und in der betrieblichen Praxis erprobt wurden.

5.5 Zusammenfassung

Thema des Kapitels sind strategische Optionen der Gestaltung von Arbeits- und Personalstrukturen bei rechnerintegrierter Fertigung aus der Werkstattperspektive. Fertigungsarbeit bildet auf absehbare Zeit eine zwar quantitativ abnehmende, aber qualitativ immer wichtiger werdende Komponente von modernen Produktionssystemen. Die Betrachtung organisatorischer Alternativen und eine vorausschauende Personalpolitik müssen daher integraler Bestandteil einer unternehmerischen CIM-Strategie sein.

Mit zunehmendem Einsatz von CIM-Komponenten und zunehmender Vernetzung erhöht sich potentiell der Spielraum, innerhalb dessen bei gegebenen Rahmenbedingungen Arbeitsorganisation und Personalstruktur variierbar sind. Dabei werden grundsätzliche Gestaltungsalternativen sichtbar, die sich zwischen den Polen einer weiteren Arbeitszerlegung einerseits und einer weitgehenden Reintegration von Arbeitsaufgaben andererseits abbilden lassen.

Strukturen qualifiziert-kooperativer Produktionsarbeit sind unter betriebswirtschaftlichen Effizienzüberlegungen ebenso wie in arbeitspolitischer Perspektive anderen Alternativen ebenbürtig, wenn nicht überlegen. Ihre Durchsetzung stellt jedoch viele Betriebe - je nach Ausgangsvoraussetzungen und Rahmenbedingungen - vor nicht unerhebliche Probleme. Damit entsteht ein hoher Anforderungsdruck an betriebliche Planungs- und Implementationsprozesse.

5.6 Literaturverzeichnis

[Auc, 1985, 1]   Auch, Manfred:
Menschengerechte Arbeitsplätze sind wirtschaftlich - Wirtschaftlichkeitsvergleich und Arbeitssystemwertermittlung - ein erweitertes Bewertungsverfahren. RKW, Eschborn 1985.

[AWF, 1984, 1]   AWF (Ausschuß für wirtschaftliche Fertigung e.V.):
Flexible Fertigungsorganisation am Beispiel von Fertigungsinseln. Eschborn 1984.

[AWF, 1987, 1]   AWF (Ausschuß für wirtschaftliche Fertigung e.V.):
Fertigungsinseln - Fertigungsstruktur mit Zukunft. Eschborn 1987.

[Ble, 1988, 1]   Bleicher, Siegfried; Stamm, Jürgen (Hrsg.):
Fabrik der Zukunft. VSA-Verlag, Hamburg 1988.

[Brö, 1985, 1]   Brödner, Peter:
Fabrik 2000 - Alternative Entwicklungspfade in die Zukunft der Fabrik. edition sigma, Berlin 1985.

[Har, 1990, 1]   Hars, Alexander; Scheer, August-Wilhelm:
Leitstände - ein neues Instrumentarium zur Fertigungssteuerung. In: M. v. Behr; Ch. Köhler (Hrsg.): Werkstattoffene CIM-Konzepte. Karlsruhe 1990.

[Hir, 1986, 1]   Hirsch-Kreinsen, Hartmut:
Technische Entwicklungslinien und ihre Konsequenzen für die Arbeitsgestaltung. In: H. Hirsch-Kreinsen; R. Schultz-Wild (Hrsg.): Rechnerintegrierte Produktion. Frankfurt/München 1986.

[Hir, 1988, 1]   Hirsch-Kreinsen, Hartmut; Behr, Marhild von:
Implementation rechnerintegrierter Systeme und Gestaltung der Arbeitsorganisation. In: ISF München (Hrsg.): Arbeitsorganisation bei rechnerintegrierter Produktion. Karlsruhe 1988.

[Hir, 1990, 1]   Hirsch-Kreinsen, Hartmut; Schultz-Wild, Rainer; Köhler, Christoph; Behr, Marhild von:
Einstieg in die rechnerintegrierte Produktion - Alternative Entwicklungspfade der Industriearbeit im Maschinenbau. Frankfurt/München: Campus Verlag, 1990.

[ISF, 1989, 1]   ISF München (Hrsg.):
Strategische Optionen der Organisations- und Personalentwicklung bei CIM. KfK-PFT 148, Karlsruhe 1989.

[KfK, 1984, 1]   Kernforschungszentrum Karlsruhe, Projektträger Fertigungstechnik (PFT) (Hrsg.):
Autonome Fertigungsinsel - Flexible Fertigungsstrukturen für die Einzel- und Kleinserienfertigung. KfK-PFT 79, Karlsruhe 1984.

[Kli, 1987, 1]   Klingenberg, Heide; Kränzle, Hans-Peter:
Humanisierung bringt Gewinn - Modelle aus der Praxis. Band 2: Fertigung und Fertigungssteuerung. RKW, Eschborn 1987.

[Kni, 1988, 1]   Knickriem, Dietrich; Klein, Helmut; Möller, Holger; Pohl, Christian:
Ergebnisse der Arbeitswissenschaftlichen Begleitforschung. In: Zahnradfabrik Friedrichshafen AG (Hrsg.): Wandel der Arbeitsbedingungen durch ein flexibles Fertigungssystem mit modularem Aufbau. KfK-PFT 141, Karlsruhe 1988.

[Lut, 1982, 1]   Lutz, Burkart:
Personalstrukturen bei automatisierter Fertigung. In: B. Lutz; R. Schultz-Wild (Hrsg.): Flexible Fertigungssysteme und Personalwirtschaft. Frankfurt/München 1982.

[Lut, 1987, 1]   Lutz, Burkart; Hirsch-Kreinsen, Hartmut:
Vorläufige Thesen zu gegenwärtigen und zukünftigen Entwicklungstendenzen von Rationalisierung und Industriearbeit. In: Verbund Sozialwissenschaftliche Technikforschung. Mitteilungen 1, Juni 1987.

[Rot, 1988, 1]   Roth, Siegfried; Kohl, Heribert (Hrsg.):
Perspektive "Gruppenarbeit". Bund-Verlag, Köln 1988.

[Schr, 1988, 1]   Schreuder, Siegfried; Upmann, Rainer:
CIM-Wirtschaftlichkeit - Vorgehensweise zur Ermittlung des Nutzens einer Integration von CAD, CAP, CAM, PPS und CAQ. Köln 1988.

[Schu, 1986, 1]   Schultz-Wild, Rainer; Asendorf, Inge; Behr, Marhild von; Köhler, Christoph; Lutz, Burkart; Nuber, Christoph: Flexible Fertigung und Industriearbeit - Die Einführung eines flexiblen Fertigungssystems in einem Maschinenbaubetrieb. Campus Verlag, Frankfurt/München 1986.

[Schu, 1989, 1]   Schultz-Wild, Rainer; Nuber, Christoph; Rehberg, Frank; Schmierl, Klaus: An der Schwelle zu CIM - Verbreitung, Strategien und Auswirkungen. RKW-Verlag, Eschborn, und Verlag TÜV Rheinland, Köln 1989.

[Wil, 1986, 1]   Wildemann, Horst: Strategische Investitionsplanung für neue Technologie in der Produktion. In: H. Wildemann (Hrsg.): 2. Fertigungstechnisches Kolloquium an der Universität Passau. hektogr. Tagungsband, München 1986.

[ZF, 1988, 1]   Zahnradfabrik Friedrichshafen AG (Hrsg.): Wandel der Arbeitsbedingungen durch ein flexibles Fertigungssystem mit modularem Aufbau. KfK-PFT 141, Karlsruhe 1988.

6 Integration als Strategie zur Optimierung betrieblicher Abläufe

6.1 Informationssysteme im Produktionsbereich

Schon in den fünfziger Jahren ist die elektronische Datenverarbeitung als ein wichtiges Instrument für die Produktion erkannt worden. In ihrer Anfangszeit standen dabei die mehr kaufmännisch orientierten Anwendungen mit Massenvorgängen aus Buchführung, Fakturierung und Lohnabrechnung im Vordergrund. Anwendungen aus der Technik wurden dagegen vernachlässigt. Unterstützt wurde diese Entwicklung durch die Tatsache, daß die für die Datenverarbeitung zuständigen Abteilungen in der Regel kaufmännischen Funktionen zugeordnet waren. Inzwischen haben sich aber durch das wachsende Wissen der technischen Fachabteilungen über den Einsatz der EDV, insbesondere aufgrund der zunehmenden Automatisierung, im Bereich der Tech-nik eigenständige EDV-Zentren zur Steuerung von Produktionsanlagen, aber auch für Aufgaben mit administrativen Funktionen, herausgebildet. Ausführliche Definitionen und Beschreibungen sind im Reihenband "Bausteine für die Fabrik der Zukunft" enthalten.

Betrachtet man heute den Produktionsprozeß in einem Industriebetrieb, so begleiten ihn zwei rechnerunterstützte Informationssysteme (vgl. Abbildung 6.1) [Sch, 1990, 1]:

- das primär betriebswirtschaftlich-planerisch orientierte Produktionsplanungs- und -steuerungssystem (PPS) sowie

- das mehr technisch ausgerichtete System, das sich aus den diversen CAx-Komponenten zur Unterstützung von Entwicklung, Konstruktion und Arbeitsplanung sowie den rechnerunterstützten Fertigungseinrichtungen, z.B. NC-Maschinen, fahrerlosen Transportsystemen, Industrierobotern usw. zusammensetzt.

Die einzelnen Funktionen beider Systeme sind dabei jeweils nach Planung und Steuerung unterschieden. Demnach beschreibt der obere Teil in Abbildung 6.1 die dem Produktionsprozeß vorgelagerte Planungs- und Konstruktionsphase. Hier wird die Verbindung zwischen technischen und betriebswirtschaftlichen Funktionen über die gemeinsame Nutzung der Grunddaten für Stücklisten, Arbeitspläne und Betriebsmittel hergestellt. Beide Systeme sind aber organisatorisch getrennten Bereichen zugeordnet. Dagegen sind im unteren Bereich, der sich auf die Steuerung des Produktionsprozesses bezieht, beide Systeme auch organisatorisch miteinander verbunden. Informationstechnisch sind hier die Steuerungsfunktionen der Fertigungseinrichtungen eng mit der zeitlichen und örtlichen Steuerung der Aufträge und der Betriebsdatenerfassung verknüpft. So können z. B. die übergeordnete Steuerung der Werkzeugmaschinen und die Auftragsterminierung mit dem gleichen Fertigungrechner erfolgen, wobei u.a. Start- und Endtermine oder auch Kontrollergebnisse automatisch in das Betriebsdatenerfassungssystem überspielt werden können.

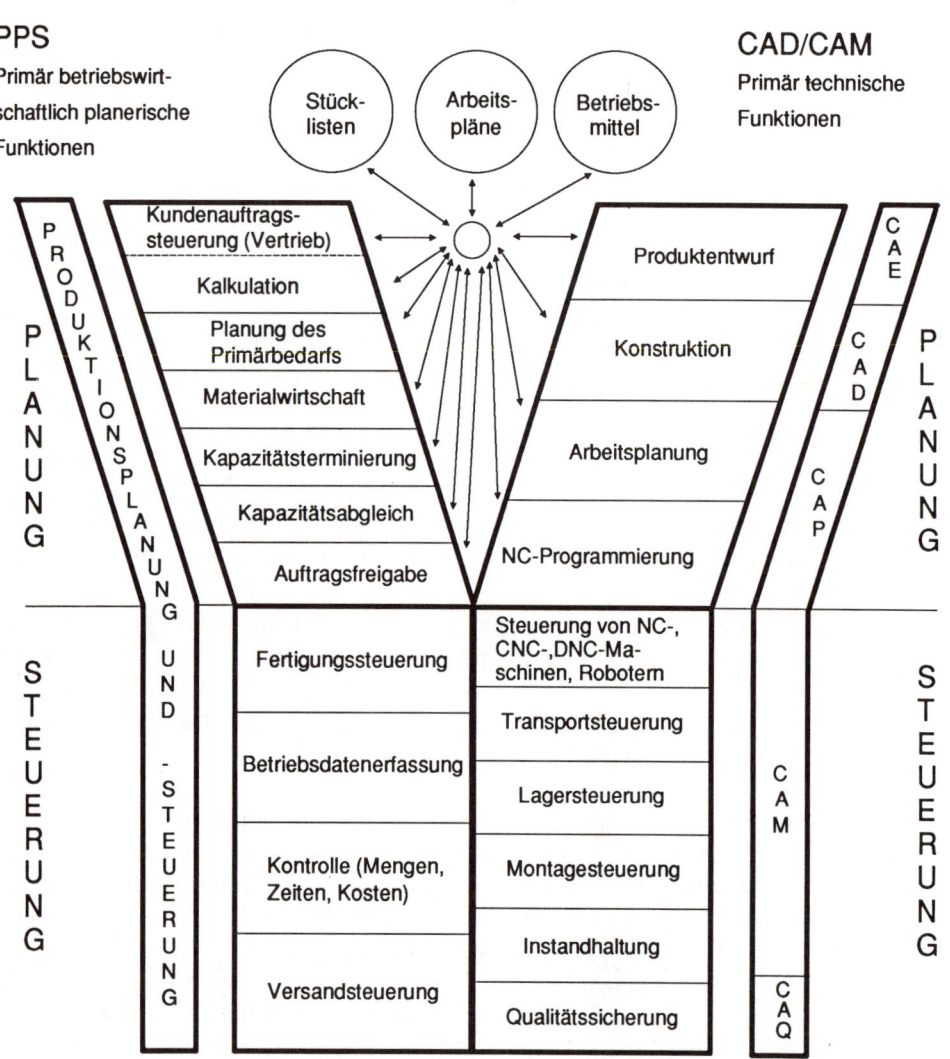

Abbildung 6.1:   Informationssysteme im Produktionsbereich [Sch, 1990, 1]

6.1.1 Produktionsplanungs- und -steuerungssystem (PPS)

Aufgabe des Produktionsplanungs- und -steuerungssystems (PPS) ist die rechnerunterstützte Abwicklung der dispositiven, organisatorischen Funktionen eines Industriebetriebes von der Auftragsabwicklung über Materialwirtschaft, Zeitwirtschaft, Fertigungssteuerung, Betriebsdatenerfassung bis hin zum Versand. Darüber hinaus liefert es gleichzeitig wesentliche Daten für angrenzende betriebswirtschaftliche Bereiche wie z. B. das Rechnungswesen und die Lohnabrechnung. Die Planungskonzeption folgt dabei innerhalb der angebotenen Standardsoftwaresysteme einem weitgehend einheitlichen Planungsablauf [Sch, 1990, 1]:

Im Rahmen der *Kundenauftragssteuerung* werden insbesondere kundenspezifische Aufträge angenommen, Termine disponiert, Reservierungen festgelegt und die für den Fertigungsbereich erforderlichen Eingangsdaten zur Erstellung des Produktionsprogrammes ermittelt. Außerdem wird bei kundenwunschorientierter Fertigung (Einzelfertigung, Variantenfertigung) eine Vorkalkulation vorgenommen, für die ein Zugriff auf die Grunddaten des Fertigungsbereichs (Stücklisten, Arbeitspläne, Betriebsmitteldaten) erforderlich ist. Bereits angenommene Kundenaufträge und Prognosewerte über zu erwartende Absatzzahlen dienen bei der *Planung des Primärbedarfs* als Basis für die Bestimmung des Bedarfs an Endprodukten für einen anstehenden Planungszeitraum. Diesen Primärbedarf unterteilt wiederum die *Materialwirtschaft* in untergeordnete Baugruppen, Einzelteile und Materialien nach Menge und Bedarfsperiode. Dadurch ergeben sich einerseits Fertigungsaufträge für Eigenfertigungsteile und andererseits Bedarfe für fremd zu beziehende Teile und Materialien. Die nun auszuführenden Fertigungsaufträge werden bei der *Kapazitätsterminierung* mit Hilfe der Arbeitspläne den zur Bearbeitung benötigten Betriebsmitteln bzw. Betriebsmittelgruppen zugeordnet, wodurch sich der entsprechende betriebsmittel- und periodenbezogene Kapazitätsbedarf ergibt. Dabei auftretende Engpässe oder Kapazitätsspitzen werden anschließend im Rahmen des *Kapazitätsabgleichs* durch Auftragsverlagerung auf Ausweichmaschinen, Überstunden, Sonderschichten oder zeitliche Verschiebung von Aufträgen beseitigt. Danach ist es Aufgabe der *Auftragsfreigabe*, die Aufträge aus der Planungs- in die Realisierungsphase zu überführen. Dazu wird lediglich ein Teilausschnitt des Planungshorizontes auf die vorhandene Verfügbarkeit der benötigten Komponenten, Maschinen, Werkzeuge und Mitarbeiter hin untersucht. Erst wenn deren Verfügbarkeit sichergestellt ist, werden die betreffenden Aufträge in die Fertigung weitergeleitet. Dort übernimmt die *Fertigungssteuerung* die Zuweisung der Aufträge zu den einzelnen Betriebsmitteln anhand spezieller Optimierungskriterien, die z.B. die Vermeidung von Umrüstkosten oder die gleichmäßige Auslastung bestimmter Einrichtungen sicherstellen sollen. Während bzw. nach Abschluß der Auftragsbearbeitung werden mithilfe der *Betriebsdatenerfassung (BDE)* verschiedene Ist-Daten aus der Fertigung an die Fertigungssteuerung zurückgemeldet. Dazu gehören im einzelnen:

- auftragsbezogene Daten (Fertigungszeiten, Fertigungsmengen, Qualitäten)
- maschinenbezogene Daten (Störungen, Laufzeiten, Unterbrechungen, Instandhaltungsmaßnahmen)
- mitarbeiterbezogene Daten (Anwesenheitszeiten, Zu/Abgänge)
- materialbezogene Daten (Zu/Abgänge)

Diese Daten dienen einerseits zur aktuellen Zustandsbeschreibung der Fertigung und damit als Ausgangsbasis für weitere Steuerungsfunktionen einer zeit- und realitätsnahen Fertigungssteuerung, andererseits auch als Infrastruktur für andere Anwendungsbereiche, z.B. die Bruttolohnberechnung oder die mitlaufende Kalkulation. Dadurch können im Rahmen von Soll-/Istabweichungsanalysen nicht nur Mengen, sondern auch Kosten aktuell kontrolliert werden, um schnellstmöglich korrigierend in den Fertigungsablauf eingreifen zu können.

Ist der Leistungserstellungsprozeß schließlich abgeschlossen, werden Daten über fertiggestellte Produktionsmengen der *Versandsteuerung* übergeben, deren Aufgabe dann u.a. darin besteht, Touren und Verpackungseinheiten optimal zusammenzustellen.

6.1.2 Technisches System

Das technische Informationssystem setzt sich aus diversen CAx-Teilsystemen zusammen. Im einzelnen sind dies:

- *Computer Aided Engineering (CAE)* - rechnerunterstützte Ingenieurtätigkeiten, insbesondere Produktentwurf, Berechnungen

- *Computer Aided Design (CAD)* - rechnerunterstützte Konstruktion, Detailkonstruktion, Zeichnung

- *Computer Aided Planning (CAP)* - rechnerunterstützte Arbeitsplanung

- *Computer Aided Manufacturing (CAM)* - rechnerunterstützte Fertigung

- *Computer Aided Quality Assurance (CAQ)* - rechnerunterstützte Qualitätssicherung

Im Rahmen des CAE erhält der Entwicklungsingenieur die Möglichkeit, Prototypen von Erzeugnissen im Computer zu entwerfen, die die Erstellung realer Prototypen weitgehend ersetzten. Entworfene Modelle können in CAE-Systemen mit Hilfe von aufwendigen Berechnungsprogrammen und Simulationsstudien, die auch das Bewegen der Teile auf dem Bildschirm bis hin zu simulierten Crash-Tests bei neuentwickelten Automobilen umfassen, einer funktionellen Bewertung unterzogen werden. Dadurch sind Aussagen über technische Merkmale des neuen Produktes möglich, ohne daß dieses real existiert. So kann durch die Untersuchung verschiedener Alternativen ein interaktiver Optimierungsprozeß durchgeführt werden, bis die an das neue Produkt gestellten Anforderungen bestmöglich erfüllt werden.

Während im CAE-Bereich die umfangreicheren mathematischen Berechnungsfunktionen, z.B. Finite Elemente Methode (FEM) oder Belastungssimulation, Verwendung finden, unterstützten CAD-Systeme den Konstrukteur bei der Konstruktion und Zeichnungserstellung. Insbesondere versetzen sie ihn in die Lage, entsprechend seiner

Aufgabe einzelne Bauteile, Maschinen, Geräte und Anlagen mit Hilfe des Computers zu planen, zu konzipieren und zu entwerfen. Oft wird auch noch zusätzlich der gesamte CAE-Bereich innerhalb des Begriffes CAD integriert.

Nach dem abgeschlossenen Konstruktionsprozeß wird mit Hilfe des CAP-Systems die Umsetzung der Konstruktionsergebnisse in Fertigungsvorschriften vorgenommen. Bei konventioneller Fertigung wird dazu ein Arbeitsplan erstellt, der die Fertigungsfolge, die zugehörigen Betriebsmittel und die Vorgabezeiten enthält. Sind jedoch in der Fertigung auch computergesteuerte Fertigungseinrichtungen vorhanden, so müssen die zu ihrer Steuerung erforderlichen NC-Programme ebenfalls noch erstellt werden.

CAM umfaßt alle computergesteuerten Systeme in der Fertigung. Im einzelnen sind dies:

- *NC-, CNC-, DNC-Werkzeugmaschinen:*
  Bei NC-Maschinen (NC = Numerical Control) wird das Programm zur Bearbeitung eines Werkstücks in Form eines Lochstreifens oder einer Magnetbandkassette in die Steuerung der Maschine eingeben und gleichzeitig von ihr ausgeführt. CNC-Maschinen (CNC = Computerized Numerical Control) besitzen dagegen speicherprogrammierbare Steuerungen, bei denen ein Kleinrechner die Aufgaben der numerischen Steuerung übernimmt. Diese Maschinen sind vor Ort frei programmierbar und können mehrere Programme in einem Speicher aufnehmen, die dann beliebig aufrufbar sind. DNC-Systeme (DNC = Direct Numerical Control) schließlich bestehen in der Regel aus mehreren CNC-Maschinen, die mit einem zentralen, übergeordneten Rechner verbunden sind, der die einzelnen NC-Programme verwaltet und im Bedarfsfall den jeweiligen CNC-Steuerungen bereitstellt.

- *Industrieroboter:*
  Industrieroboter sind frei programmierbare Bewegungsautomaten, die Handhabungs-, Fertigungs- und Montageaufgaben übernehmen können. Sie können im CNC- oder DNC-Betrieb laufen.

- *Transportsysteme:*
  Unter rechnergesteuerten Transportsystemen werden die verschiedenen, rechnergesteuerten Verkettungssysteme zwischen einzelnen Bearbeitungsstationen und Maschinen (z.B. Schienenwagen, fahrerlose Transportsysteme) verstanden. Fahrerlose Transportsysteme (FTS) werden z.B. über im Boden verlegte Induktionsschleifen geführt und von einem zentralen Rechner aus gesteuert. Dadurch sind nahezu beliebige Verfahrwege in unterschiedlicher Reihenfolge möglich. Schienenwagen sind dagegen an ihr Schienensystem gebunden, dafür aber wesentlich schneller.

- *Lagersysteme:*
  Bei rechnergesteuerten Lagersystemen übernimmt ein Rechner die Verwaltung der eingelagerten bzw. einzulagernden Materialien. Der Materialtransport geschieht über ein automatisches, vom gleichen Rechner gesteuertes Transportsystem.

Neben dem Einsatz dieser Einzelsysteme ist auch die Bildung von komplexen Fertigungssystemen möglich, die sich dann zwar aus verschiedenen Einzelkomponenten zusammensetzen, organisatorisch aber eine Einheit bilden und von einem übergeordneten Rechner gesteuert werden. Solche Flexiblen Fertigungsysteme (FFS) bestehen in der Regel aus mehreren unterschiedlichen Bearbeitungssystemen, dem Materialflußsystem und dem Informationsflußsystem, die jeweils untereinander verbunden sind.

Den gesamten Produktionsprozeß begleitet das CAQ-System, dessen Aufgabe die rechnerunterstützte Qualitätssicherung von der Eingangsprüfung über die Qualitätsprüfung bei den einzelnen Fertigungsschritten bis hin zur Endkontrolle ist.

6.2 Daten- und Vorgangsintegration

6.2.1 Konventionelle Aufbau- und Ablauforganisation

Sowohl der Ablauf der einzelnen Betriebsvorgänge als auch der Aufbau und die Struktur der verschiedenen betrieblichen Stellen müssen im Sinne eines optimalen Betriebsablaufes organisatorisch geregelt werden. Hier unterscheidet man traditionell in Aufbau- und Ablauforganisation. Die Aufbauorganisation beschreibt dabei die vorhandene Struktur des Unternehmensaufbaus in aufgabenteilige Stellen und Abteilungen sowie deren funktionales Zusammenwirken. Demgegenüber versteht man unter Ablauforganisation die raum-zeitliche Gestaltung aller Arbeits- und Bewegungsvorgänge im Rahmen der Aufbauorganisation.

Entscheidenden Einfluß auf die aufbau- und ablauforganisatorische Gestaltung von Industrieunternehmen hatte in diesem Jahrhundert der Taylorismus mit seinem Prinzip der funktionalen Arbeitsteilung, auf dem heute typische Organisationsformen immer noch basieren.

Diese Organisationsstrukturen sind gekennzeichnet durch (vgl. Abbildung 6.2) [Eve, 1987, 1]:

- deutliche Trennung der dispositiven (lenkenden) und der operativen (ausführenden) Abläufe
- eng abgegrenzte Arbeitsinhalte
- zahlreiche Hierarchiestufen

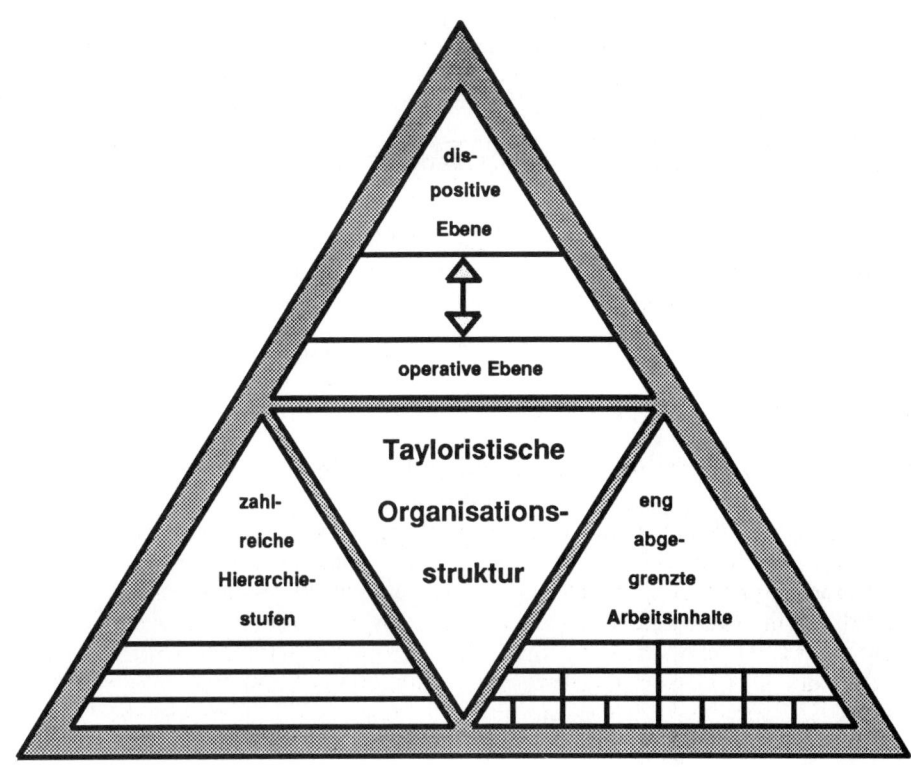

Abbildung 6.2: Kennzeichen der Tayloristischen Organisationsstruktur

Mit zunehmender Unternehmensgröße treten diese Kennzeichen umso stärker zu Tage. Die Aufgaben werden in immer mehr getrennten Abteilungen durchgeführt und müssen über eine entsprechend höhere Anzahl von Hierarchiestufen miteinander koordiniert werden (vgl. Abb. 6.3) [Sel, 1988, 1].

Eine zunehmende Bürokratisierung mit vielen Schnittstellen im Unternehmen ist die Folge. Zwar können aufgrund der dem Taylorismus zugrundeliegenden Spezialisierung Vorteile einer beschleunigten Bearbeitung der Teilvorgänge entstehen. So wichtig der einzelne Planungs- oder Fertigungsvorgang aber auch sein mag, entscheidend ist jedoch der rationelle, störungsfreie und ohne Wartezeiten fließende Arbeitsfortschritt durch alle Bearbeitungsstationen. Die Durchlaufzeiten von arbeitsteilig getrennten Vorgängen ist in der Regel aber in Folge der mehrfachen Informationübertragungs- und Einarbeitungsvorgänge außerordentlich hoch. Konkret wurden Anteile zwischen 70 - 90% an Übertragungs- und Einarbeitungszeiten bei admistrativen Auftragsbearbeitungs- und Fertigungsvorgängen ermittelt [Sch, 1990, 1].

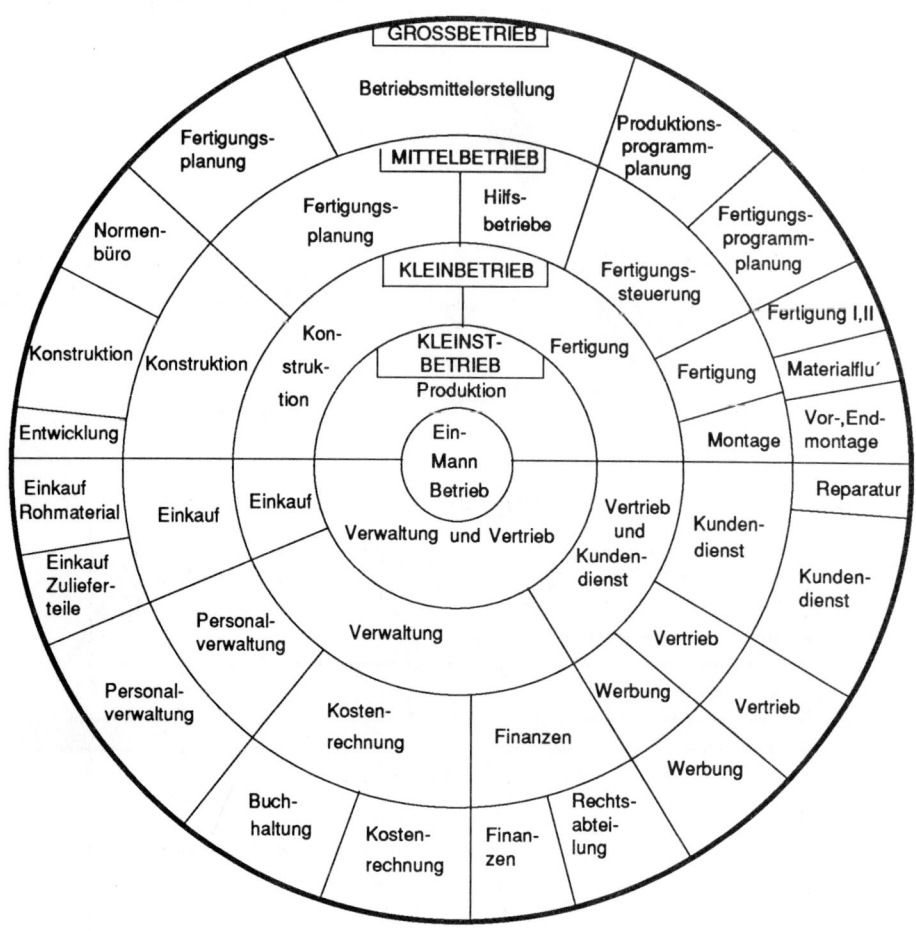

Abbildung 6.3:   Arbeitsteilung in der industriellen Produktion [Sel, 1988, 1]

Wird z.B. ein an sich zusammenhängender Vorgang in drei Teilvorgänge untergliedert, die von unterschiedlichen Abteilungen mit jeweils eigener Datenverwaltung ausgeführt werden, so ergibt sich der in Abbildung 6.4 dargestellte Bearbeitungsablauf.

Teilvorgang 1 wird nach erfolgter Einarbeitung in Abteilung A bearbeitet. Ist dieser abgeschlossen, so werden die entsprechenden Informationen über den Bearbeitungszustand als Ausgangsbasis für die Weiterbearbeitung des Gesamtvorganges an die Abteilung B übergeben (Datenübertragung). Auch dort muß zuerst eine Einarbeitung erfolgen bevor Teilvorgang 2 begonnen werden kann. Am Ende schließt sich nach erneu-

ter Datenübertragung und Einarbeitung Teilvorgang 3 in Abteilung C an. Der Gesamt-
vorgangsablauf ist also gekennzeichnet durch:

- mehrfache Datenübertragung
- mehrfache Aufbereitung gleicher Datenbestände
- geringer Rückgriff auf bestehende Unterlagen
- mehrfache Einarbeitung

Diese Kennzeichen führen zwangsläufig zu langen Durchlaufzeiten sowohl bei administrativen Auftragsbearbeitungsvorgängen als auch bei Fertigungsvorgängen. Hohe Kapitalbindung und mangelnde Flexibilität sind die Folge.

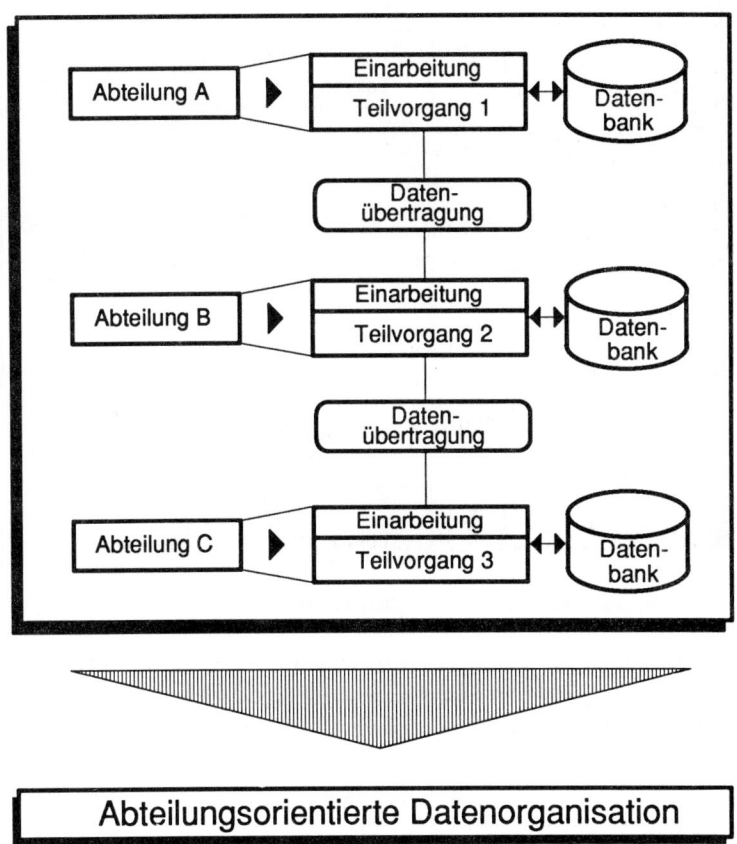

Abbildung 6.4:   Arbeitsteilige Gliederung eines Vorganges [Sch, 1990, 1]

6.2.2 Reintegration funktionaler Arbeitsteilung

Datenintegration

Ein entscheidender Ansatz zur Optimierung des Bearbeitungsablaufes ist die Verbesserung der Informationsübertragung [Sch, 1990, 1]. Die Datenorganisation muß dazu so umgestaltet werden, daß sie nicht mehr arbeitsteilig und nur abteilungsbezogen ausgerichtet ist, sondern allen Abteilungen eine gemeinsame Datenbasis in Form einer zentralen Datenbank zur Verfügung stellt. Wie in Abbildung 6.5 dargestellt, entfällt dadurch die vorher schwerfällige Datenübertragung von Abteilung zu Abteilung. Ergebnis ist die sog. Datenintegration, d.h. Informationen, die an einer Stelle der Ablaufkette anfallen und der Datenbasis übergeben werden, stehen sofort auch allen anderen beteiligten Stellen zur Verfügung. Dadurch entfallen sowohl die mehrfache Datenübertra-

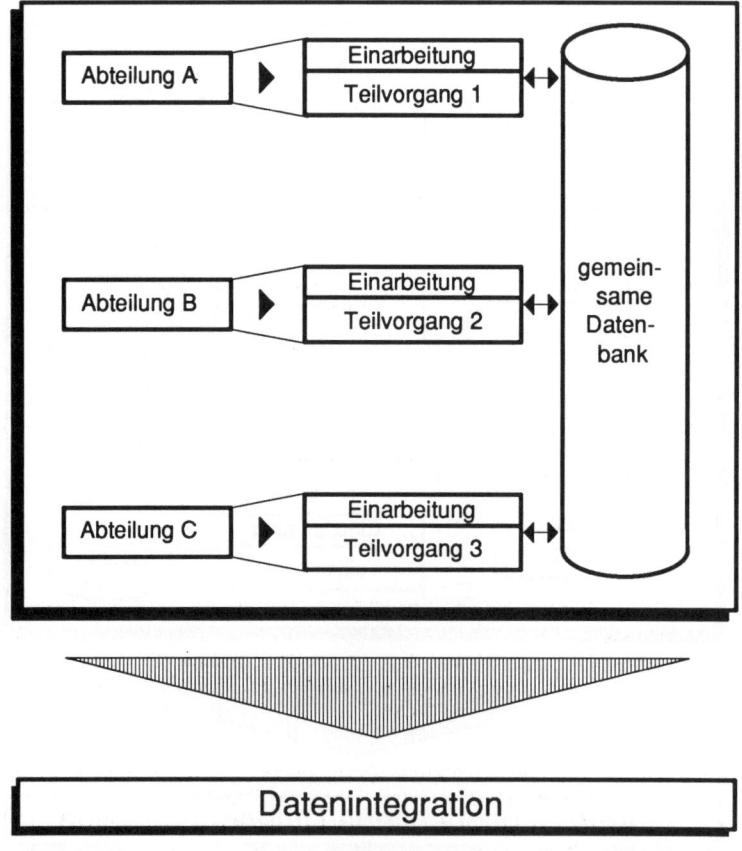

Abbildung 6.5:   Bearbeitungsablauf bei gemeinsamer Datenbank [Sch, 1990, 1]

gung als auch die mehrfache Aufbereitung und Speicherung gleicher Datenbestände. Eine erhebliche Beschleunigung der Abläufe ist die Folge. Zudem ermöglicht eine gemeinsame Datenbank einen umfangreicheren, insbesondere abteilungsübergreifenden Rückgriff auf schon bestehende Unterlagen.

Vorgangsintegration

Die Datenintegration bietet aber noch weitere Möglichkeiten. Ein wesentlicher Grund für die Einrichtung arbeitsteiliger Prozesse war nämlich die begrenzte Informationsverarbeitungskapazität des Menschen, der nur Teilausschnitte eines komplexen Vorganges überblicken und bearbeiten kann. Aufgrund der Datenintegration erhält der Mensch aber die zusätzliche Unterstützung durch Datenbanksysteme und benutzerfreundliche Dialogverarbeitungssysteme. Dadurch wachsen seine Fähigkeiten zur Bewältigung komplexer Arbeitspakete und es entfallen Gründe, die früher zu einer konsequenten Arbeitsteilung gedrängt hatten. Die überzogene Arbeitsteilung kann somit durch Zusammenlegen von Teilfunktionen an einen Arbeitsplatz wieder rückgängig gemacht werden. Dadurch kommt es zur Reintegration der funktionalen Arbeitsteilung, die auf der Datenintegration basiert und eine Vorgangsintegration zur Folge hat.

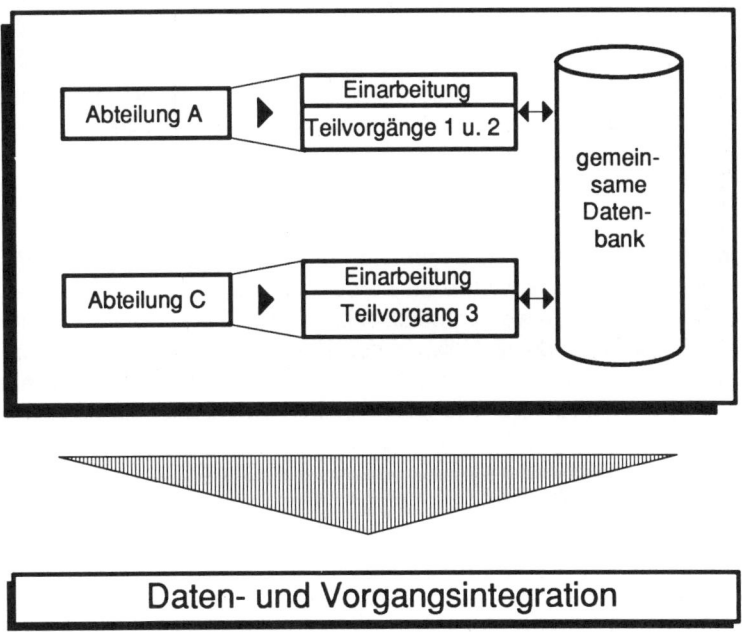

Abbildung 6.6: Reintegration funktionaler Arbeitsteilung [Sch, 1990, 1]

Abbildung 6.6 verdeutlicht diesen Sachverhalt anhand des gleichen, oben schon dargestellten Gesamtvorganges. Die dort noch getrennten Teilvorgänge 1 und 2 können jetzt zu einem neuen Teilvorgang zusammengefaßt werden, der nun in einer Abteilung, in diesem Beispiel Abteilung A, bearbeitet werden kann. Neben den schon eingesparten Informationsübertragungszeiten entfällt also noch zusätzlich die Einarbeitungszeit vor Ausführung des Teilvorganges 2, was zu einer weiteren Verkürzung der Durchlaufzeit entscheidend beiträgt. Beide Effekte, die Datenintegration und die Vorgangsintegration, bilden ein hohes Potential zur Optimierung betrieblicher Abläufe im Rahmen von CIM [Sch, 1990, 1].

6.2.3 Veränderung von Vorgangsketten

Betriebliche Abläufe lassen sich mit Hilfe des sog. Vorgangskettendiagrammes in ihrer zeitlichen Reihenfolge und ihren logischen Abhängigkeiten voneinander darstellen und analysieren [Sch, 1990, 2]. Darin werden die einzelnen Tätigkeiten danach unterschieden, ob sie DV-unterstützt (Batch- oder Online-Betrieb) oder manuell abaufen, in welchen Abteilungen sie ausgeführt werden und in welcher Form der Informationsfluß zwischen ihnen vor sich geht. Dabei wird angegeben, ob die verschiedenen Daten in EDV-Systemen oder auf Papierbelegen vorliegen bzw. gespeichert werden. Anhand dieses Diagrammes lassen sich die Auswirkungen der Daten- und Vorgangsintegration auf die Auftragsbearbeitung in einem Unternehmen verdeutlichen [Sch,1988,1], [Sch,1990,1].

Abbildung 6.7 zeigt hierzu das Vorgangskettendiagramm einer herkömmlichen, d.h. ohne Datenintegration ablaufenden Auftragsbearbeitung. Zwar besitzt jede Abteilung bereits ein EDV-System, der Informationsfluß zwischen den Abteilungen erfolgt aber noch manuell über Papierbelege.

Der vorliegende Auftrag wird zu Beginn von der Auftragsannahme des Vertriebs im PPS-System angelegt. Der Konstrukion werden danach die sie betreffenden Auftragsdaten über Papierformulare weitergereicht. Hier erfolgt in einer Online-Bearbeitung mit Hilfe des CAD-Systems die Erstellung der Konstruktionszeichnung und der Konstruktionsstückliste. Diese werden in einem Batchlauf ausgeplottet bzw. ausgedruckt und dann an die Arbeitsvorbereitung weitergeleitet. Dort dienen sie als Ausgangsbasis für die Online-Erstellung des Arbeitsplanes und der Fertigungsstückliste mit Hilfe des CAP-Systems zur Arbeitsplanerstellung. Diese neu erstellten Unterlagen werden dann im Batch-Betrieb ausgedruckt und zum einen online in das PPS-System eingeben und zum anderen zusammen mit den Konstruktionszeichnungen an die NC-Programmierung weitergeleitet. Dort wird das NC-Programm online am CAP-System erstellt und in einem Batchlauf in Form einer Programmliste und eines Lochstreifens ausgegeben. Abschließend wird dann der Lochstreifen an die Fertigung übergeben und dort in die Maschinensteuerung eingelesen.

106

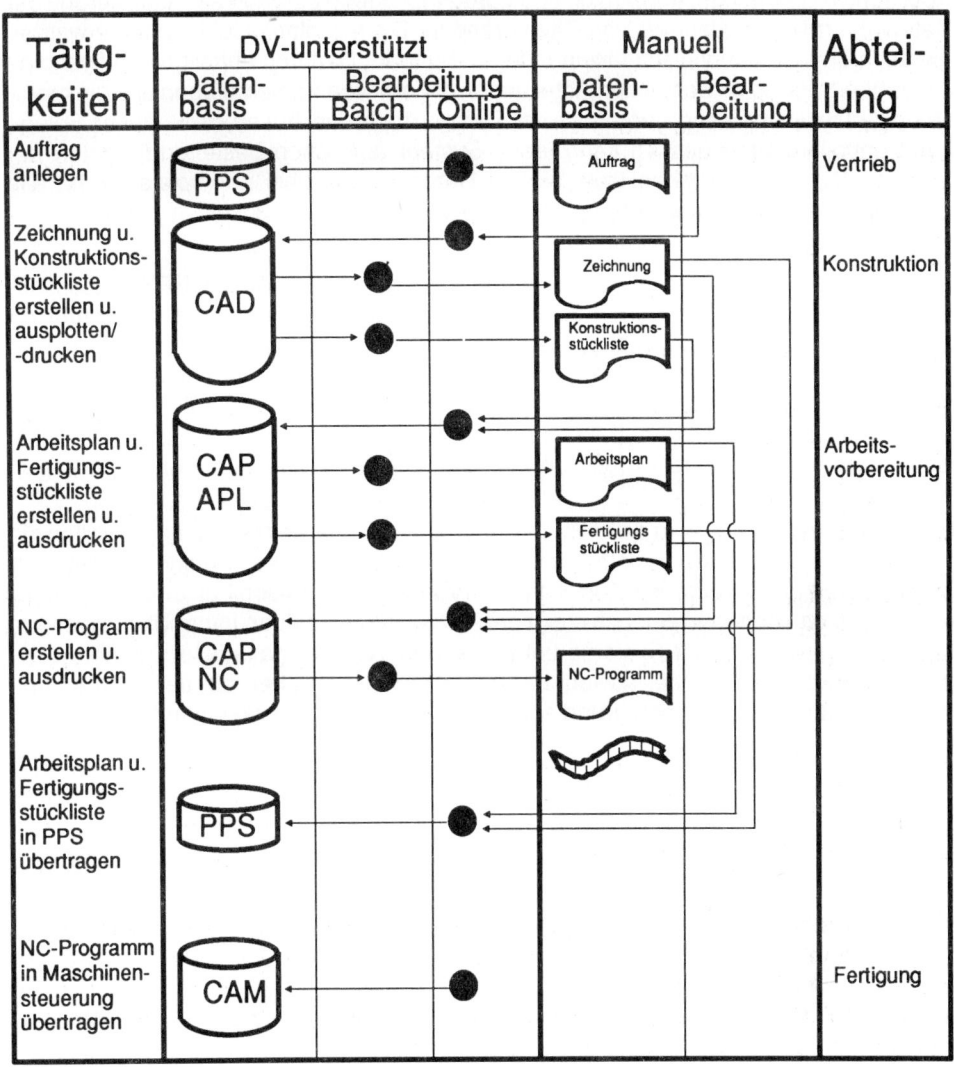

Tätig- keiten	DV-unterstützt			Manuell		Abtei- lung
	Daten- basis	Bearbeitung		Daten- basis	Bear- beitung	
		Batch	Online			
Auftrag anlegen	PPS		●	Auftrag		Vertrieb
Zeichnung u. Konstruktions- stückliste erstellen u. ausplotten/ -drucken	CAD	● ●	●	Zeichnung Konstruktions- stückliste		Konstruktion
Arbeitsplan u. Fertigungs- stückliste erstellen u. ausdrucken	CAP APL	● ●	●	Arbeitsplan Fertigungs stückliste		Arbeits- vorbereitung
NC-Programm erstellen u. ausdrucken	CAP NC	●	●	NC-Programm		
Arbeitsplan u. Fertigungs- stückliste in PPS übertragen	PPS		●			
NC-Programm in Maschinen- steuerung übertragen	CAM		●			Fertigung

Abbildung 6.7:   Vorgangskettendiagramm einer herkömmlichen Auftragsbearbeitung

107

Abbildung 6.8 zeigt nun, wie sich dieses Vorgangskettendiagramm bei Realisierung der Datenintegration im Rahmen von CIM verändert. Die einzelnen EDV-Systeme werden hierzu informationstechnisch miteinander verbunden. Dadurch entfällt die aufwendige Datenübertragung zwischen den Abteilungen in Form von Papierbelegen und die mehrfache Aufbereitung schon vorhandener Daten. Auch das Ausdrucken dieser Belege kann entfallen. Statt dessen kann jedes System auf schon bestehende Daten der anderen Systeme zugreifen bzw. eigene Unterlagen dorthin überspielen, d.h., alle Schnittstellen werden über eine einheitliche Datenbasis abgewickelt.

Der noch als Papierbeleg vorliegende Auftrag wird auch hier online im PPS-System angelegt. Danach kann aber bereits die Konstruktion auf die von ihr benötigten Daten zur Erstellung der Konstruktionszeichnung und der Konstruktionsstückliste zugreifen. Das gleiche gilt im Rahmen der Arbeitsvorbereitung bei der Erstellung des Arbeitsplanes, der Fertigungstückliste und des NC-Programmes. Auch hier ist der Zugriff auf die im CAD-System abgespeicherten Konstruktionszeichnungen und -stücklisten möglich. Schließlich kann das NC-Programm online in die Maschinensteuerung übertragen werden.

Bei dieser Betrachtung wird deutlich, daß aufgrund der realisierten Datenintegration die Funktionen von Vertrieb, Konstruktion, Arbeitsvorbereitung und Fertigung stärker miteinander verknüpft werden und im Sinne der Vorgangsintegration Funktionen teilweise verschmelzen können. Demnach steigt der Nutzen der einzelnen Informationssysteme mit der Integration dieser Systeme untereinander. Wendet man diese Erkenntnis auf alle betrieblichen Bereiche, sowohl die betriebswirtschaftlichen als auch die technischen, an, so erhält man den grundlegenden Integrationsgedanken von CIM.

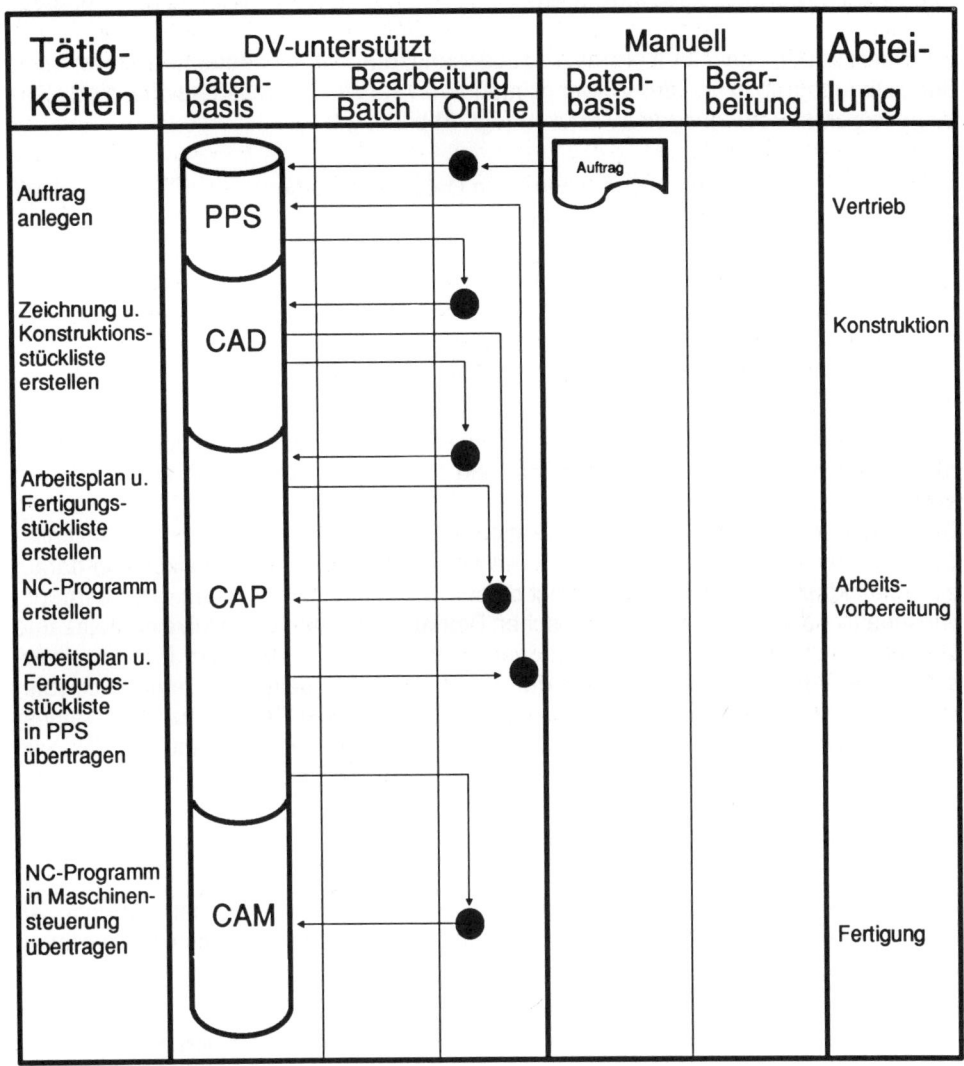

Tätig-keiten	DV-unterstützt			Manuell		Abtei-lung
	Daten-basis	Bearbeitung		Daten-basis	Bear-beitung	
		Batch	Online			
Auftrag anlegen	PPS		● ← Auftrag			Vertrieb
Zeichnung u. Konstruktions-stückliste erstellen	CAD		●			Konstruktion
Arbeitsplan u. Fertigungs-stückliste erstellen			●			
NC-Programm erstellen	CAP		●			Arbeits-vorbereitung
Arbeitsplan u. Fertigungs-stückliste in PPS übertragen			●			
NC-Programm in Maschinen-steuerung übertragen	CAM		●			Fertigung

Abbildung 6.8: Vorgangskettendiagramm einer Auftragsbearbeitung bei CIM

109

6.3 CIM-Integrationsbedingungen

Zur Realisierung des CIM-Integrationsgedankens, d.h. der konsequenten Anwendung der Datenintegration und der Vorgangsintegration auf alle Betriebsbereiche, sind allerdings folgende Bedingungen zu erfüllen (vgl. Abbildung 6.9):

- Aufbau einer anwendungsunabhängigen Datenorganisation
- Definition eindeutiger Schnittstellen
- konsequente Betrachtung von Vorgangsketten
- Schaffung autonomer Funktionseinheiten
- Bildung kleiner Regelkreise
- Gewährleistung zeitnaher Informationsverarbeitung
- Dezentralisierung von Steuerungskompetenzen

Ziel der anwendungsunabhängigen Datenorganisation ist der Entwurf von Datenstrukturen, die so allgemein gefaßt sind, daß sie für vielfältige Aufgaben zur Verfügung stehen und damit unabhängig von den einzelnen Anwendungen sind [Sch, 1990, 1]. Dadurch muß z.B. eine Produktspezifikation nur einmal erfaßt werden, damit anschließend sowohl die Konstruktion, die Materialwirtschaft oder auch die Kalkulation darauf zugreifen können. Abbildung 6.10 zeigt diesen Sachverhalt, indem den mehr betriebswirtschaftlichen und den mehr technischen Betriebsbereichen eine fiktive gemeinsame Datenbank unterlegt ist und damit ein Ineinandergreifen der einzelnen Funktionen ermöglicht würde. Damit wird deutlich, daß das Entwickeln geeigneter Datenbanksysteme zur konkreten Realisierung der Komplettintegration aller Daten- und Informationsströme im Unternehmen eine der vordringlichsten Aufgaben für CIM-Anbieter darstellt. Spätestens in der 2. Hälfte der 90er Jahre dürften solche Systeme für die Realisierung modernster CIM-Lösungen zur Verfügung stehen. Der Bedeutung dieses Themas entsprechend trägt ein Band der Reihe "CIM-Fachmann" den Titel "Datenbanken in CIM".

Um einen praxisgerechten Datenaustausch zwischen den miteinander verbundenen EDV-Systemen zu gewährleisten, ist die Definition eindeutiger Schnittstellen zwischen den miteinander verbundenen EDV-Systeme besonders wichtig.

Die konsequente Betrachtung von Vorgangsketten ermöglicht die von gewachsenen aufbauorganisatorischen Strukturen unabhängige Analyse betrieblicher Abläufe, wodurch Ansatzpunkte zur Vorgangsintegration aufgedeckt werden (vgl. Abbildungen 6.7 u. 6.8). Dazu werden alle Einzelvorgänge eines Gesamtvorganges in ihrer zeitlichen Reihenfolge und ihren logischen Abhängigkeiten betrachtet und funktionell strukturiert. Die dadurch entstehenden Funktionseinheiten werden im Sinne der Datenintegration durch geschlossene Informationssysteme begleitet. Zur Verkürzung der Reaktionszeiten sollten diese Funktionseinheiten weitgehend autonom reagieren können. Damit eng verbunden ist die Bildung kleiner Regelkreise, d.h. die Durchführung ständiger Soll-Ist-Vergleiche innerhalb von Vorgangsbearbeitungen, um bei Abweichungen oder Störungen aktuell in den Bearbeitungsprozeß eingreifen zu können. Dazu ist eine zeitnahe Informationsverarbeitung und eine gewisse Dezentralisierung von Steuerungskompetenzen erforderlich.

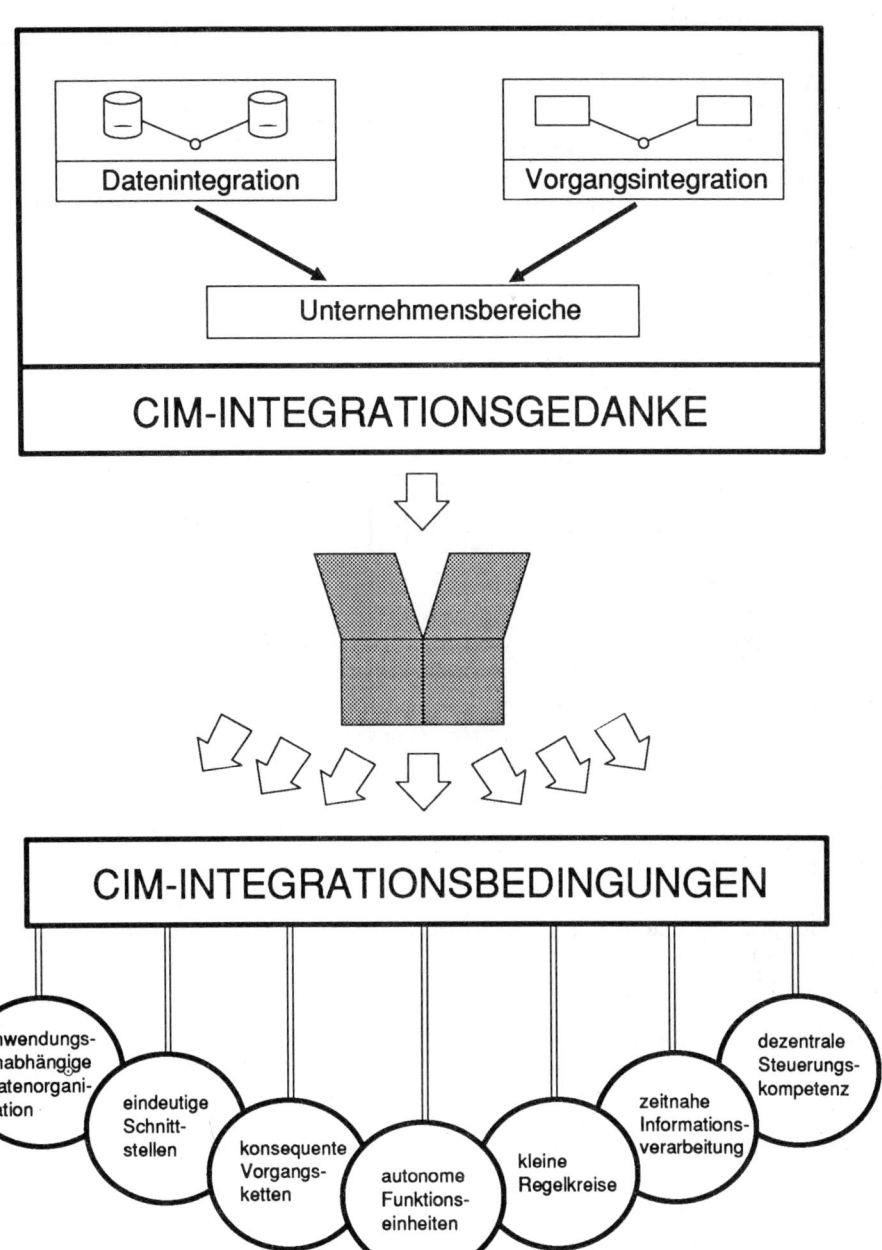

Abbildung 6.9:   CIM-Integrationsbedingungen

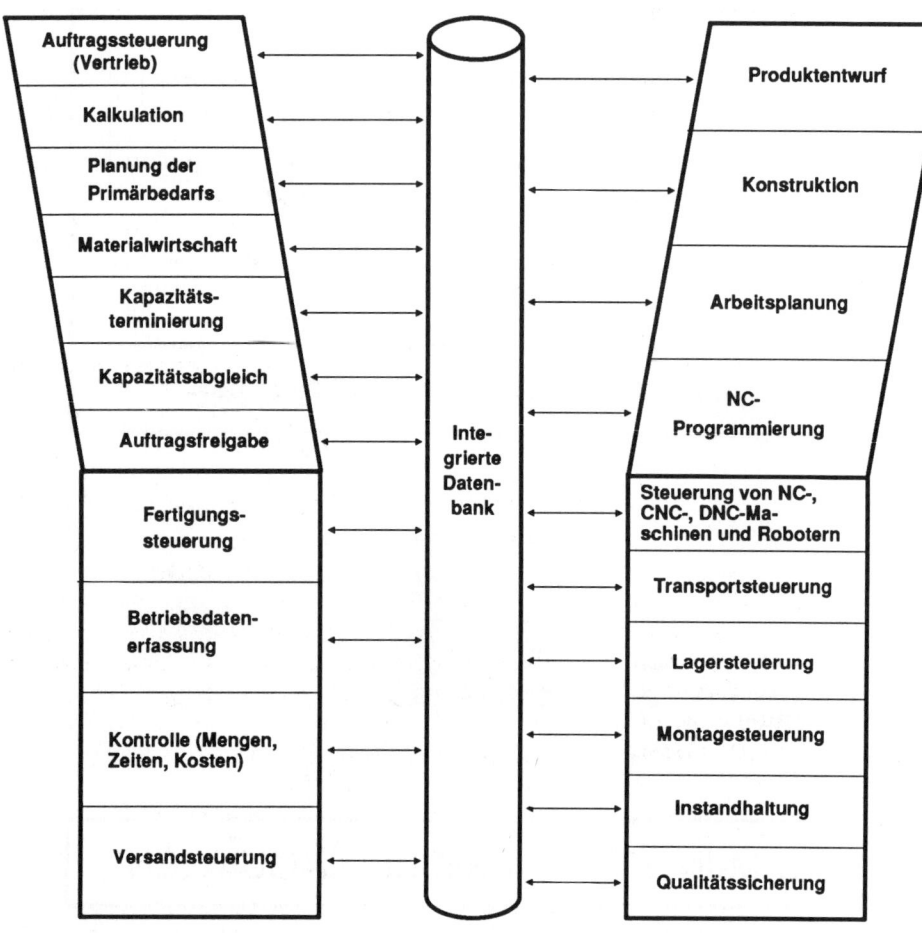

Abbildung 6.10: Integrierte Datenbank in CIM [Sch, 1990, 1]

6.4 Literaturverzeichnis

[Eve, 1987, 1] Eversheim, W.; König, W.; Weck, M.; Pfeifer, T.:
Produktionstechnik auf dem Weg zu integrierten Systemen. VDI-Z
129 (1987) 6, S. 60 - 65.

[Sch, 1988, 1] Scheer, A.-W.:
Wirtschaftsinformatik - Informationssysteme im Industriebetrieb. 2.
Aufl., Berlin Heidelberg 1988.

[Sch, 1990, 1] Scheer, A.-W.:
CIM - Computer Integrated Manufacturing - Der computergesteuerte Industriebetrieb. 4. Aufl., Berlin Heidelberg 1990.

[Sch, 1990, 2] Scheer, A.-W.:
EDV-orientierte Betriebswirtschaftslehre. 4. Aufl., Berlin Heidelberg
1990.

[Sel, 1988, 1] Seliger, G.:
Rechnerintegrierte Fertigung in der mittelständischen Wirtschaft. In:
A.-W. Scheer (Hrsg.): Computer Integrated Manufacturing - Einsatz
in der mittelständischen Wirtschaft. Berlin Heidelberg 1988.

7 CIM-Einstiegsstrategien

7.1 Vorgehensweise bei der Entwicklung einer CIM-Strategie

7.1.1 Basisstrategien

Aufgrund der Komplexität der CIM-Thematik und der unübersichtlichen Vielfalt der auf dem Markt angebotenen CIM-Komponenten stellt sich für den interessierten CIM-Anwender die Frage nach der angemessenen Reaktion auf diese technologische Entwicklung. Prinzipiell kann er dabei eine der folgenden Basisstrategien wählen, die danach zu unterscheiden sind, ob und inwieweit einzelne CIM-Teillösungen im Unternehmen schon vorhanden sind:

- *CIM-Teillösungen noch nicht vorhanden:*
  1. Warten, bis vollständig einsetzbare CIM-Software und -Hardware zur Verfügung steht.
  2. Bei Basisentscheidungen im Bereich PPS, CAD und CAM auf die Ausrichtung auf ein zukünftiges CIM-Gesamtkonzept achten, sonst aber Teillösungen realisieren.
  3. Bereits jetzt alle Möglichkeiten zur Realisierung eines CIM-Gesamtkonzeptes nutzen.

- *CIM-Teillösungen schon vorhanden bzw. begonnen:*
  4. Mit begonnenen Teillösungen in der Hoffnung weiterarbeiten, diese später in eine CIM-Gesamtlösung integrieren zu können.
  5. Begonnene Teillösungen auf ein zukünftiges CIM-Gesamtkonzept ausrichten, ansonsten aber in Teillösungen weiterarbeiten.
  6. Begonnene bzw. vorhandene Teillösungen in ein CIM-Gesamtkonzet integrieren und dieses realisieren.

Die Strategien 1 und 4 besitzen den Vorteil, momentan die Schwierigkeiten und Risiken einer CIM-Einführung zu umgehen. Schlechte Erfahrungen und hohe finanzielle Investitionen für eventuelle Pilotprojekte können so vermieden werden. Insbesondere wird der spätere CIM-Einsteiger von den Erfahrungen vorheriger Anwender profitieren, wodurch seine Einführungsphase effizienter sein kann. Dagegen ist der frühe CIM-Einstieg, wie er durch die übrigen Strategien aufgezeigt wird, zwar der risikoreichere Weg, er ermöglicht aber einen bedeutenden Know-How-Vorsprung gegenüber der Konkurrenz auf einem zukunftsorientierten Gebiet und kann somit schnell zu einem entscheidenden Wettbewerbsfaktor werden. So wird z.B. für viele mittelständische Zuliefererunternehmen aufgrund der zunehmend engeren Einbindung in Zulieferer-Abnehmer-Beziehungen die Einführung von CIM zur Überlebensfrage.

7.1.2 Top-Down- und Bottom-Up-Vorgehen

Ist die Entscheidung für CIM einmal gefallen, so ist ein mehr oder weniger detailliertes Gesamtkonzept erforderlich. Dieses ist zwar in der Regel mit einen erheblichen zeitlichen und finanziellen Aufwand verbunden, es zeigt aber den Stand des Unternehmens bezüglich CIM auf und legt darauf aufbauend die Richtung fest, in die sich die gesamte Unternehmensstruktur entwickeln sollte. Da eine solche CIM-Strategie alle Unternehmensbereiche in ihrer zukünftigen Entwicklung beeinflußt, wird sie zu einem Bestandteil der strategischen Planung und erfordert sowohl ein Top-Down- als auch ein Bottom-Up-Vorgehen.

Beim *Top-Down-Vorgehen*, das in Abbildung 7.1 dargestellt ist, wird innerhalb der Unternehmenshierarchie von "oben" nach "unten" vorgegangen. D.h., das Top-Management legt Richtung und Hauptziele des zu erstellenden Konzeptes fest, die durch die untergeordneten Ebenen immer stärker konkretisiert werden. Der Hauptvorteil einer solchen Vorgehensweise besteht dabei darin, daß eine konsequente Orientierung an den von oben vorgegebenen Unternehmenszielen bei allen an der Konkretisierungsphase beteiligten Abteilungen erreicht wird. Treten im Laufe der Konkretisierungsphase Schwierigkeiten auf oder ergeben sich neue Alternativen und Gesichtspunkte, so werden diese im Rahmen des *Bottom-Up-Vorgehens* wieder nach "oben" zurückgemeldet, wo sie zur Anpassung und größeren Realitätsnähe der Gesamtziele führen. Dies trägt zu einer stärkeren Beteiligung und höheren Motivation der betroffenen Mitarbeiter bei. Ein CIM-Konzept hat nämlich nur dann Chancen auf Realisierung, wenn es von den einzelnen Fachabteilungen und deren Mitarbeitern akzeptiert wird. Dies ist umso stärker der Fall, je mehr diese in den vorherigen Planungsprozeß involviert waren und eigene Erfahrungen dort einbringen konnten. Aus diesem Grunde ist ein ständiges Springen zwischen Bottom-Up- und Top-Down-Vorgehen bei der CIM-Strategieentwicklung erforderlich.

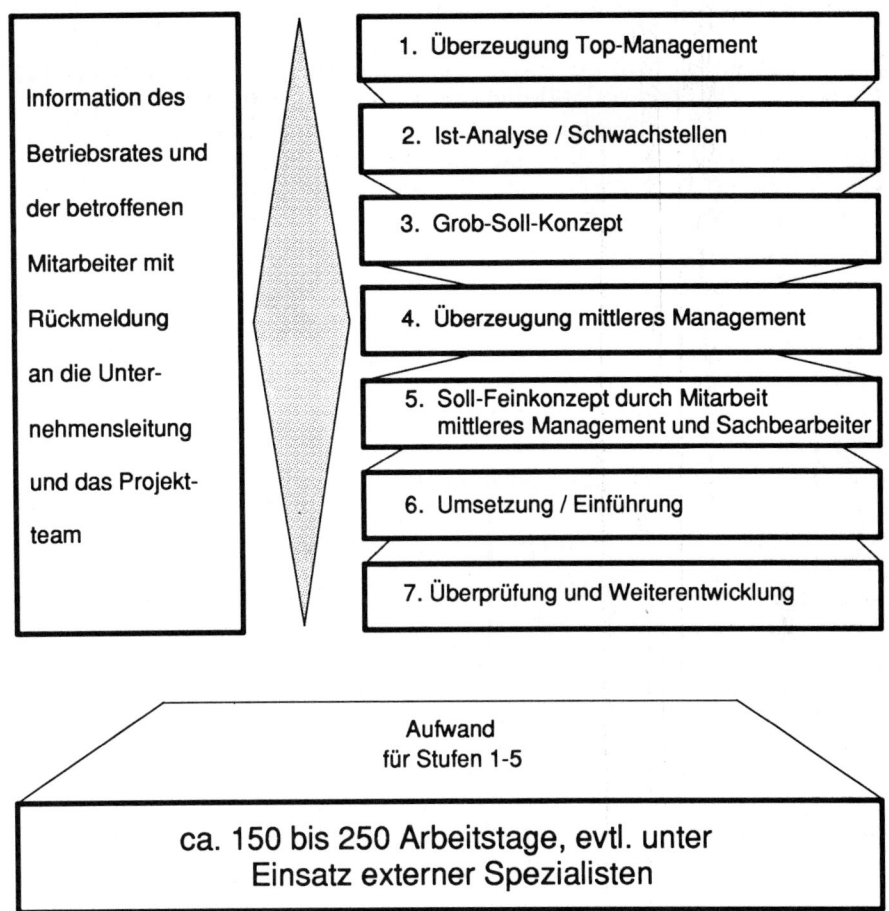

Abbildung 7.1:   Top-Down Vorgehen bei der Erarbeitung eines CIM-Konzeptes

7.2   CIM-Einstiegsmöglichkeiten

Da ein vollständiges CIM-System auf dem Markt nicht verfügbar ist, kann der Anwender, der in eine CIM-Realisierung einsteigen möchte, nach der Definition eines notwendigen Rahmenplanes nur schrittweise vorgehen. Dabei bieten sich ihm die folgenden unterschiedlichen Einstiegsmöglichkeiten an (vgl. Abbildung 7.2):

- planungs- oder steuerungsbezogen

- technisch oder betriebswirtschaftlich orientiert

117

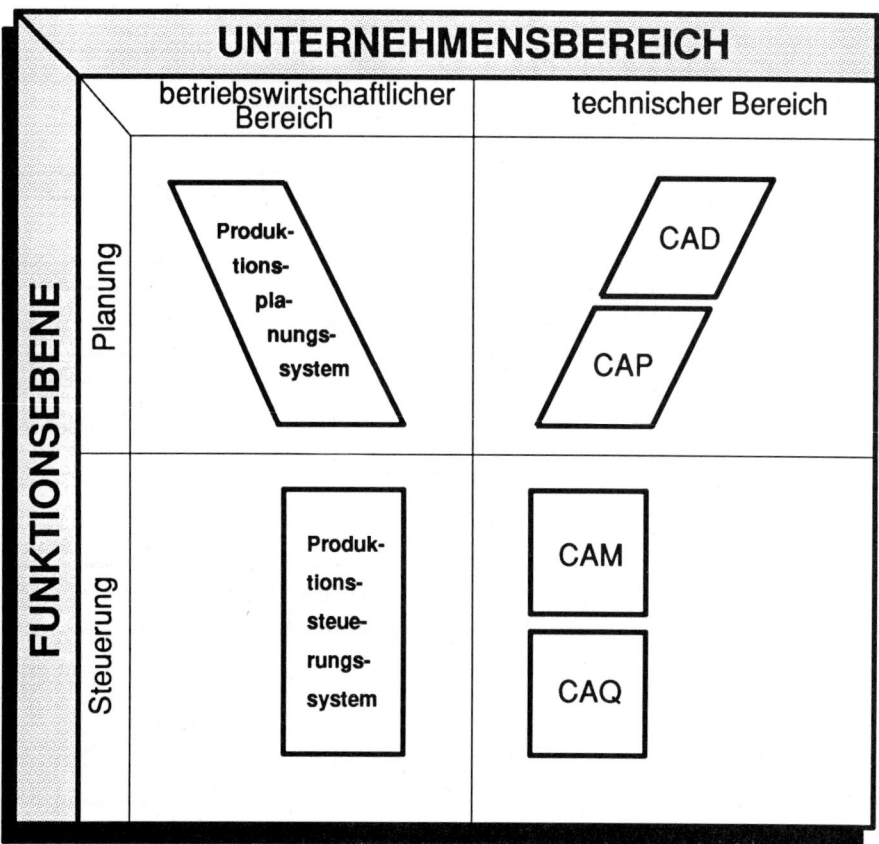

Abbildung 7.2: Einordnung betrieblicher Informationssysteme

Den sich dadurch ergebenden 4 "Unternehmensquadranten" können die entsprechenden betrieblichen Informationssysteme zugeordnet werden (vgl. 6.1). Diese lassen sich prinzipiell alle informationstechnisch miteinander verknüpfen und schließlich unter Anwendung des CIM-Integrationsgedankens zu einem CIM-Gesamtsystem ausbauen (vgl. Abbildung 7.3). Welcher Einstieg dazu aber im einzelnen zu wählen ist und welcher Integrationsgrad insbesondere letztlich angestrebt werden soll, hängt dabei wesentlich von den gesetzten Zielen ab, die durch CIM erreicht werden sollen. Aber auch Branche und Produktionsstruktur des betrachteten Industriebetriebes sind, wie später noch gezeigt wird, von Bedeutung.

Die verschiedenen Verknüpfungsmöglichkeiten werden im folgenden als sog. Teilketten näher beschrieben und bewertet.

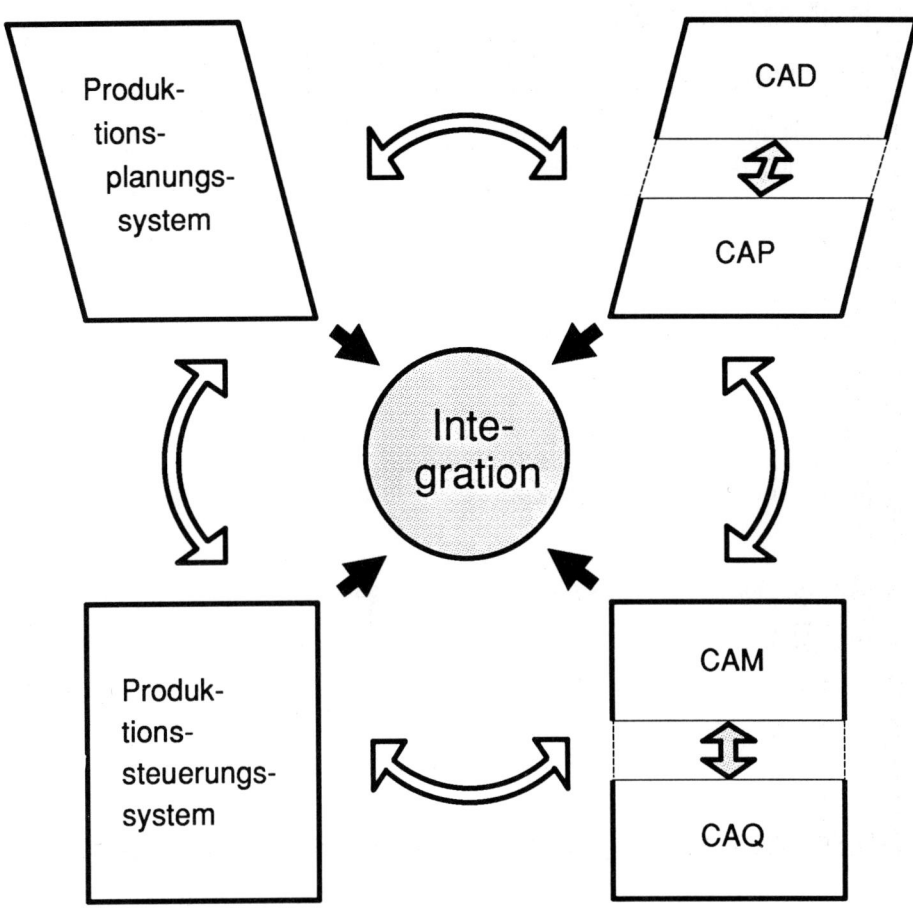

Abbildung 7.3:   CIM-Integrationsmodell

7.3 Mögliche CIM-Teilketten

7.3.1 Verbindung von Produktionsplanung und -steuerung

Die erste Teilkette beschreibt die Verbindung von Produktionsplanung und -steuerung (vgl. Abbildung 7.4). Ziele sind dabei:

- *Durchgängigkeit* von Planung und Steuerung

- *vollständige EDV-unterstützte Auftragsverfolgung*, insbesondere Ergänzung des PPS-Systems um Funktionen der Fertigungssteuerung einschließlich der Betriebsdatenerfassung

- *höhere Flexibilität* bei der Berücksichtigung spezieller Kundenanforderungen

- *zeitnahe Steuerung* des Fertigungsgeschehens und *Rückkopplung* in die Planungssysteme

- *kurzfristige Änderungsmöglichkeiten* von Auftragsterminen und -mengen

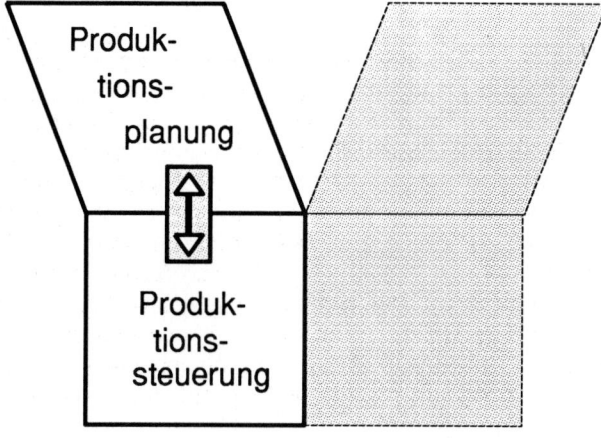

Abbildung 7.4:   1. Teilkette: Verbindung von Produktionsplanung und -steuerung
[Sch, 1990, 1]

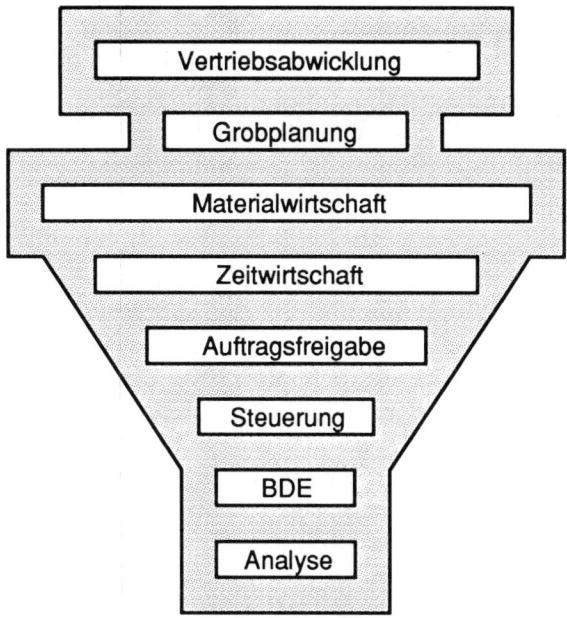

Abbildung 7.5:   Gegenwärtige Gewichtung der Planungsstufen eines PPS-Systems
[Sch, 1990, 1]

Gegenwärtige PPS-Systeme betonen vor allem die mittelfristig ausgelegte Produktionsplanung [Sch,1990,1]. Abbildung 7.5 zeigt dazu den Implementierungsstand der einzelnen Planungsstufen durch die Breite der jeweiligen Kästchen. Je breiter dabei eine Stufe
ausgezeichnet ist, desto stärker ist sie in der Regel ausgearbeitet und im praktischen
Betrieb eingesetzt. Es wird deutlich, daß herkömmliche PPS-Systeme zwar eine ausgeprägte Auftragsbearbeitung enthalten, die Grobplanung, mit der das Produktionsprogramm unter Beachtung von Kapazitäts- und Materialbeschaffungsgrenzen festgelegt
wird, dagegen nur gering unterstützt wird. Dies führt zu mangelhaften Ergebnissen der
Material- und Zeitwirtschaft und erfordert dort eine ständige Planungsanpassung. Des
weiteren nimmt die Implementierung der Planungsstufen mit zunehmender Nähe zur
Produktrealisierung ab, d.h. auch die zeitnahen Steuerungsfunktionen werden nur
wenig unterstützt. Die Durchgängigkeit von Planung und Steuerung ist bisher sowohl
von dem Angebot an Standardsoftware als auch von eigenentwickelten Systemen kaum
realisiert worden.

Zukünftige PPS-Systeme erfordern eine Gewichtung der einzelnen Planungsstufen, wie
sie in Abbildung 7.6 dargestellt ist [Sch, 1990, 1]. Die herkömmliche Gewichtung wird
sich demnach insbesondere durch die in Zukunft stärkere Bedeutung dezentraler Einheiten und damit auch der Steuerungsproblematik praktisch umkehren.

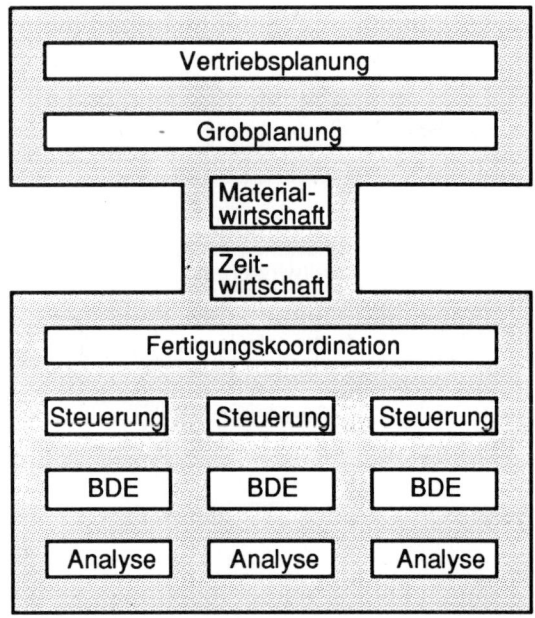

Abbildung 7.6:   Zukünftige Gewichtung der Planungsstufen eines PPS-Systems
[Sch, 1990, 1]

Die Grobplanung sollte durch den Einsatz von Prognose-, Simulations- und Optimie-
rungstechniken stärker unterstützt werden. Dadurch ist sie in der Lage, solche Funktionen zu übernehmen, die zur Zeit noch auf den mittelfristig ausgelegten Stufen der Ma-
terial- und Zeitwirtschaft angeordnet sind. Diese Planungsstufen werden außerdem
durch die Verlagerung von Funktionen in die Steuerungsebene weiter reduziert. Das
Schwergewicht der PPS-Systeme verlagert sich so von den mittelfristigen Planungs-
funktionen auf eine mehr langfristig orientierte Grobebene und eine kurzfristig orientierte Steuerungsebene. Dadurch wird der Forderung neuer dezentralisierter Fertigungs-
formen wie Fertigungsinseln oder auch flexible Fertigungssysteme nach einer individuelleren Gestaltung der Steuerungsaufgaben entsprochen. In einem Bereich kann so
z.B. die Kapazitätsauslastung der Maschinen im Vordergrund der Fertigungssteuerung
stehen, in einem anderen dagegen die bestmögliche Ausnutzung wertvoller Materialien. Die Dezentralisierung kann durch eine Hierarchisierung der Produktionsplanung
und -steuerung erreicht werden, wie sie in Abbildung 7.7 dargestellt ist. Dort werden die
Produktionsplanungsfunktionen von dem übergeordneten Unternehmensrechner übernommen, während die einzelnen Steuerungsfunktionen durch dedizierte Rechnersyste-
me ausgeführt werden.

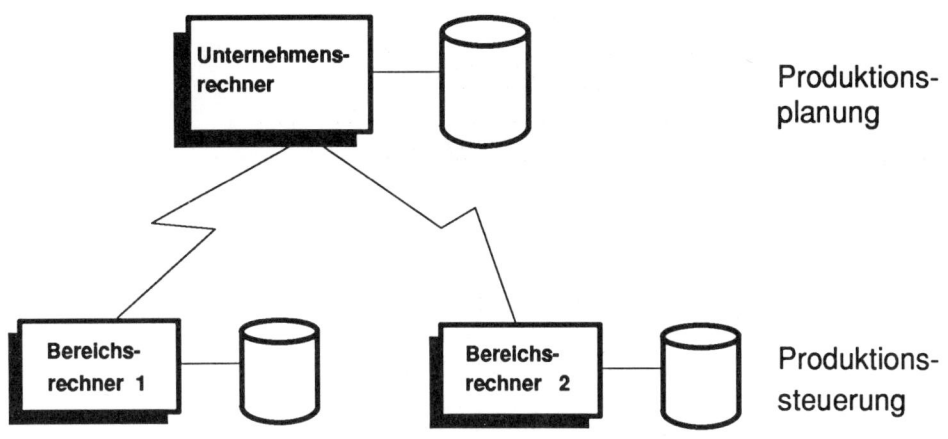

Abbildung 7.7:   2. Teilkette: Verbindung von CAD und CAM [Sch, 1990, 1]

7.3.2 Verbindung von CAD und CAM

Die zweite Teilkette beschreibt die Verbindung von CAD und CAM bzw. von Konstruktion und Werkstatt (vgl. Abbildung 7.8).

Geometriedaten aus dem CAD-System werden hier zum einen direkt in die NC-Programmierung übernommen. Dabei sind mehrere datentechnische Verbindungsmöglichkeiten beider Systeme gegeben (vgl. auch detaillierte Beschreibung im Band "Von CADCAM zu CIM"). Eine Variante besteht darin, zuerst die übernommene Werkstückgeometrie in die Nomenklatur des NC-Programmiersystems zu übersetzen. Die übernommenen Geometriedaten werden anschließend um Technologiedaten er-gänzt, die entweder einem bereits vorhandenen Arbeitsplan entnommen oder direkt interaktiv eingegeben werden. Ergebnis ist schließlich ein maschinenunabhängiges Teileprogramm z.B. in der NC-Sprache EXAPT oder APT, das i.d.R. abschließend in einem Prozessorlauf in das maschinenneutrale, standardisierte Datenformat CLDATA nach DIN 66215 umgeformt wird. Dieses NC-Programm wird später an die spezifischen Eigenschaften des jeweiligen Betriebsmittels sowie der eingesetzten Werkzeuge und Werkstoffe angepaßt. Die Anpassung kann automatisch durch Einsatz sog. Postprozessoren erfolgen, wobei aber oft noch zusätzliche Eingriffe vom Programmierer durchgeführt werden müssen. Andere Varianten der CAD/NC-Kopplung bestehen z.B. darin, daß neuere CAD-Systeme zunehmend auch NC-Programmiermodule aufnehmen, bzw. NC-Programmiersysteme über komfortable Grafikschnittstellen verfügen.

Die Weiterleitung von Geometriedaten aus dem Konstruktionsbereich in die Fertigung ist jedoch nicht nur für die NC-Programmierung von Interesse, sondern für alle Funktionen, die nach der Konstruktion Produktdefinitionen verarbeiten. Dieses gilt insbeson-

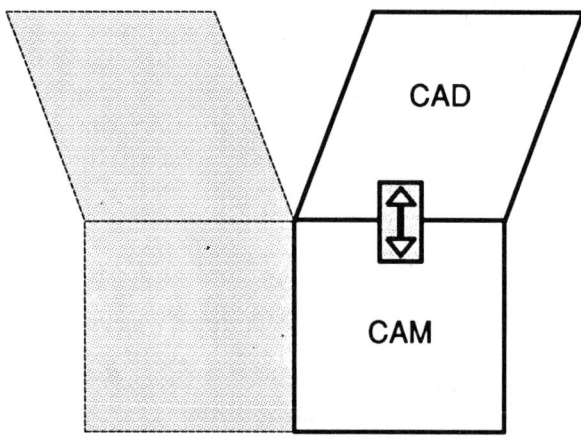

Abbildung 7.8:   2. Teilkette: Verbindung von CAD und CAM [Sch, 1990, 1]

dere für die Erstellung von Fertigungsfolgen im Rahmen der Arbeitsplanung. Gerade bei einer rechnerunterstützten Arbeitsplangenerierung ergeben sich dadurch Vorteile, insbesondere bei Arbeitsplanungssystemen, die von einer vollständigen Werkstückbeschreibung ausgehen, da diese eine Übernahme von Werkstückgeometrien aus dem Konstruktionsbereich erlauben. Darüber hinaus können z.b. auch aus Geometrie- und Technologiedaten die Vorgabezeiten durch Nutzung von gespeicherten Nomogrammen oder durch den Einsatz von Simulationsprogrammen ermittelt werden.

Der aufgezeigte Informationsfluß - die Übertragung der Geometrie aus der Konstruktion in die Fertigung - ist lediglich eine Richtung der Verknüpfung von Konstruktion und Fertigung. Auch der umgekehrte Datenfluß von CAM zu CAD ist von Bedeutung. Dies betrifft zum einen spätere Änderungen bereits erstellter Dateien, also z.B. Geometrieänderungen, die aufgrund fertigungstechnischer Erfordernisse innerhalb der Werkstatt ausgeführt werden und die in die CAD-Datenbanken der vorgelagerten Konstruktionsstufe rückgeführt werden sollten. Ist eine solche Datenintegrität systemtechnisch nicht realisierbar, so muß diese durch organisatorische Maßnahmen sichergestellt werden. Hierbei werden organisatorische Maßnahmen getroffen, um die durchgeführten Änderungen auch allen anderen beteiligten Instanzen zur Verfügung zu stellen, so daß sie dort nachgefahren werden können.

Bezogen auf den Datenfluß von CAM zu CAD ist das Berücksichtigen von Fertigungsdaten bei der Konstruktion ein weiterer immer wichtigerer Punkt. Gerade bei zunehmender Automatisierung der Fertigung wird die Arbeitsteilung zwischen Konstruktion und Arbeitsvorbereitung mit ihren Abstimmungsprozessen immer problematischer. Deshalb sollte bereits der Konstrukteur bei der Entwicklung auf die fertigungstechnischen Möglichkeiten Rücksicht nehmen. Insbesondere müssen zunehmend Eigenschaften von

Werkzeugen, Spezifikationen von Robotern und Werkzeugmaschinen sowie Fertigungstoleranzen in ihrer Wirkung auf Material und Verfahren von der Konstruktion einbezogen werden. Dieses bedeutet, daß die Konstruktion auf Daten des CAM-Bereichs zugreifen muß. Insgesamt bahnt sich damit die Tendenz an, nicht nur eine systemtechnische Verbindung zwischen Entwicklung und Fertigungsvorbereitung zu erzielen, sondern beide Bereiche auch organisatorisch enger miteinander zu verbinden.

7.3.3 Verbindung der Grunddatenverwaltung

Die 3. Teilkette beschreibt die Verbindung der Grunddatenverwaltung (vgl. Abbildung 7.9). Als Grunddatenverwaltung wird die Anlage und Pflege der von den CIM-Komponenten benötigten Stammdaten bezeichnet. Ein großer Teil dieser Daten bezieht sich auf die Beschreibung der Produkte aus verschiedenen Sichten.

Die Entwicklung eines Produktes in einem Industriebetrieb ist gegenwärtig durch eine stark arbeitsteilige und sequentiell ablaufende Vorgehensweise gekennzeichnet. Aus einer ersten Produktidee des Marketings wird in dem Bereich Konstruktion zunächst die

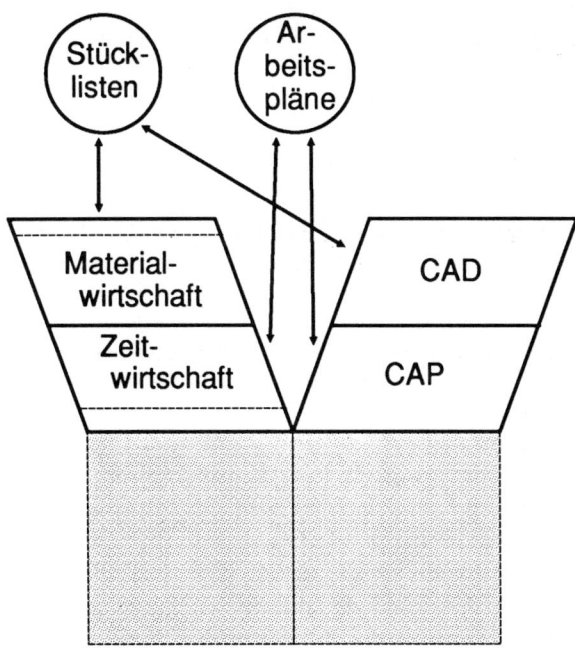

Abbildung 7.9:   3. Teilkette: Verbindung der Grunddatenverwaltung [Sch, 1990, 1]

Funktionalität und die Geometrie des zukünftigen Produktes festgelegt. Nach Freigabe der Konstruktion wird von der Arbeitsvorbereitung unter Fertigungsgesichtspunkten die Stückliste erstellt. Diese kann sich von der vorher bereits in der Konstruktion erstellten Konstruktionsstückliste erheblich unterscheiden. Die Konstruktion denkt in gesamten Funktionseinheiten, während die Fertigung das Produkt entsprechend den einzelnen Fertigungsschritten strukturiert. Die Fertigungsstückliste ist deshalb auch Grundlage der mengen- und zeitmäßigen Disposition in einem Produktionsplanungs- und -steuerungssystem.

Im nächsten Schritt wird der Arbeitsplan des Erzeugnisses mit den einzelnen auszuführenden Fertigungsschritten, den einzusetzenden technischen Verfahren und den jeweiligen Betriebsmitteln erstellt. Diese Informationen dienen der Kapazitätswirtschaft eines PPS-Systems als Ausgangsdaten.

Von der Qualitätssicherung werden anschließend die zu messenden Qualitätseigenschaften des Produktes festgelegt und dafür Prüfpläne entwickelt.

Die Vorkalkulation verwendet schließlich die Stücklisten und Arbeitspläne als Basis zur Berechnung der erwarteten Herstellkosten des Erzeugnisses.

Diese arbeitsteilige Bearbeitung hat zum einen zu unterschiedlichen EDV-Systemen in den einzelnen Bereichen geführt und zum anderen zu der Tatsache, daß zur Zeit all diese Daten auch von verschiedenen Systemen verwaltet werden. Da die Daten mit der Entwicklung des Produktes entstehen, ist eine ganzheitliche Sicht der Produktbeschreibungsdaten mit einer ganzheitlichen Sicht des Entwicklungsprozesses verknüpft. Diese Prozeßkette rückt sowohl aus wettbewerbspolitischen Gründen der Verkürzung von Entwicklungszeiten als auch aus betriebswirtschaftlichen Gründen (konstruktionsbegleitende Kalkulation) zunehmend in das Interesse von CIM.

Entsprechend den Erkenntnissen der Netzplantechnik besteht eine wirksame Verkürzung eines Prozesses darin, sequentiell ausgeführte Aktivitäten parallel auszuführen. Diese auf den ersten Blick einfache und plausible Erkenntnis ist aber in der Praxis außerordentlich schwierig durchzusetzen. Sie erfordert nicht nur eine neue organisatorische Vernetzung der Zusammenarbeit von Konstruktion und Entwicklung mit den anderen beteiligten Abteilungen, sondern darüber hinaus auch eine neue Philosophie der EDV-Unterstützung. Neben der Verkürzung der Entwicklungszeit können durch eine inhaltliche Verknüpfung der Prozesse weitere organisatorische und wirtschaftliche Effekte erzielt werden.

Auf die Vorteile einer engeren Verknüpfung von Arbeitsvorbereitung und Konstruktion wurde bereits bei der Verbindung von CAD und CAM hingewiesen. Eine weitere Verbindung betrifft die Verknüpfung von Materialwirtschaft (Stücklistenverwaltung) und Konstruktion. Dadurch wird es zum Beispiel möglich, bei frühzeitigem Vorliegen einer rudimentären Stückliste bereits Materialien zu disponieren. So können bei einer kundenbezogenen Neuentwicklung mit vorgegebenem Termin bereits anhand einer solchen Stückliste Teile mit langen Beschaffungszeiten bestellt werden. Darüber hinaus erlaubt es die ständige aktuelle Verknüpfung zwischen Konstruktionszustand eines Teiles und den Stücklisteninformationen der Materialwirtschaft dem Konstrukteur, Beschaffungszeiten und Qualitätseigenschaften von fremdbezogenen Teilen bei seiner

Konstruktion stärker zu berücksichtigen. Im Rahmen einer konstruktionsbegleitenden Kalkulation, bei der ständig alle vorhandenen Geometriedaten, Stücklisten und Arbeitsplandaten eines Entwicklungszustandes ausgewertet werden, kann der Konstrukteur kostenorientiert arbeiten.

Durch entsprechende Gestaltung des Produktes (z.B. einfache Zugänglichkeit verschleißabhängiger Komponenten) ist es möglich, die Qualitätsprüfung und Wartungsfreundlichkeit eines Produktes erheblich zu beeinflussen. Es ist also eine wirksame Forderung, auch diese Fragestellungen bereits frühzeitig im Rahmen der Konstruktion zu berücksichtigen.

Häufig werden auch während der Entwicklungszeit eines Produktes neue Erkenntnisse über Konkurrenzprodukte oder Änderungen von Kundeneinstellungen bekannt, die eine Änderung des Produktes erfordern. Aus diesem Grund sollte auch der technische Entwicklungsstand mit den Erkenntnissen des Marketings ständig abgeglichen werden.

Diese Argumente führen dazu, den gesamten Entwicklungsprozeß eines Produktes mit seinen verschiedenen Sichten aus Geometrie, Struktur, Fertigung, Kosten, Qualität und Marketing als einen einheitlichen Prozeß zu organisieren. Eine solche Forderung führt auch dazu, daß nicht nur verkettete Ablauforganisationen geschaffen werden, sondern auch eine einheitliche Datenverwaltung. Die Datenherzogtümer der einzelnen Funktionen, die jeweils nur einen Ausschnitt der Produktdefinition verwalten, müssen einer einheitlichen Produktbeschreibungs-Datenbank oder Engineering Database weichen (vgl. Abbildung 7.10).

Bei einer solchen einheitlichen Produktentwicklungsdatenbank werden die produktbeschreibenden Daten der verschiedenen Sichten unter einer einheitlichen Logik verwaltet. Dieses muß nicht unbedingt auch über eine einheitliche physische Datenspeicherung geschehen, sondern zunächst muß eine einheitliche Datenstruktur entwickelt werden. Sie zeigt die logischen Beziehungen zwischen Teilen, Struktur, Arbeitsplan, Geometrie, Qualität und Kosten auf (siehe hierzu auch Kapitel 8.1.1 Datenstrukturierung). Alle beteiligten Funktionen greifen auf diese Datenstruktur zu, wie es in Abbildung 7.10 schematisch angegeben ist.

Neben der Datenstruktur muß aber auch die Ablauflogik unterstützt werden. Dies bedeutet z.B., daß Änderungen, die in einem Teilbereich durchgeführt werden, automatisch auch in anderen Teilbereichen bekannt sind und entsprechende Aktionen hervorrufen.

Es ist bekannt, daß bereits eine enge Verquickung zwischen Konstruktion und Arbeitsvorbereitung, obwohl beide technische Funktionen durchführen, zu erheblichen Schwierigkeiten und menschlichen Reibungen führen kann. Dieses wird um so gravierender, wenn auch "fremde" Bereiche wie Kalkulation oder Marketing einbezogen werden sollen. Es sind deshalb erhebliche Anstrengungen zur Bewußtseinsbildung über die wirtschaftlichen Vorteile erforderlich, daß trotz der gewachsenen Grenzen zwischen den Funktionen insgesamt ein gemeinsames Objekt bearbeitet wird, nämlich das Produkt.

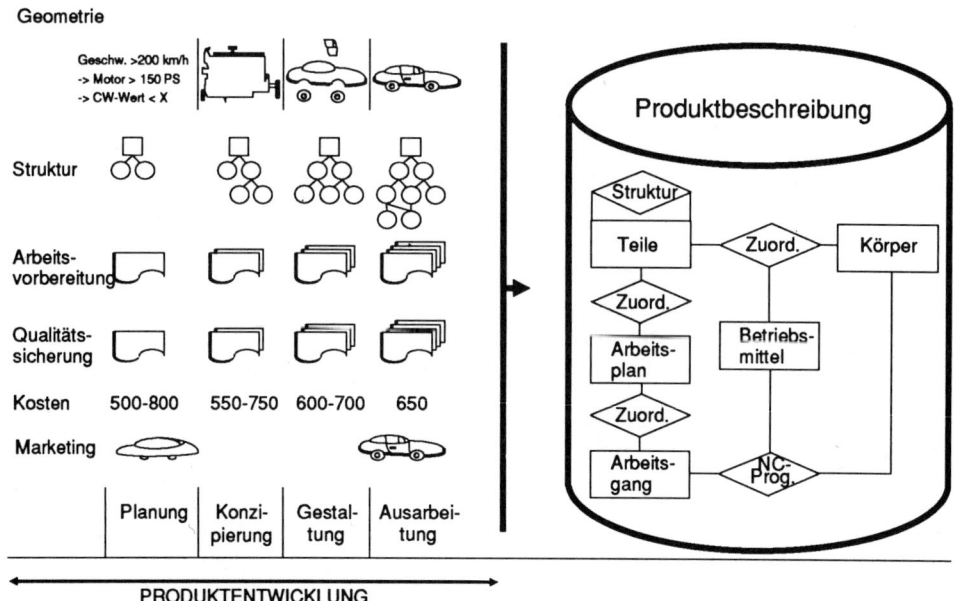

Abbildung 7.10: Simultane Produktentwicklung [Sch, 1990, 1]

7.3.4 Verbindung von Fertigungssteuerung und CAM

Die 4. Teilkette beschreibt die Verbindung von Fertigungssteuerung und CAM bzw. Werkstatt (vgl. Abbildung 7.11). Die kurzfristige Fertigungssteuerung wird zunehmend enger mit den technischen Systemen aus dem CAM-Bereich verknüpft. Die Fertigungssteuerung stößt durch die Freigabe der Arbeitsgänge Aktionen im technischen System an. Sie löst damit z.B. die Bereitstellung des benötigten NC-Programms aus dem DNC-System sowie des für den Arbeitsgang erforderlichen Prüfplans aus dem CAQ-System aus. Die Transportbereitstellung wird durch Angabe des zugeordneten Maschinenstandortes veranlaßt, die Lagerspiele für Werkstück und Werkzeug durch die Verknüpfung des Arbeitsganges mit Werkzeug- und Werkstückinformationen. Gleichzeitig werden von der Fertigungssteuerung auch Instandhaltungsaufträge verwaltet und ausgelöst.

Eine Fertigungssteuerung kann nur dann ihren zeitnahen Aufgaben gerecht werden, wenn sie über aktuelle Daten aus dem Betriebsgeschehen verfügt. Hierzu ist ein Betriebsdatenerfassungssystem (BDE-System) erforderlich. Werden die Rückmeldungen allerdings lediglich über Terminaleingaben in einem auf Meisterebene installierten Erfassungsbüro erhoben, so ist häufig die Aktualität nicht ausreichend. Der Erfassungs-

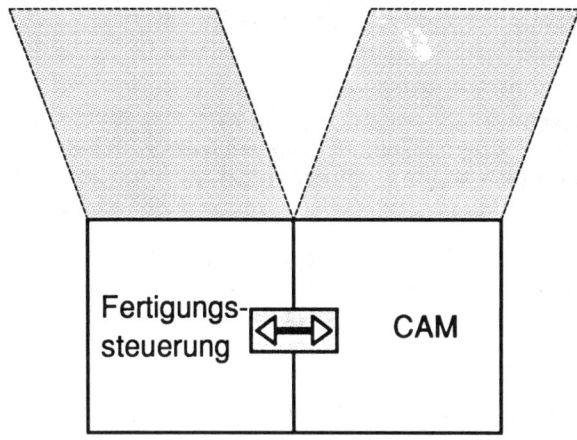

Abbildung 7.11: 4. Teilkette: Verbindung von Fertigungssteuerung und CAM [Sch,
1990, 1]

weg wird über die Aufschreibung an der Maschine bis zur Eingabe in ein Terminal im
Erfassungsbüro verschleppt. Es werden dann keine "Ist"-Werte mehr erhoben, sondern
höchstens "War"-Werte. Durch die zeitnahe Erfassung der Rückmeldeinformationen
am Ort ihres Entstehens und die sofortige Weiterleitung an die automatische Fertigungssteuerung kann deshalb die Aktualität erhöht werden. Gleichzeitig entfallen Redundanzen und Abstimmungsprozesse gegenüber der mehrfachen Erfassung durch manuell
ausgefüllte Rückmeldescheine und deren nachträglicher Terminaleingabe. Konkret bedeutet dieses, daß die mit eigener EDV-Intelligenz ausgestatteten CAM-Komponenten
wie CAQ, DNC, fahrerlose Transportsysteme (FTS) und Lagerverwaltungssysteme
(LVS) Signale unmittelbar an das BDE-System liefern. Dies wird oft auch als Maschi-
nendatenerfassung (MDE) bezeichnet.

Im Fall der CAM-/BDE-Kopplung besitzt das BDE-System eine Filterfunktion zwischen
der Anlagensteuerungsebene und der Fertigungssteuerung. Können dagegen die
CAM-Systeme bereits die Daten in der Form aufbereiten (verdichten), wie sie von der
Fertigungssteuerung, der Lohnerfassung oder der Kalkulation benötigt werden, so ist
auch die direkte Kopplung dieser Systeme mit der Fertigungssteuerung ohne den
Umweg über ein gesondertes BDE-Softwaresystem möglich.

7.3.5 Betriebsübergreifende Vorgangsketten

CIM umfaßt nicht nur die innerbetriebliche Integration, sondern auch die Integration von
Vorgangsketten über die Betriebsgrenzen hinweg zu den Kunden und Lieferanten.

Diese Verbindung unternehmensinterner und -externer Bereiche beschreibt die fünfte Teilkette (vgl. Abbildung 7.12). Ziel ist, die verschiedenen Marktpartner durch einen zeitnahen automatisierten Datenaustausch enger miteinander zu verbinden. Ein derartiger Datenaustausch wird bereits zwischen Automobilherstellern und Automobilzulieferern praktiziert. Dabei werden zum Beispiel Dispositionsdaten ausgetauscht, indem die sogenannten Abrufe der Automobilhersteller direkt in entsprechende Briefkastendateien der Zulieferer übertragen werden. Ähnliches gilt auch für den Austausch von CAD-Daten, z.B. zur Herstellung bestimmter Werkzeuge oder Teile.

Eine solche überbetriebliche Vorgangsintegration besitzt folgende Wirtschaftlichkeitspotentiale:

- zeitliche Straffung von Abläufen
- Fortfall langwieriger Papierkommunikationswege
- detailliertere Übertragung von Daten
- Übernahme von Funktionen durch den anderen Partner bzw. Fortfall von mehrfacher Ausführung von Funktionen
- Fortfall von Dispostionsfunktionen durch eine zeitlich direkte Bearbeitung

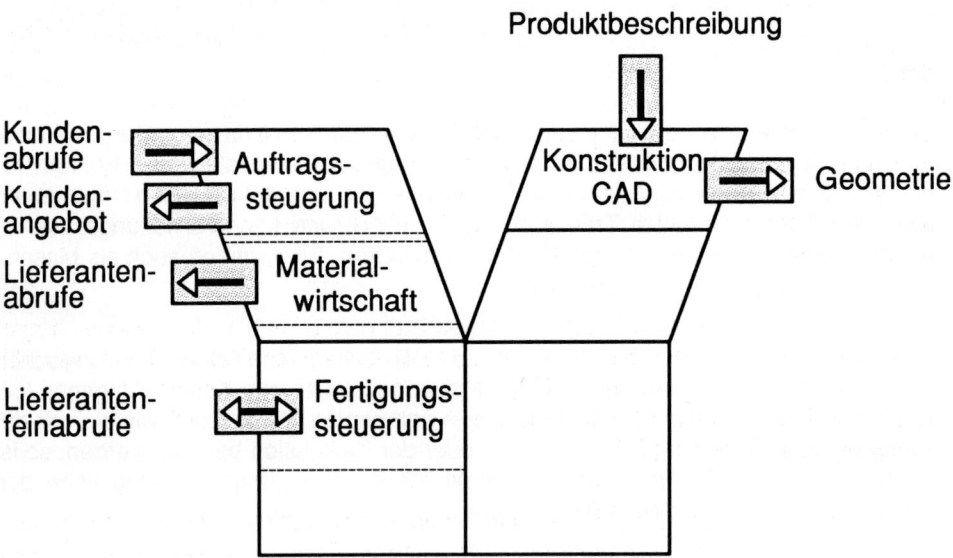

Abbildung 7.12: 5. Teilkette: Verbindung unternehmensinterner und -externer Bereiche [Sch,1990,1]

Bei einfachen Aufgaben der Datenübertragung stehen die Electronic-Mail-Dienste von kommerziellen Netzwerksystemen, das Bildschirmtextsystem der Deutschen Bundespost, Herstellernetzkonzepte (z.B. SNA von IBM, DECNET von DEC, TRANSDATA von Siemens) sowie selbst gestaltete Netze zur Verfügung. Bei diesem Dateitransfer ist es möglich, Daten aus einem EDV-System in die Datenbasis eines anderen EDV-Systems zu übertragen.

Eine solche Verbindung setzt voraus, daß Standards für das Übertragungsformat festgelegt werden. Hierzu werden Arbeiten auf nationaler und internationaler Ebene durchgeführt. Die jeweiligen Umformatierungen vom Format der Anwendungen in das Standardformat bzw. aus dem Standardformat in das anwendungsbezogene Format werden von sogenannten Pre- und Postprozessoren durchgeführt. Für die Übertragung von Produktdaten (Maschinenbau, Mechanik) wird derzeit bei der internationalen Normungsorganisation ISO das Format STEP ("Standard for Exchange of Product Definition Data") entwickelt.

7.3.6 Verbindung operativer Systeme mit Abrechnungs- und Controlling-Systemen

Die Unterstützung von Prozeßketten innerhalb eines CIM-Systems bezieht sich zunächst auf die Informationsverarbeitung für die operative Ebene in einem Unternehmen. Die durch CIM ausgelösten Änderungen in den operativen Abläufen und die sie unterstützenden Datenstrukturen haben aber auch Auswirkungen auf wertbezogene Abrechnungs- und Controlling-Systeme.

Dieses wird in Abbildung 7.13 verdeutlicht. Die Informationspyramide zeigt, wie jedem operativen System ein wertorientiertes Abrechnungssystem der Buchführung zugeordnet ist und darauf weitere Controlling-Systeme bis zur Unternehmensplanung aufbauen. Der Geschäftsprozeß durchläuft dabei sowohl die mengen- als auch die wertbezogenen Ebenen.

Neben dem Entwurf von CIM-Prozeßketten auf der operativen Ebene, die eine Integration über Funktionsbereiche erfordert (vgl. den waagerechten Pfeil in Abbildung 7.13), ist deshalb auch die Weiterverwendung der Daten in auf den operativen Systemen aufbauenden Informationssystemen eine CIM-Komponente und läßt sich als 6. Teilkette definieren (vgl. Abbildung 7.14)

Die auf den mengenorientierten Systemen aufbauenden wertorientierten Abrechnungssysteme sollen auf die Daten der operativen Systeme direkt zugreifen. Weiterhin sollen die mengenorientierten Systeme auch solche Werte erfassen, die bereits im Zusammenhang mit den operativen Abläufen entstehen. Die gleichen Forderungen gelten auch für die Verdichtung zu Controlling-Systemen bis hin zur Planungs- und Entscheidungsunterstützung auf der Unternehmensebene. Dieser Integrationsgedanke wird durch den senkrechten Pfeil in Abbildung 7.13 verdeutlicht.

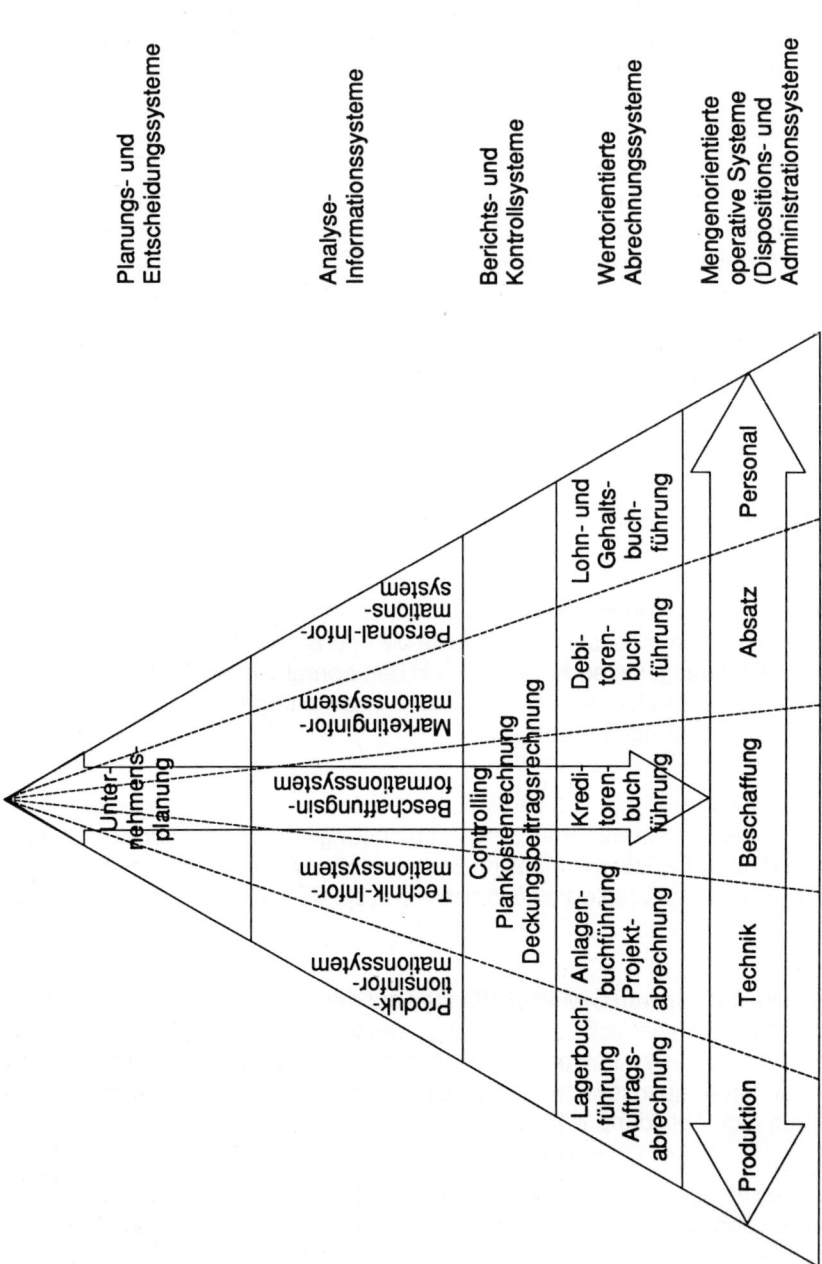

Abbildung 7.13: Integrierte Informationssysteme [Sch, 1990, 1]

Hierbei ist die Schnittstelle zwischen den mengenorientierten operativen Systemen und den wertorientierten Abrechnungssystemen am augenfälligsten, da hier, wie oben schon erwähnt, jedem funktionellen dispostiven System ein wertorientiertes Pendant zugeordnet werden kann. Der Intergrationsgedanke der Datenverarbeitung hat hierbei bereits in den letzten Jahren zu einer engen Verschränkung der Informationssysteme geführt. Dieses bedeutet z.B., daß die Debitoren- und Kreditorenbuchführung direkt mit Buchungssätzen aus dem Vertriebs- und Beschaffungssystem versorgt werden. Änderungen in den Vertriebs- und Beschaffungssystemen, wie sie durch die CIM-Teilkette des überbetrieblichen Datenaustausches bewirkt werden, greifen somit auch direkt in die entsprechenden Abrechnungssysteme ein. Dieses kann z.B. zur Folge haben, daß traditionelle Dokumente wie Rechnungen und Lieferscheine bei einem zeitlich eng verketteten Abrufsystem zwischen Kunden und Lieferanten entfallen können. Da Preise bereits in Rahmenvereinbarungen festgelegt worden sind und die Abrufe kurzfristig vom Produzenten (Kunden) an den Lieferanten gerichtet sind, ist eine Rechnung, die der Lieferant anschließend dem Kunden schickt, ohne Informationsgehalt und kann deshalb prinzipiell entfallen.

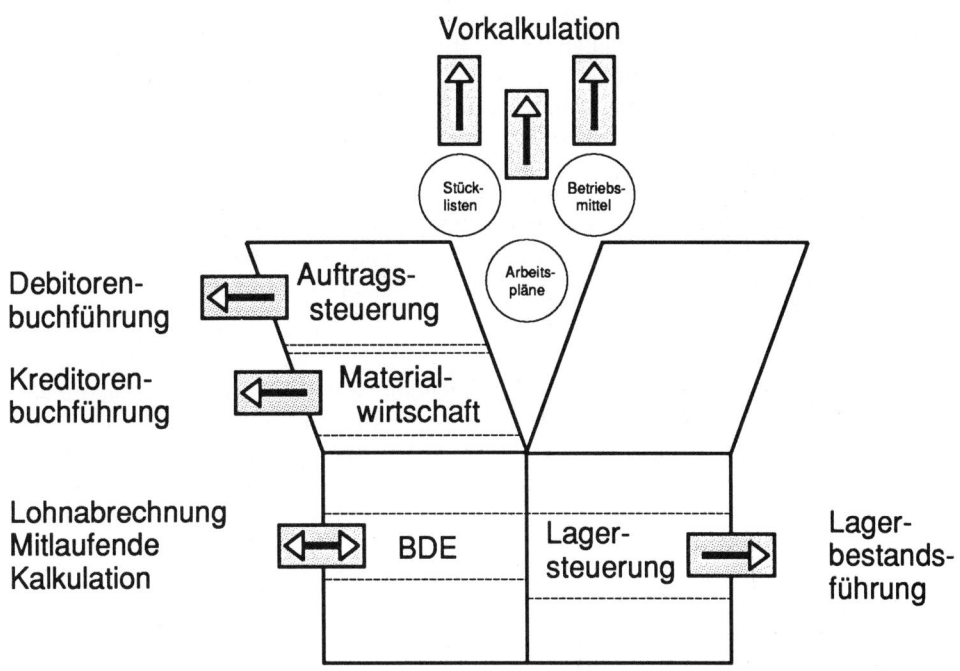

Abbildung 7.14: 6. Teilkette: Verbindung operativer Systeme mit Abrechnungs- und Controlling-Systemen [Sch, 1990, 2]

Die Konzentration von CIM auf operative Abläufe hat bisher auch den Blick für Auswertungs- und Analysesysteme versperrt. Es werden sozusagen Datenbanken "nach vorne" aufgebaut, um als Dispositionsdaten die operativen Abläufe zu steuern. Diese Daten auch für Analyse- und Auswertungszwecke bereitzustellen, ist ein noch weitgehend unbearbeitetes Aufgabengebiet. Dieses gilt es aber nicht nur für Qualitätssicherungssysteme, sondern auch für Zeitwerte, Mengenwerte und Kostenwerte aufzubauen, damit durch entsprechende Soll-/Ist Analysen systematische Fehler im Dispositionsablauf oder in den Daten aufgedeckt werden. Hier kann auch der Einsatz von Expertensystemen hilfreich sein, indem für bestimmte Datenkonstellationen eines Soll-/Istvergleichs intelligente Prüfpfade über unterschiedliche Ablaufketten und Datenbasen verfolgt werden [Sch, 1989, 1].

7.4 Bewertung der Teilketten nach Produktionstypen und strategischer Bedeutung

Die Bedeutung der beschriebenen Teilketten innerhalb eines CIM-Konzeptes hängt wesentlich von der Produktionsstruktur des betrachteten Industriebetriebes ab. Abbildung 7.15 gibt dazu eine grobe Gewichtung an. Darin wird bezüglich der Produktionsstruktur vereinfacht zwischen Stückfertigung und prozeßorientierter Fertigung unterschieden. Der Begriff "Stückfertigung" kennzeichnet dabei eine Fertigungsform, bei der mit Hilfe von zum Teil tiefgestaffelten Stücklisten komplizierte Teile gefertigt werden. Dagegen steht der Begriff "Prozeßorientierte Fertigung" für Strukturen, bei denen aus wenigen Ausgangsstoffen eine Vielzahl von Endprodukten erstellt werden. Beispiele hierzu sind die Chemische Industrie oder die Papierindustrie. Innerhalb der beiden Gruppen wird bei Stückfertigung noch zwischen Einzelfertigung, Auftrags- und Kleinserienfertigung und Großserien-/Massenfertigung unterschieden, bei der prozeßorientierten Fertigung noch zwischen Auftrags- und Kleinserien- sowie der Großserien-/Massenfertigung. Eine Einzelfertigung wird bei der prozeßorientierten Fertigung nicht betrachtet, da sie für diese Fertigungsform als untypisch anzusehen ist.

Die erste Teilkette beschreibt die *Hierachisierung eines CIM-Konzeptes*. Da in ihr die grundlegenden Planungs- und Steuerungsfunktionen auf eine Rechnerarchitektur verteilt werden, ist sie durchgehend als wichtig anzusehen. Die Bedeutung einer stärkeren Hierachisierung nimmt zu, wenn bei den dezentralen Einheiten viele Freiheitsgrade bei der Optimierung des Fertigungsprozesses bestehen, so daß innerhalb eines aus der übergeordneten Hierarchieebene bezogenen Auftragsvorrats eigenständige Dispositionsfunktionen bestehen. Bei einer Großserien- und Massenfertigung ist der Fertigungsprozeß bereits so stark optimiert (indem z.B. Fließstraßen mit festem Taktzwang eingesetzt werden), daß Dispositionen vor Ort weitgehend entfallen. Aus diesem Grunde ist hierbei die Bedeutung der Hierachisierung von Planung und Steuerung mit einer mittleren Kennzeichnung gewichtet.

Die *CAD/CAM-Verbindung* ist insbesondere bei Stückfertigungsstrukturen und hier bei einer flexiblen Auftrags- und Kleinserienfertigung von Bedeutung. Bei Großserien- und Massenfertigungsformen ist dagegen diese Beziehung nicht so wichtig, da hier kon-

● = hoch ◐ = mittel ○ = geringere — = keine	"Stückfertigung"			Prozessorientierte Fertigung	
	Einzel-fertigung	Auftrags-/Kleinserien-fertigung	Gross-serien-/Massen-fertigung	Auftrags-/Kleinserien-fertigung	Gross-serien-/Massen-fertigung
1. Teilkette: Produktionsplanung-Steuerung (PPS)	●	●	◐	●	◐
2. Teilkette: CAD/CAM	◐	●	○	—	—
3. Teilkette: Grunddatenverwaltung (Stückl., Arbeitspl.)	●	●	●	◐	◐
4. Teilkette: Produktionssteuerung-CAM	◐	◐	●	●	●
5. Teilkette: Betriebsübergreifende Vorgangsbearbeitung	◐	◐	●	◐	◐
6. Teilkette: Operative Ebene - Wertebene	●	●	●	●	●

Abbildung 7.15: Strategische Gewichtung der CIM-Teilketten [Sch, 1990, 1]

struktive Umstellungen weitläufiger geplant werden können und auf einen weniger strengen Datenfluß angewiesen sind. Bei der prozeßorientierten Fertigung wird diese Kette nicht betrachtet, da hier CAD-Systeme (z.B. in der Chemischen Industrie) nicht die Bedeutung besitzen wie in der Stückfertigung.

Die *Grunddatenverwaltungskette* für Stücklisten und Arbeitsplaninformationen und die Unterstützung der Produktentwicklung sind in der Stückfertigung einheitlich von hoher Bedeutung. Bei der prozeßorientierten Fertigung gilt dieses einmal für Rezepturen, die sowohl von der Entwicklung als auch von der Fertigungssteuerung verwaltet werden, und zum anderen auch für die damit verbundenen Arbeitspläne. Trotzdem wird eine etwas geringere Bedeutung gegenüber der Stückfertigung angesetzt.

Die Verbindung zwischen *BDE-Funktionen* sowie der *Prozeßsteuerung* und der *Steuerung von rechnerunterstützten Fertigungsanlagen* ist vor allen Dingen bei der Großserien- und Massenfertigung innerhalb der Stückfertigung von Bedeutung sowie in der gesamten prozeßorientierten Fertigung. Bei Einzelfertigungsverfahren sowie Auftrags- und Kleinserienfertigung ist dagegen die automatische Datenübernahme, z.B. für auftragsbezogene Informationen, nicht ohne weiteres möglich, da die automatische Ableitung von auftragsbezogenen Informationen (z.B. Menge und Qualität) auf ein höheres Maß an Standardisierung des Fertigungsablaufs ausgerichtet ist.

Der *betriebsübergreifende Datenaustausch* ist gegenwärtig vor allem für die Serienfertigung in der Automobilindustrie von Bedeutung. Die Erfahrungen werden aber auch in andere Industriezweige übertragen.

Die Verknüpfung von *operativen* und *wertbezogenen Informationssystemen* ist durchgängig von hoher Bedeutung.

Die dargestellte Gewichtung ist nicht erschöpfend. Sie soll nur andeuten, daß in Abhängigkeit der Fertigungsstruktur unterschiedliche CIM-Schwerpunkte in Unternehmungen bestehen können.

7.5 Implementierungspfade

Unternehmen sind in der Regel überfordert, ein CIM-Konzept in voller Breite einzuführen, so daß ein stufenweises Vorgehen erforderlich ist. Die Diskussion von CIM-Teilketten reduziert die Komplexität des CIM-Gedankens bereits erheblich. Je nach Ausgangssituation und vorliegenden Prioritäten können unterschiedliche Implementierungspfade zur Erreichung einer gesamten CIM-Lösung eingeschlagen werden.

In Abbildung 7.16 sind in Abhängigkeit von unterschiedlichen Ausgangssitutationen typische Einführungsfolgen dargestellt. Die Implementierungspfade münden jeweils in der gleichen CIM-Gesamtrealisierung. Hierdurch können individuelle Ausgangssituationen und aktuelle Probleme berücksichtigt werden, ohne das Endergebnis zu gefährden.

Besteht beispielsweise ein aktuelles Problem darin, Anforderungen eines Kunden an die Qualitätssicherung (CAQ) zu erfüllen, so ist das vorhandene System zur Produktionsplanung und -steuerung mit CAQ durch Aufnahme der Prüfpläne zu verbinden (vgl. den unten stark ausgezogenen Pfad in Abbildung 7.16). Anschließend wird dieses mit einem BDE-System zur Rückmeldung der Qualitätsdaten verbunden. CAD wird dann erst in einem weiteren Schritt eingeführt.

Bei einem anderen Unternehmen kann dagegen ein aktuelles Problem darin bestehen, CAD mit der NC-Programmierung zu verknüpfen, um die Lieferzeiten von Variantenaufträgen zu verkürzen. Im nächsten Schritt wird dann DNC eingeführt und anschlie-

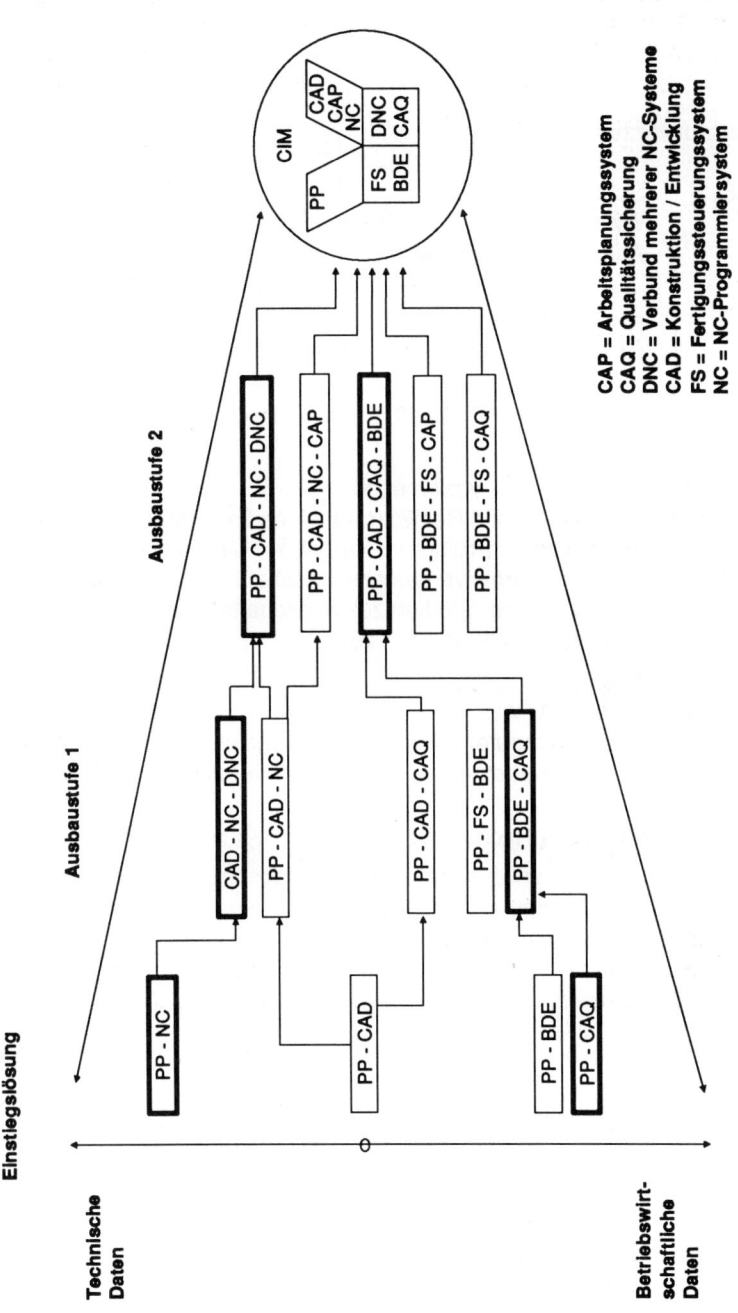

Abbildung 7.16: CIM-Implementierungspfade [Sch, 1990, 1]

ßend auch die Reorganistion der Produktionsplanung vollzogen (vgl. den oberen stark ausgezogenen Pfad).

7.6 Literaturverzeichnis

[Sch, 1988, 1]   Scheer, A.-W.:
Wirtschaftsinformatik - Informationssysteme im Industriebetrieb. 2. Aufl., Berlin Heidelberg 1988.

[Sch, 1988, 2]   Scheer, A.-W.:
CIM - eine Herausforderung für den Mittelstand. In: A.-W. Scheer (Hrsg.): Computer Integrated Manufacturing - Einsatz in der mittelständischen Wirtschaft. Berlin Heidelberg 1988.

[Sch, 1989, 1]   Scheer, A.-W., Kraemer, W.:
Konzeption und Realisierung eines Expertenunterstützungssystems im Controlling. In: Kurbel, K., Mertens, P., Scheer, A.-W. (Hrsg.): Interaktive betriebswirtschaftliche Informations- und Steuerungssysteme. Studien zur Wirtschaftsinformatik, Band 3, Berlin New York 1989, S. 157 -184.

[Sch, 1990, 1]   Scheer, A.-W.:
CIM - Computer Integrated Manufacturing - Der computergesteuerte Industriebetrieb. 4. Aufl., Berlin Heidelberg 1990.

[Sch, 1990, 2]   Scheer, A.-W.:
Vorgehensweise für eine systematische CIM-Einführung - die Y-CIM-Strategie. In: A.-W. Scheer (Hrsg.): CIM im Mittelstand. Berlin Heidelberg 1990.

8 CIM-Teilstrategien

8.1 Datenorientierung

8.1.1 Datenstrukturierung

Die Integration der CIM-Moduln muß sichergestellt werden durch die Integrationfähigkeit der Daten. Dies bedeutet eine Abkehr vom traditionellen Ansatz, bei dem die Funktionen im Mittelpunkt des Interesses standen. Eine übergeordnete Funktion wurde dabei zerlegt in die Einzelfunktionen, diesen wurden dann die jeweils notwendigen Daten zugeordnet. Es besteht eine enge Verbindung zwischen einer Funktion und den dazugehörigen Daten (Daten-Programm-Abhängigkeit).

Eine Datenintegration kann allerdings nur erreicht werden, wenn die Daten losgelöst von einer bestimmten Funktion entworfen werden.

Auf der konzeptionellen Ebene bietet sich das sog. "Entity-Relationship-Diagramm", das von P. P. Chen entwickelt wurde, zur Datenstrukturierung an. Hier werden sog. Entities, also z.B. Dinge der realen Welt oder der Vorstellungswelt, die für die Unternehmung von Interesse sind, und ihre Beziehungen untereinander dargestellt. Die Entities gleicher Struktur werden unter einem Entity-Typ zusammengefaßt, gleichartige Beziehungen unter einem Beziehungstyp.

Die Entity-Typen werden in Kästchen dargestellt, die Beziehungstypen in Rauten. Zwischen den Entitytypen können

- 1:1-Beziehungen
- 1:n-Beziehungen
- n:1-Beziehungen
- n:m-Beziehungen

bestehen, die in der Abbildung 8.1 beispielhaft dargestellt sind.

Die Art der Beziehung wird im Entity-Relationship-Diagramm mit vermerkt.

Wenn ein Betriebsmittel genau einer Betriebsmittelgruppe zugeordnet ist, aber zu jeder Betriebsmittelgruppe mehrere Betriebsmittel gehören, besteht zwischen "Betriebsmittelgruppe" und " Betriebsmittel" eine 1:n-Beziehung.

Dies wird im ER-Diagramm so dargestellt, daß bei "Betriebsmittel" die "1" vermerkt wird, bei der "Adresse" ein "n". Das läßt sich so interpretieren, daß ein Entity "Betriebsmittel"

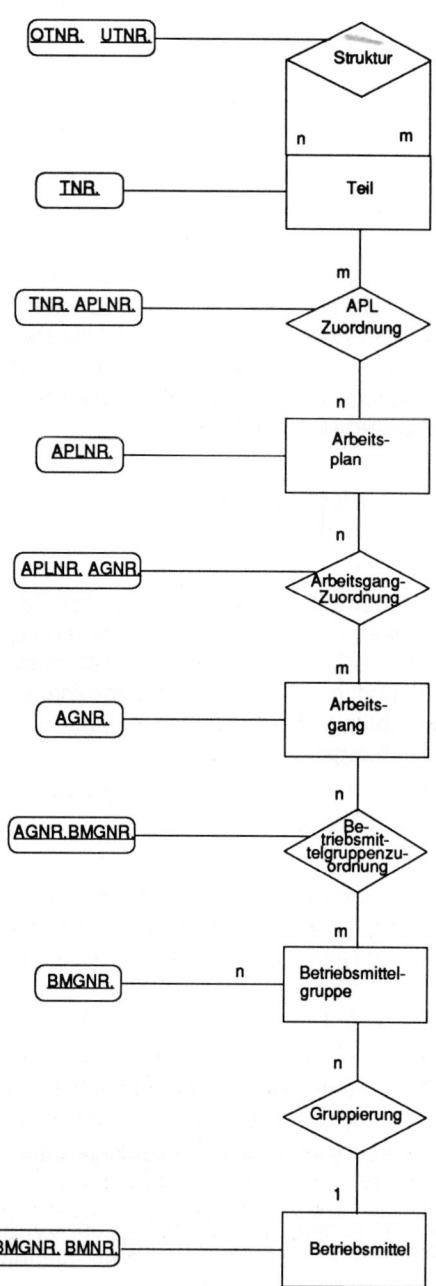

Abbildung 8.1:   Entity-Relationship-Diagrammm

in der Beziehung "Gruppierung" nur einmal vorkommt, während ein Entity "Betriebsmittelgruppe" in dieser Beziehung durchaus mehrmals vorkommen kann.

Das Entity-Relationship-Diagramm ermöglicht eine Datenstrukturierung unabhängig von

- den konkreten Anwendungen
- den EDV-mäßigen Datenverwaltungsystemen.

Ein wichtiger Aspekt in CIM ist es zu erkennen, daß Daten nicht bestimmten Bereichen "gehören", sondern, daß sie das integrierende Element zwischen den Bereichen sind. Teile-Stammsätze und Stücklisten werden traditionellerweise der Materialwirtschaft des Produktionsplanungs- und -steuerungssystems zugeordnet. Sie werden aber ebenso von der Konstruktion, der Arbeitsplanung, der Instandhaltung und anderen Funktionen benötigt, die, wenn überhaupt, nur über "Krücken" (Bridge-Programme) auf diese Daten zugreifen konnten.

Eine gemeinsame Datenbasis (Engineering Data Base) für alle Bereiche wäre ein großer Schritt in Richtung CIM. Allerdings gibt es mit der Realisierung erhebliche Probleme.

8.1.2 Datenverwaltung

Die Integration von Anwendungen mit Hilfe von Datenverwaltungssystemen ging und geht in mehreren Schritten vonstatten [Bec, 1987, 1].

Ursprünglich wurden für die betrieblichen Teilprobleme separate Programme mit separaten Daten geschrieben (vgl. Abbildung 8.2). Dabei waren die Dateien eindeutig den Programmen zugeordnet, der Aufbau der Dateien und der Zugriff auf sie waren in den Programmen definiert.

Daraus folgte eine redundante Speicherung von Daten und eine starke Daten-Programm-Abhängigkeit. Redundante Speicherung von Daten führte möglicherweise zur Inkonsistenz dieser Daten, wenn z.B. in einer Datei Änderungen in einem Feld durchgeführt wurden, die in einer anderen Datei mit demselben Feld nicht nachvollzogen wurden. Die Daten-Programm-Abhängigkeit führte auch zu einer Inflexibilität der Auswertungen, da diese nur nach den im Programm vordefinierten Kriterien möglich waren. Datenfehler zu entdecken, war Aufgabe jedes einzelnen Programms, das mit der Datei arbeitete.

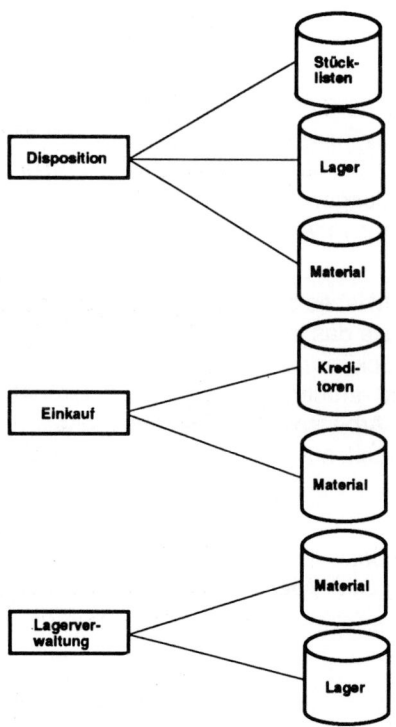

Abbildung 8.2:   Integration von EDV-Systemen (I)

Im zweiten Schritt der Integration wurde die manuelle Doppelpflege bestimmter Dateien (Material, Lager) dadurch beseitigt, daß eine Datei als die "Ursprungsdatei" deklariert wurde und davon ausgehend Bridge-Programme die (periodische) Aktualisierung (Update) der anderen Dateien vornahmen (vgl. Abbildung 8.3).

Im dritten Schritt werden die Daten nicht mehr doppelt geführt; vielmehr versorgt eine einheitliche Datenbasis alle Programme mit Daten. Begünstigt wird dieser Schritt durch die Verfügbarkeit von Datenbanksystemen (vgl. Abbildung 8.4).

Datenbanksysteme bestehen aus einer Datenbasis und einer Gruppe von Systemprogrammen, die es ermöglichen, nach unterschiedlichen Ordnungsbegriffen schreibend oder lesend auf die Datenbasis zuzugreifen.

Die Datenbankorganisation trägt dazu bei, die aufgezeigten Schwächen der klassischen Dateiorganisation zu überwinden. Dies geschieht zum Teil allein dadurch, daß

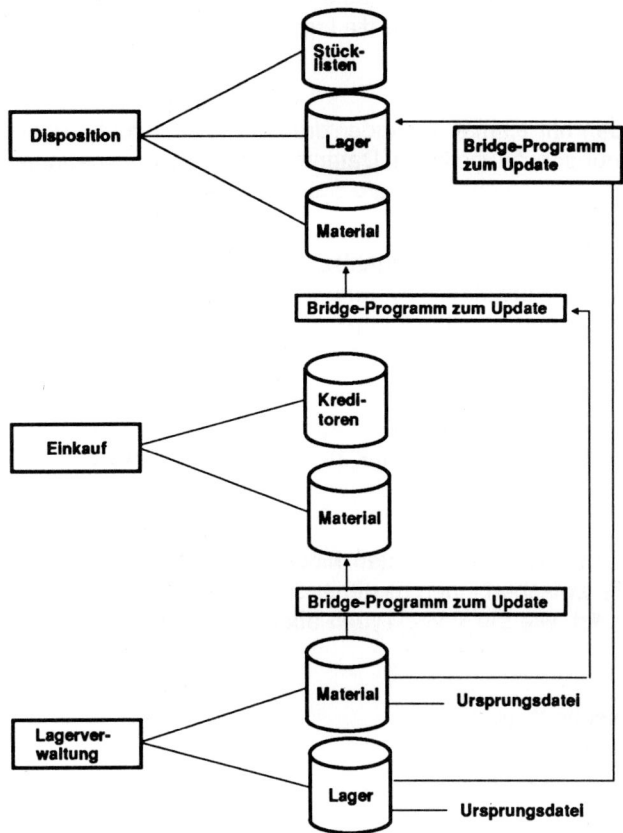

Abbildung 8.3:   Integration von EDV-Systemen (II)

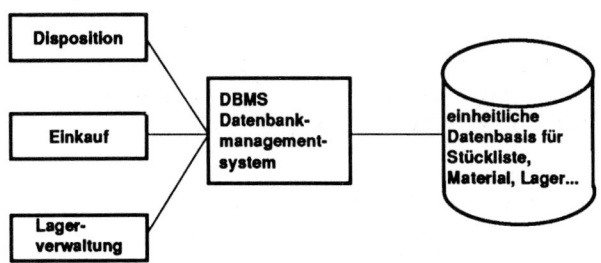

Abbildung 8.4:   Integration von EDV-Systemen (III)

die Struktur von Datenbanksystemen es erforderlich macht, daß eine zentrale Instanz für den konzeptionellen Entwurf und die logische Richtigkeit der Daten verantwortlich ist.

Alle Daten werden nur einmal (redundanzfrei) oder zumindest redundanzarm gespeichert. Der Änderungsaufwand ist bei Datenbanken deswegen geringer als bei konventionellen Dateien, ebenso der benötigte Speicherplatz.

Viele Aufgaben, die bei einer Dateiorganisation von Programmen erledigt werden, übernimmt das Datenbankverwaltungssystem (wie z.B. das Erkennen von Datenfehlern, Sicherungsfunktion, Datenschutzfunktion).

Auch führt die verringerte Daten-Programm-Abhängigkeit zu höherer Flexibilität. Ein weiterer Vorteil einer Datenbank liegt darin, daß zusätzlich Felder eingefügt werden können, ohne die gesamte Datenbank zu entladen oder Anwendungsprogramme zu ändern.

Datenbanksysteme folgen bestimmten Modellen, in denen man die Datenelemente (Entities) und die zwischen ihnen bestehenden Beziehungen (Relations) beschreiben kann. Nach der Art, wie die Entity-Typen abgebildet werden, unterscheidet man drei Datenmodelle:

- das hierarchische Datenmodell
- das Netzwerkdatenmodell
- das relationale Datenmodell

Beim hierarchischen Datenmodell muß die Abbildung von Entities und ihren Beziehungen zwei Anforderungen genügen:

1. Auf der obersten Hierarchiestufe eines hierarchischen Datenbanksystems befindet sich genau ein Entity-Typ.

2. Alle Entity-Typen, die sich nicht auf der obersten Hierarchiestufe befinden, haben genau einen Vorgänger.

Die ersten kommerziellen Datenbanksysteme waren hierarchische Datenbanksysteme. So wurde z.B. das System IMS der IBM als hierarchische Datenbank entworfen. Mittlerweile ist aber in IMS die Abbildung netzwerkartiger Strukturen möglich.

In Netzwerkdatenbanken ist die Bedingung, daß jeder Entity-Typ, der sich nicht auf der obersten Hierarchiestufe befindet, nur einen Vorgänger haben kann, aufgehoben. Damit lassen sich alle Beziehungen, die zwischen Entity-Typen auftreten können, darstellen.

Bekannt geworden sind Netzwerkdatenbanken auch unter dem Begriff CODASYL-Datenbank, da das Komitee DBTG (Data Base Task Group) von CODASYL (Conference on Data System Languages) mit ihrem Vorschlag zur Festlegung von Datenbanksystemen die Basis für eine Normung der Netzwerkdatenbanken geschaffen hat.

Netzwerkdatenbanken haben in der Praxis eine weite Verbreitung gefunden und werden von vielen Herstellern und Softwarehäusern angeboten (z.B. IDMS von Cullinet Software, UDS von Siemens).

Der Begriff des relationalen Datenmodells steht auf einer anderen Ebene als die Begriffe des hierarchischen Modells oder des Netzwerkmodells. Während hier der logische Datenzugriff ausschlaggebend für die Benennung ist, steht hinter dem Namen relationale Datenbank die Übertragung von Begriffen der Relationen-Algebra auf ein Datenmodell.

Beim relationalen Datenbankmodell entspricht die logische Sicht der Daten zweidimensionalen Tabellen. Aus diesen Tabellen kann man sich z.B. bestimmte Spalten anzeigen lassen (Projektion) oder definierte Zeilen auswerten (Selektion).

Eine Übersicht über Datenbankverwaltungsysteme gibt Abbildung 8.5. Im Band "Datenbanken in CIM" wird dies ausführlich erläutert.

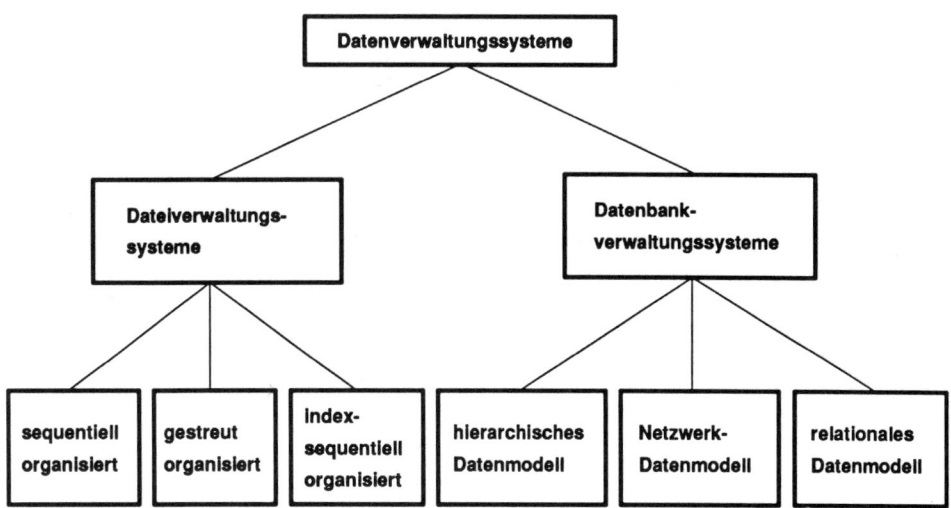

Abbildung 8.5: Typen von Datenverwaltungssystemen

Für jeden Benutzer und das ihm zur Verfügung stehende Anwendungsprogramm ist nur ein Ausschnitt des gesamten konzeptionellen Schemas von Bedeutung: das sogenannte externe Schema.

Im internen Schema wird die physische Organisation der Daten auf den Speichermedien festgelegt (vgl. Abbildung 8.6).

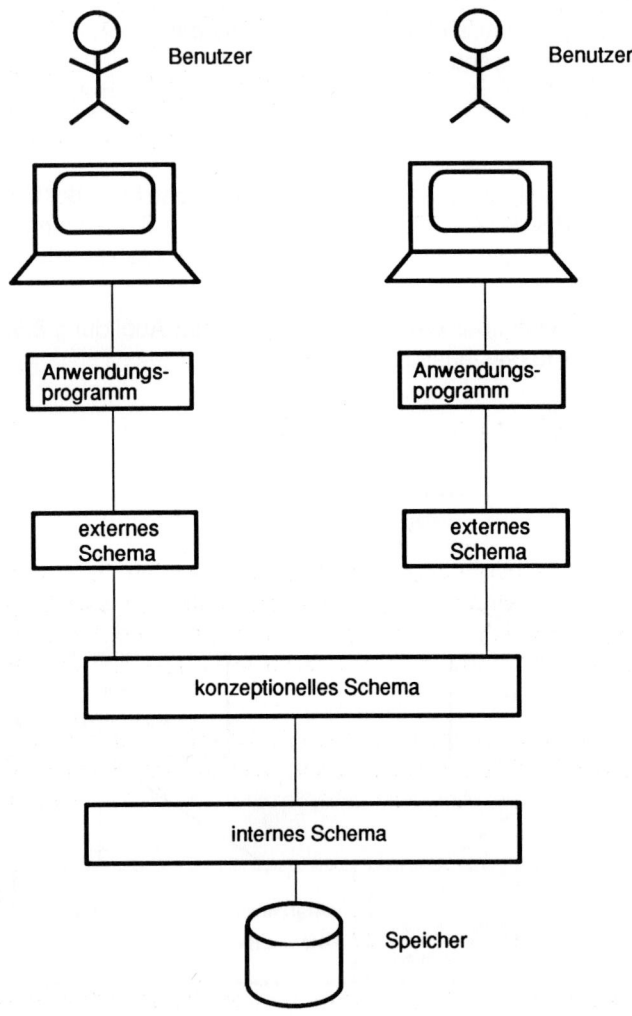

Abbildung 8.6:   Konzeptionelles, externes und internes Schema einer Datenbank

Über Datenbanken lassen sich Funktionsbereiche durch die einheitliche redundanzarme Datensicht integrieren. Voraussetzung ist dabei, daß unterschiedliche Funktionen sich ein und derselben Datenbank bedienen. Dies ist dann nicht möglich, wenn ein Unternehmen Standard-Anwendungssoftware-Pakete (vgl. Kapitel 8.3) von mehreren Anbietern und daneben Eigenentwicklungssysteme einsetzt, die alle auf unterschiedlichen Datenverwaltungssystemen aufbauen.

Hier allerdings kommt die Entwicklung der Standardisierung der Datenbeschreibungs- und Datenmanipulationssprache dem Integrationsgedanken entgegen. Die Sprache SQL, ursprünglich für das System /R der IBM entwickelt, ist von nationalen und internationalen Standardisierungsgremien mittlerweile als genormte Sprache zur Definition, Manipulation und Auswertung von relationalen Datenbanken festgeschrieben. Eine wachsende Anzahl von Datenbank-Anbietern stellt für ihre Systeme die SQL-Schnittstelle zur Verfügung. Neben den IBM-Systemen DB2 und SQL/DS hat das System Oracle SQL als originäre Manipulations- und Beschreibungssprache.

Die Syntax für eine einfache SQL-Abfrage lautet:
    SELECT Datenfeld
    FROM Relation
    WHERE Bedingung

Beispiel:
    SELECT Name, Vorname, Straße, Plz, Ort
    FROM Lieferant
    WHERE Plz = 1000

Mit der Vereinheitlichung der Datenzugriffssprache werden die Anwendungsprogramme, die die entsprechenden Datenzugriffsbefehle enthalten, von der physischen Realisierung der darunterliegenden Datenbank entkoppelt, so daß hier ein Datenbanksystem für unterschiedliche Anwendungssysteme eingesetzt werden kann.

Weiterhin bestehen bleibt aber das Problem, daß die Nutzung eines Datenbanksystems allein die Integration nicht sicherstellt, sondern daß auch die Datenstrukturen aufeinander abgestimmt sein müssen. Hier nähern sich die Softwarehäuser einander nur langsam.

8.2 Funktions- und Rechnerhierarchie

Das konzeptionelle Schema der Datenbank, die alle Daten umfaßt, die für CIM von Bedeutung sind, könnte nach dem heutigen Stand der Technik nur physisch auf einem einzigen Rechner implementiert werden.

Echte verteilte Datenbanken, die eine beliebige Verteilung von Daten auf unterschiedlichen Rechnern unter Wahrung der Integrität zulassen, befinden sich erst in der Entwicklung.

Ein einzelner Rechner ist aber nicht in der Lage, alle Daten und Funktionen der Planung und Steuerung zu übernehmen. Deshalb ist es notwendig, eine Rechnerhierarchie aufzubauen, wobei jede Funktion auf dem jeweiligen Rechner abläuft.

Dabei muß aber sichergestellt sein, daß die Schnittstellen zwischen den Rechnern möglichst komfortabel und ohne unnötige manuelle Eingriffe des Benutzers gelöst werden können.

Drei generelle Architekturen von Rechnern werden unterschieden:

- Großrechenanlagen ("kommerzielle" Rechner)
  Rechner, an die eine große Anzahl von Terminals angeschlossen sind, die große Datenmengen speichern und verwalten und die überwiegend die Aufgaben wahrnehmen, die im Verwaltungsbereich anfallen.
  Beispiele: IBM 43XX, IBM 30XX, IBM AS/400, Siemens 75XX, HP3000.

- Minirechner
  Rechner, die als Prozeßrechner oder prozeßnahe Rechner Aufgaben übernehmen, die ein zeitnahes Verhalten des Betriebssystems erfordern (keine kleineren "kommerziellen" Systeme)
  Beispiele: IBM S/1, IBM RS/6000, Siemens Sicomp XX, Siemens MX500, DEC Vax (als Universalrechner, der auch als prozeßnaher Rechner eingesetzt werden kann).

- Mikrorechner
  Rechner, an dem normalerweise ein Benutzer arbeitet (evtl. wenige Benutzer gleichzeitig), mit relativ großem Hauptspeicher (512 KByte bis einige Megabyte) und beschränktem Plattenspeicher (bis wenige 100 Megabyte), teilweise nur mit Diskettenlaufwerken, mit standardisiertem Betriebssystem (MS-DOS, OS/2)
  Beispiele: IBM PC und alle Kompatiblen.

Die Großrechenanlage ist besonders gut einsetzbar, wenn es um kostengünstige und sichere Manipulation großer Datenmengen geht. Der Minirechner hingegen ist vor allem den Anforderungen nach Realzeitverhalten und verfügbaren Moduln zum Anschluß von Prozeßleitsystemen und BDE-Endgeräten gewachsen; der Mikrorechner hat seine größten Stärken in seinen Ausbaumöglichkeiten und seiner Vernetzbarkeit sowie den geringen Hard- und Softwarekosten.

Demnach bieten sich die unterschiedlichen Rechner für folgende Aufgaben im Gesamtbereich CIM an:

- Produktionsplanung: Großrechner
- Produktionssteuerung: Mikro- oder Minirechner

- CAD: Workstation (mikrorechnerähnlich) für die Zeichenfunktion, Großrechner für Datenhaltung
- CAM: speicherprogrammierbare Steuerungen (SPS) als lokale Steuerungen, Mini- oder Mikrorechner als Prozeßleitrechner

Dabei kann die Integration zwischen den Rechnern auf fünf unterschiedliche Arten erfolgen (zu den ersten vier Stufen vgl. Abbildung 8.7).

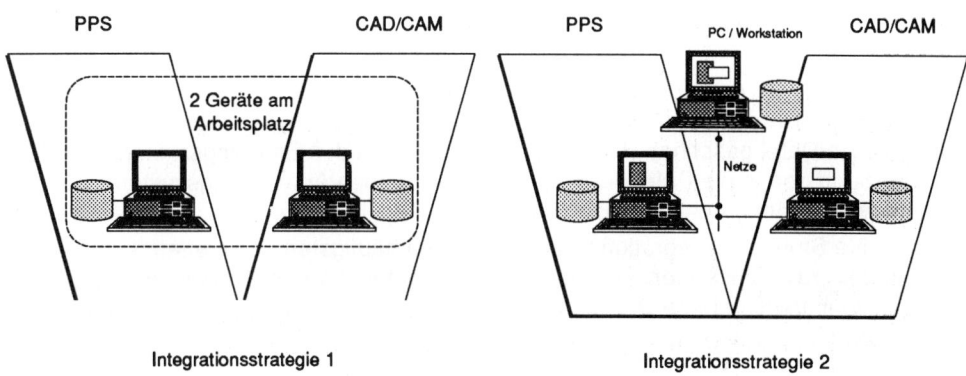

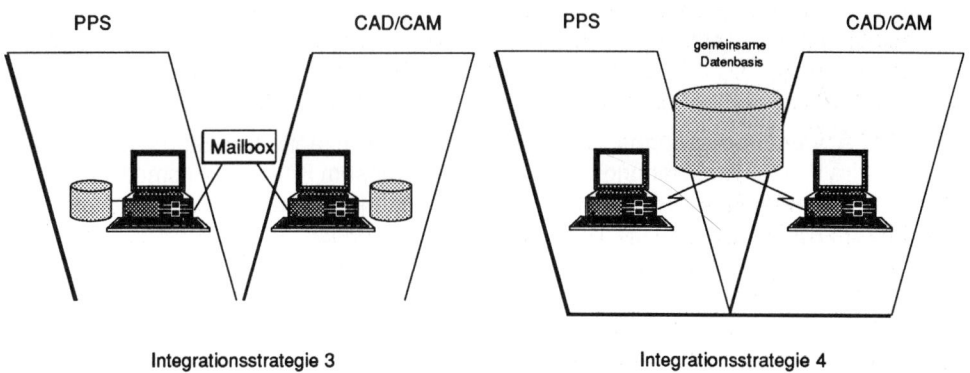

Abbildung 8.7:   Integrationsmöglichkeiten unterschiedlicher CIM-Bereiche [nach Sch, 1990, 1]

Im ersten Fall wird die Integration allein durch die manuelle Schnittstelle geschaffen, indem ein Arbeitsplatz Zugriff auf zwei unterschiedliche Rechner hat. An einem Arbeitsplatz stehen somit zwei Terminals, die an die beiden Rechner angeschlossen sind.

In der zweiten Stufe der Integration wird ein PC als Bindeglied zwischen zwei Rechnern eingesetzt. Der PC als offenes System bietet vielfache Anschlußmöglichkeiten. So erlaubt ein Gerät durch den Einsatz von Einschubkarten mit entprechender Software den Zugriff auf zwei Rechner (Terminalemulation).

Eine Integration der Anwendungen ist damit aber noch nicht geschaffen. Sie kann - zumindest auf der Auswertungsseite - dadurch herbeigeführt werden, daß der PC über ein File-Transfer-Programm Daten aus beiden Rechnern erhält und diese in einer Auswertung zusammenführt.

Im dritten Fall wird eine direkte Schnittstelle zwischen den beiden Rechnern geschaffen, indem die Daten des einen Systems, die von dem anderen benötigt werden, in eine sequentielle Datei geschrieben werden, diese dann an das Empfangssystem übertragen wird und dort in die Datenbasis des entsprechenden Anwendungssystems umformatiert wird (sogenanntes Mailbox-System).

Diese dritte Stufe der Integration ist die derzeit am häufigsten anzutreffende. In dieser Art werden z.B. Stücklisten aus den CAD-Systemen an das Produktionsplanungssystem oder freigegebene Aufträge vom Produktionsplanungssystem an das Fertigungssteuerungssystem übertragen.

Die vierte Stufe der Integration sieht vor, daß unterschiedlichen Systemen eine gemeinsame Datenbasis zugrundeliegt. Das heißt z.B., daß Produktionsplanung und CAD auf ein und dieselbe Stücklistendatei zugreifen.

Der fünfte Fall schließlich geht davon aus, daß über die Datenintegration hinaus auch noch eine Funktionsintegration besteht, indem die Anwendungssysteme direkt miteinander kommunizieren (Anwendung-zu-Anwendung-Beziehung). In Abhängigkeit von bestimmten Vorfällen in einem Anwendungssystem werden bestimmte Aktionen des anderen Anwendungssystems angestoßen (Triggerkonzept). Die Stornierung eines Auftrags im Produktionsplanungssystem ruft nach diesem Konzept automatisch einen neuen Einplanungslauf hervor, der die Arbeitsgänge jetzt unter Berücksichtigung der geänderten Ausgangssituation den Betriebsmitteln zuweist.

Die vierte und fünfte Stufe der Integration sind heute selten anzutreffen, wobei auch kritisch die Frage zu stellen ist, ob eine sehr weitgehende Integration evtl. die Weiterentwicklung der Einzelsysteme behindern kann. Nach derzeitigem Stand der Forschung scheint eine Integration gemäß der vierten Stufe erstrebenswert zu sein.

Die Entwicklung derartiger Systeme wird allerdings noch einige Jahre beanspruchen, wobei es fraglich ist, ob von Standardsoftware-Anbietern (vgl. Kapitel 8.3) überhaupt soweit Übereinstimmung in der Datenstruktur geschaffen werden kann, daß eine gemeinsame Datenbasis für unterschiedliche Anwendungen auf unterschiedlichen Rechnern möglich wird.

Deswegen müssen auch andere Konzepte verfolgt werden, die davon ausgehen, daß sich die Einzelsysteme unabhängig voneinander weiterentwickeln. Hier kann ein generelles Schnittstellenmodul den Datentransfer zwischen den Einzelsystemen übernehmen. Dieses Modul stellt als Daten-Handling-System die Konsistenz der Daten sicher, indem Änderungen in einem der angeschlossenen Systeme, sofern diese für die weiteren Systeme relevant sind, in diesen automatisch oder nach einer weiteren Bearbeitung nachvollzogen werden [Sch, 1990, 1].

Unter Zugrundelegung der Stärken und Schwächen der Rechner sowie der Integrationsmöglichkeiten ist in einem EDV-Rahmenplan festzulegen, welche Daten und Funktionen welchen Rechnern zugewiesen werden.

Ist ein mittelständischer Betrieb Teil eines größeren Konzerns, ist eine Verteilung der Daten und Funktionen gemäß Abbildung 8.8 vorstellbar. Agiert der mittelständische Betrieb eigenständig am Markt, ist die Rechnerhierarchie weniger stark ausgeprägt. Hier werden die oberen Ebenen der Rechnerhierarchie zusammengefaßt. Es ergibt sich dann eine Verteilung der Daten und Funktionen über etwa vier Stufen: Rechner für administrative und planerisch-dispositive Aufgaben, Fertigungssteuerungs- und BDE-Rechner, Workstations für CAD, Rechner für die Betriebsmittelsteuerung.

8.3 Einsatz von Standardsoftware oder Eigenentwicklung

Waren früher die meisten Programmpakete individuell für einen bestimmten Benutzer geschrieben, so setzt sich heute mehr und mehr Standardsoftware durch. Standardsoftware für betriebliche Funktionsbereiche wird unabhängig von einem Kunden für eine Vielzahl potentieller Kunden entwickelt.

Es gibt Standardsoftware für einzelne oder mehrere Bereiche, für bestimmte Branchen oder auch branchenübergreifend. Wenn eine Integration über mehrere Bereiche, wie Vertrieb, Beschaffung, Lagerwesen, Disposition, Kapazitätsterminierung und Auftragsfreigabe vorliegt, spricht man von einer Standardsoftware-Familie.

Ausgehend von den betrieblichen Funktionsbereichen, die leicht vereinheitlicht werden können, wie Finanzbuchhaltung oder Nettolohnberechnung, werden mittlerweile auch Bereiche, die größere Abweichungen zwischen unterschiedlichen Unternehmen aufweisen, durch Standardsoftware-Produkte abgedeckt, wie Produktionsplanung oder Fertigungsteuerung. Die Unterschiede können durch Parametrisierung der Software oder eigene Zusätze an sogenannten User Exits realisiert werden, ohne daß der Programm-Code geändert werden muß. Die Programme bleiben somit für den Softwareanbieter wartbar, der periodisch in neuen Software-Versionen (Releases) Anpassun-

| Rechner | Hierarchiestufe | Wesentliche Funktionen |

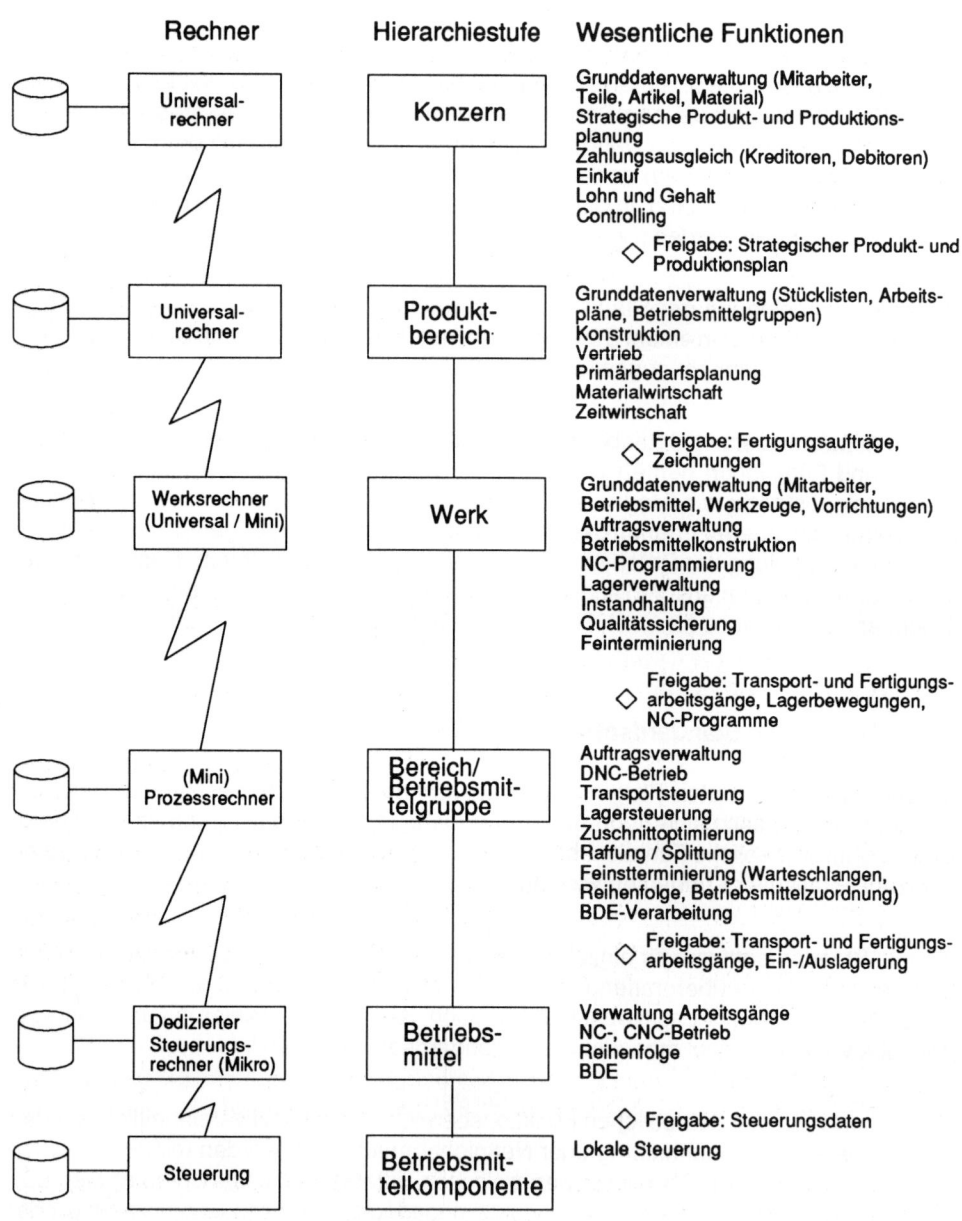

Rechner — Hierarchiestufe — Wesentliche Funktionen

Universalrechner — **Konzern** — Grunddatenverwaltung (Mitarbeiter, Teile, Artikel, Material)
Strategische Produkt- und Produktionsplanung
Zahlungsausgleich (Kreditoren, Debitoren)
Einkauf
Lohn und Gehalt
Controlling
◇ Freigabe: Strategischer Produkt- und Produktionsplan

Universalrechner — **Produktbereich** — Grunddatenverwaltung (Stücklisten, Arbeitspläne, Betriebsmittelgruppen)
Konstruktion
Vertrieb
Primärbedarfsplanung
Materialwirtschaft
Zeitwirtschaft
◇ Freigabe: Fertigungsaufträge, Zeichnungen

Werksrechner (Universal / Mini) — **Werk** — Grunddatenverwaltung (Mitarbeiter, Betriebsmittel, Werkzeuge, Vorrichtungen)
Auftragsverwaltung
Betriebsmittelkonstruktion
NC-Programmierung
Lagerverwaltung
Instandhaltung
Qualitätssicherung
Feinterminierung
◇ Freigabe: Transport- und Fertigungsarbeitsgänge, Lagerbewegungen, NC-Programme

(Mini) Prozessrechner — **Bereich/ Betriebsmittelgruppe** — Auftragsverwaltung
DNC-Betrieb
Transportsteuerung
Lagersteuerung
Zuschnittoptimierung
Raffung / Splittung
Feinstterminierung (Warteschlangen, Reihenfolge, Betriebsmittelzuordnung)
BDE-Verarbeitung
◇ Freigabe: Transport- und Fertigungsarbeitsgänge, Ein-/Auslagerung

Dedizierter Steuerungsrechner (Mikro) — **Betriebsmittel** — Verwaltung Arbeitsgänge
NC-, CNC-Betrieb
Reihenfolge
BDE
◇ Freigabe: Steuerungsdaten

Steuerung — **Betriebsmittelkomponente** — Lokale Steuerung

Abbildung 8.8: Rechner-Hierarchie [nach Sch, 1990, 1]

gen an die Weiterentwicklung des Rechners, des Betriebssystems oder der Datenbank einbeziehen kann und neue bzw. veränderte Funktionen zur Verfügung stellt.

Standardsoftware ist so angelegt, daß unterschiedliche Abläufe innerhalb eines Funktionsbereiches abgedeckt werden und lediglich durch Veränderung der Parameter eine Anpassung an wechselnde betriebliche Anforderungen erfolgt. Ebenso können unterschiedliche Bedürfnisse unterschiedlicher Werke, die zu einem Unternehmen gehören, in einem System abgedeckt werden.

Die EDV-Abteilung, die bei Einsatz eines Standardsoftwaresystems zeitlich weniger in Anspruch genommen wird als bei einer Eigenentwicklung, kann sich mehr den standardmäßig nicht gelösten Problemstellungen widmen: den nicht durch Standardsoftwaresysteme abgedeckten Funktionen und den Schnittstellen zwischen den Anwendungssystemen.

Der Einsatz von Standardsoftware weist vor allem folgende Vorteile auf:

- geringe Beschaffungskosten
- geringe Pflege- und Wartungskosten
- Zeitgewinn
- geringe Belastungen der EDV-Abteilungen (Einsatz für standardmäßig nicht gelöste Probleme)
- Anpassungsmöglichkeit an wechselnde betriebliche Anforderungen
- Daten- und Funktions-Integration bei Einsatz einer Software-Familie

Beim Kostenvergleich von Standardsoftware und Individualentwicklung ist die Kostenrelation bei der Entwicklung von Software zu beachten. Der Entwurf, der bei der Entwicklung eines Systems etwa 35% der Kosten ausmacht, nimmt auch bei Einsatz von Standardsoftware einen beträchtlichen Teil der Kosten in Anspruch, da in der Vorphase der Implementierung der Auswahlprozeß aus der Menge der angebotenen Systeme steht. Nicht selten ist dieser Prozeß ebenso aufwendig wie der Entwurf eines eigenentwickelten Systems. Die Implementierung, die mit etwa 20% der Kosten zu Buche schlägt, ist bei Einsatz von Standardsoftware weniger aufwendig, auch der Test (etwa 45%) nimmt weniger Zeit in Anspruch.

Insgesamt ist die Kostenersparnis von Standardsoftware gegenüber der Eigenentwicklung eines Systems bis zur ersten Einführung nur mittelmäßig groß.

Der Kostenvorteil der Standardsoftware kommt erst bei Einbeziehung der Folgekosten der Wartung voll zum Tragen. Hier ist das Einsparungspotential wesentlich größer. Da die Wartungskosten etwa 75% der Gesamtkosten bei der Eigenentwicklung von Software ausmachen, stellt sich der volle Nutzen der Standardsoftware erst über die Zeit ein.

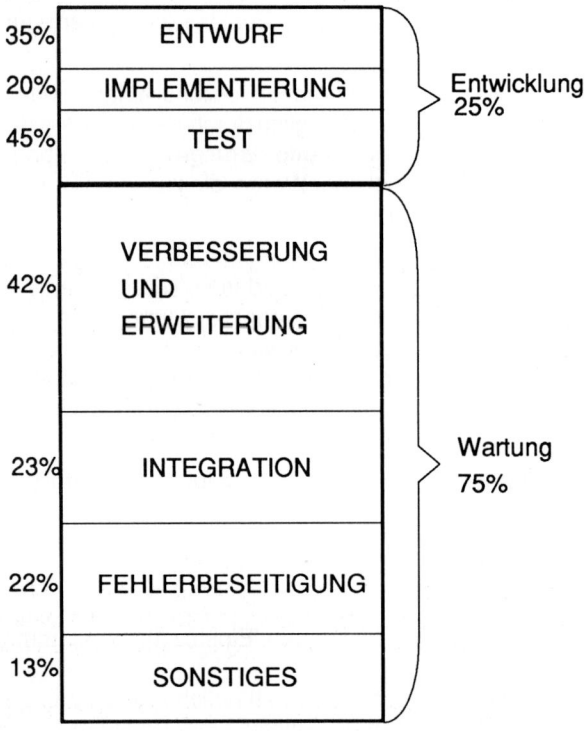

Abbildung 8.9:   Kostenrelationen bei der Eigenentwicklung von Software

Abbildung 8.9 faßt die Kostenrelation bei der Eigenentwicklung von Software zusammen.

Standardanwendungssoftware wird angeboten für:

- Vertrieb/Verkaufsabwicklung
- Einkauf
- Produktionsplanung mit
     - Materialwirtschaft (Disposition, Lagerwesen)
     - Kapazitätswirtschaft
- Fertigungssteuerung
     - als Teil des PPS-Systems
     - als eigenständiges System (z.B. Leitstand)
- CAD (inkl. Kopplung NC-Programmierung)
- Instandhaltung
- CAQ

Als Softwarefamilie sind die Funktionsbereiche Produktionsplanung, Vertrieb, Einkauf und die administrativen Systeme Kostenrechnung, Finanzbuchhaltung und Personal-abrechnung erhältlich. Hier ist eine Integration auf der Daten-, Funktions- und Modul-seite weitgehend erreicht.

Auch eine Schnittstelle zwischen CAD-Systemen und NC-Programmiersystemen wird von einigen Softwarehäusern standardmäßig angeboten.

In die Fertigungssteuerung, z.B. bei einigen Leitstandssystemen, sind teilweise BDE-Aufgaben integriert, so daß auch hier ansatzweise von einer Software-Familie gespro-chen werden kann. Die Abbildung 8.10 zeigt, wo heute über einen Bereich hinausge-hende Lösungen angeboten werden.

Anhand der folgenden Kriterien sollte über den Einsatz von Standardsoftware entschie-den werden:

*   Funktionalität der Standardsoftware
*   Flexibilität der Standardsoftware (Parametrisierbarkeit)
*   Realisierung unterschiedlicher Konzepte der verschiedenen Werke
*   Integrationspotential einer Software-Familie (Funktions- und Datenintegration)
*   Funktionalität bereits bestehender oder in Entwicklung begriffener Softwaresyste-me
*   Datenintegration mit allen anderen nicht durch Standardsoftware abgedeckten Bereichen
*   Kosten der Standardsoftware bzw. der Eigenentwicklung sowie der folgenden Pflege und Wartung

Die einzelnen Schritte, die bei der Auswahl eines Standardsystems durchlaufen werden müssen, sind:

*   Aufnahme der funktionalen Anforderungen
*   Ist-Aufnahme der EDV-technischen und betriebswirtschaftlichen Umgebung
*   Erstellung eines groben Anforderungsprofils
*   Aufnahme der einzubeziehenden Systeme
*   Grobauswahl
*   Entwicklung eines Feinkatalogs
*   Bewertung
*   Besuche von Referenzanwendern
*   Kosten-Nutzen-Analyse und Entscheidung

Wenn bei der Einführung eines neuen Systems keine Standardsoftware eingesetzt wird, sondern eine Eigenentwicklung betrieben werden soll, stehen heute mächtige Program-miersprachen zur Verfügung, welche die Programmiersprachen der 3. Generation immer weiter zurückdrängen.

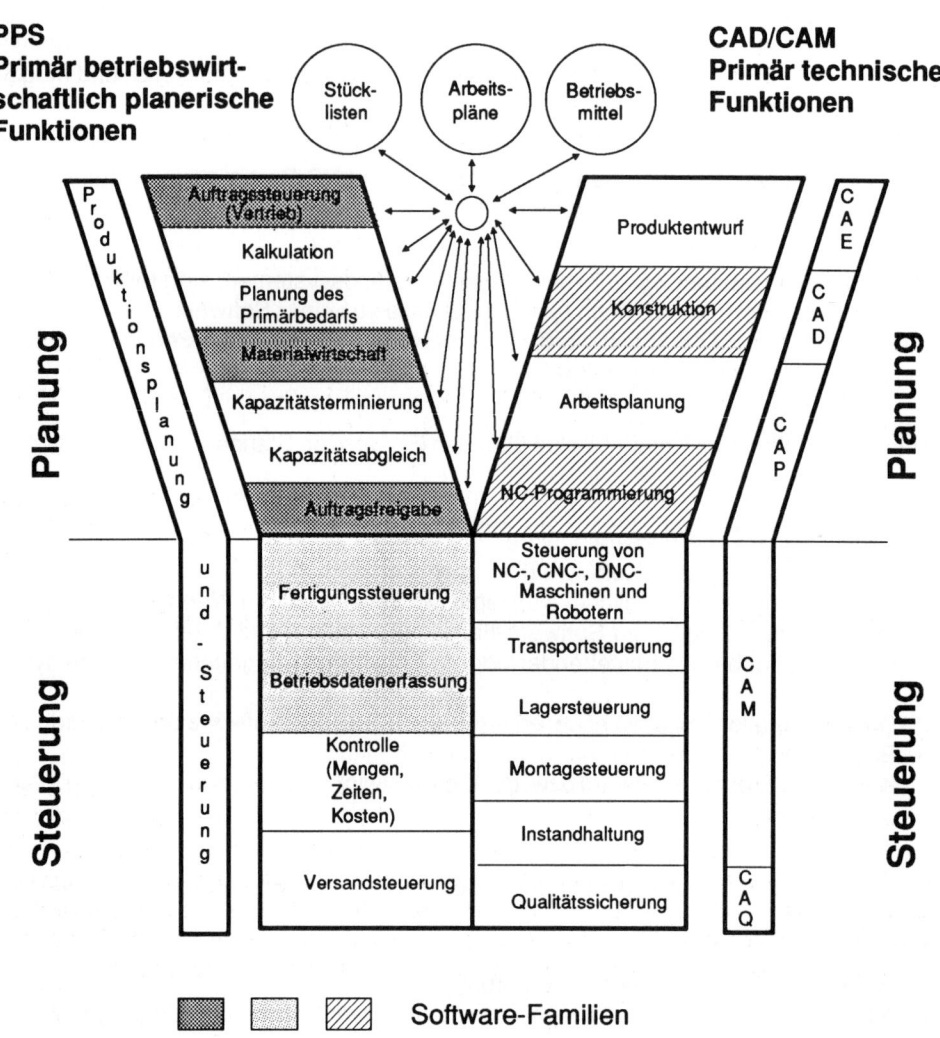

Abbildung 8.10: CIM-Integration heute

Die Programmiersprachen der 3. Generation arbeiten prozedural, mit jeder Anweisung wird ein Arbeitsschritt ausgeführt. Die Programmiersprachen der 4. Generation sind teilweise Weiterentwicklungen von Datenextraktionssprachen, bei denen mit einer Anweisung eine Menge von Daten selektiert werden kann. Diese Sprachen werden als deskriptiv bezeichnet, weil angegeben werden muß, was gemacht werden soll. Die Sprachen der 3. Generation erfordern demgegenüber zusätzlich Angaben, wie was gemacht werden soll.

Beispiele sind:

* COBOL, ALGOL, FORTRAN, C als prozedurale Programmiersprachen der 3. Generation
* NATURAL, CSP, ADS-Online als deskriptive Programmiersprachen der 4. Generation

Die zunehmende Flexibilität der Standardsoftware und der höhere Komfort der neuen Programmiersprachen haben gegenläufige Tendenzen. Während die Standardsoftwaresysteme dazu Anlaß geben, Software "von der Stange" zu kaufen, neigt man aufgrund der neuen Programmiersprachen eher zu Eigenentwicklungen. Dort wo sich Abläufe in Standardsoftwaresystemen abbilden lassen, überwiegen in den meisten Fällen deren Vorteile: geringer Kaufpreis, geringe Wartung, Übernahme eines hohen betriebswirtschaftlichen und EDV-technischen Stands.

Ein besonderes Augenmerk bei Einsatz von Standardsoftware ist darauf zu richten, ob diese mit dem entworfenen Gesamtdatenmodell der Unternehmung (vgl. Kapitel 8.1) in Einklang gebracht werden kann. Standardsoftwaresysteme weisen eine feststehende, nur teilweise ergänzbare Datenstruktur auf. Sie kann von einer auf rein funktionalen Überlegungen der Unternehmung aufgebauten Datenstruktur in Teilbereichen abweichen.

Der Aufbau der Unternehmens-Datenstruktur sollte deswegen in Abhängigkeit mit den Überlegungen zum Einsatz von Standardsoftware erfolgen.
Ein geplanter Einsatz von Standardsoftware beeinflußt - neben anderen Faktoren (vgl. z.B. Kapitel 7) - die Einführungsreihenfolge von CIM-Moduln. Da die Datenstruktur bei Standardsystemen vorgegeben ist, sollte, sofern die anderen Faktoren dies zulassen, zunächst die Standardsoftware eingeführt werden. Die angrenzenden Eigenentwicklungssysteme können sich dann in ihrer Datenstruktur an die Standardsysteme anpassen. Wenn zunächst die Eigenentwicklung vorangetrieben und damit eine bestimmte Datenstruktur festgeschrieben würde, wäre die Realisierung der Schnittstelle zum Standardsoftwaresystem wesentlich aufwendiger.

Beim Vorgehen zur Einführung eines neuen Systems ist, wenn nach der Grobkonzeption die Entscheidung für eine Individuallösung gefallen ist, zunächst die Datenstruktur in den Mittelpunkt der Implementierung zu stellen, im anderen Fall erfolgt die Auswahl der Standardlösung im wesentlichen aufgrund der funktionalen Anforderungen.

Abbildung 8.11 faßt die wesentlichen Schritte der Projektdurchführung in der Gegenüberstellung

* Einsatz von Standardsoftware
* Erstellung von Individualsoftware

zusammen.

157

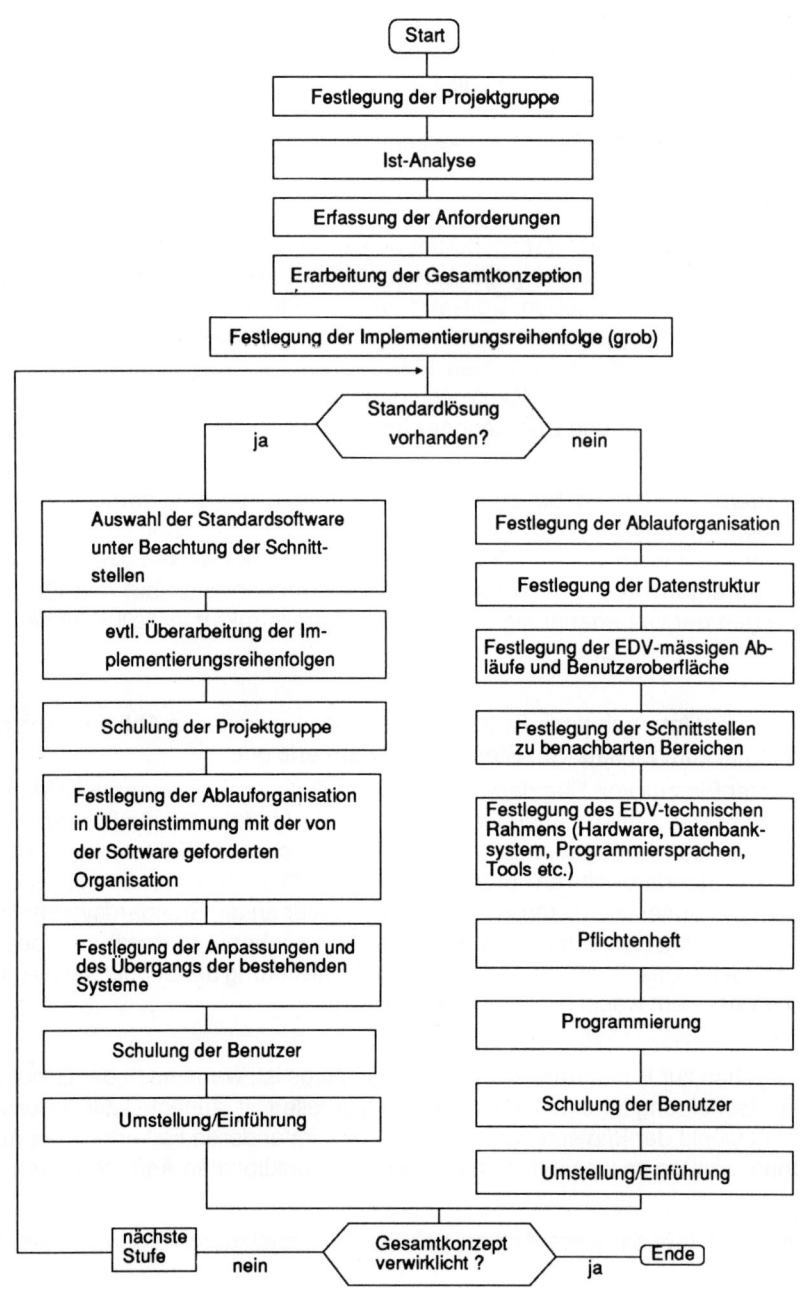

Abbildung 8.11: Vorgehensweise zur Projektdurchführung bei Eigenentwicklung und Standardsoftware-Einsatz

8.4 Literaturverzeichnis

[Bec, 1987, 1]   Becker, J.:
Architektur eines EDV-Systems zur Materialflußsteuerung. Berlin Heidelberg 1987.

[Sch, 1990, 1]   Scheer, A.-W.:
CIM - Computer Integrated Manufacturing - Der computergesteuerte Industriebetrieb. 4. Aufl., Berlin Heidelberg 1990.

9 Wirtschaftliche Auswirkungen von CIM-Entscheidungen

Integrierte Produktionssysteme bieten eine Vielzahl von Chancen und Risiken sowohl in den innerbetrieblichen Abläufen als auch in ihren Auswirkungen auf die Umwelt. Durch die veränderte Stellung des Produktionsfaktors Information entstehen neue Aufgaben, Abläufe und Qualifikationsanforderungen in den Unternehmen. Abbildung 9.1 faßt noch einmal die Vielfältigkeit der Aspekte integrierter Produktionssysteme zusammen.

Anders als bei Investitionsentscheidungen für Einzelobjekte sind Veränderungen in ganzen Systemen viel schwieriger zu quantifizieren. In der Praxis mangelt es derzeit an qualifizierten Methoden und Hilfsmitteln zur Planung integrierter Systeme, die auch den Produktionsfaktor Information in die Bewertung einbeziehen.

Der Erfolg und die Verbreitung integrierter Systeme der Produktionstechnik hängen nicht nur von ihrer technischen Realisierbarkeit ab. Der zu erwartende betriebswirtschaftliche Erfolg sowie die Auswirkungen auf die Arbeitsumwelt sind ebenso entscheidend. Bislang fehlt es an geeigneten Instrumentarien zur wirtschaftlichen Beurteilung diesbezüglich aktivierbarer Potentiale.

Von der Möglichkeit einer strategischen Beurteilung unterschiedlicher technisch-organisatorischer Entwicklungspfade wurden in Kapitel 4.3 einige Aspekte dargestellt. Der Schwerpunkt dieses Kapitels soll deshalb auf die Betrachtung von Bewertungssystemen und -abläufen sowie die Auswirkungen integrierter Systeme der Produktionstechnik auf die Umgebung im Betrieb gelegt werden. Dazu werden zunächst einige betriebswirtschaftliche Rahmenbedingungen für integrierte Systeme betrachtet. Anschließend werden wirtschaftliche Hemmnisse bei Einführung und Einsatz integrierter Produktionssysteme hervorgehoben. Danach werden entscheidungsunterstützende Instrumentarien zu deren Bewertung vorgestellt. Darauf aufbauend werden Verfahren zur geldlichen Bewertung von Nutzengrößen integrierter Systeme skizziert. Abschließend wird an einem Praxisbeispiel die Zweckorientierung durch eine durchlaufzeitorientierte Kostenrechnung dargestellt.

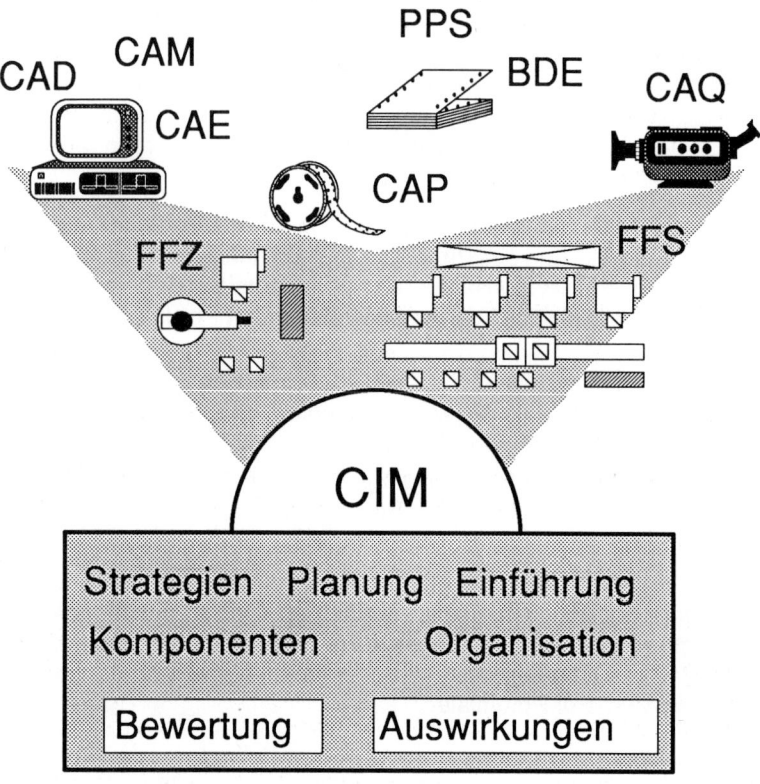

Abbildung 9.1:   Die Vielfalt der Aspekte bei CIM [Aut, 1987, 1]

9.1   Betriebswirtschaftliche Rahmenbedingungen

Eine wichtige Rolle spielen integrierte Systeme für produzierende Unternehmen, die zum großen Teil bereits Anwender von rechnerunterstützten Systemen oder von Automatisierungstechnik in der Fertigung sind.

Chancen integrierter Systeme liegen für potentielle Anwender vor allem in der Möglichkeit, die für deutsche Unternehmen typische Marktstrategie zu nutzen und zu unterstützen. Im Vergleich zur Marktstrategie japanischer Unternehmen, Produkte in großer Stückzahl mit geringer Anpassung an individuelle Wünsche der Kunden zu akzeptabler Qualität anzubieten, zielen deutsche Unternehmen vor allem auf Märkte mit geringeren Stückzahlen und hohen Anforderungen an Individualität und technische Qualität.

Individuellere Erzeugnisse werden in der Zukunft nicht nur bei Investitionsgütern, sondern auch bei Konsumgütern erwartet. Kürzere Produkt- und Planungszyklen erfordern dann zusammen mit individuelleren Erzeugnissen deutliche Zeiteinsparungen in Planung, Produktentwicklung und Auftragsabwicklung. Integrierte Systeme unterstützen die Erfüllung dieser Forderungen durch ihre Produktionsflexibilität und die automatisierungsbedingten Qualitätsvorteile. Zeitvorteile können durch den direkteren Informationsfluß integrierter Systeme erzielt werden.

Ebenso wie bei Produkten so ist auch bei Produktionstechnologien ein Alterungsprozeß zu beobachten. Entsprechend kann jedes Unternehmen ein Portfolio seiner Produktionstechnologien erstellen (vgl. Abbildung 9.2).

Je nach Wachstumspotential und Anteil an der Produktionsleistung können die verschiedenen Entwicklungsstufen eingetragen werden. Vergleichbar zur Situation beim Produktportfolio ist auch beim Produktionsportfolio eine Unterstützung der noch nicht wirtschaftlichen Technologien durch die ausgereiften, konventionellen Technologien zu erkennen. Das Risiko besteht darin, daß viele Unternehmen zu spät neue Produktionstechnologien erproben und einführen und sich somit zu stark auf die etablierten Systeme stützen.

Ein weiteres Risiko besteht in der Abhängigkeit kleiner und mittlerer Unternehmen von großen Anbieterunternehmen. Diese Abhängigkeit tritt vor allem im Verhältnis der Zulieferer zu Großabnehmern auf. Hier ist immer häufiger der Zwang zu beobachten, daß der Zulieferer seine Produktionstechnik an Vorgaben des oder der Abnehmer ausrichten muß. Um solche Abhängigkeiten abzubauen, sind einheitliche Schnittstellen der verschiedenen Systeme und Anlagen notwendig. Für die nötigen Arbeiten zur Vereinheitlichung der Schnittstellen fehlt es zur Zeit allerdings an der notwendigen Anzahl qualifizierten Personals und an der erforderlichen Bereitschaft der Anwender- und Anbieterunternehmen. Das vorhandene Personal wird heute noch dringend dazu benötigt, CA-Systeme zu entwickeln, zu betreiben und in Gang zu halten. Damit steht die Austauschbarkeit von Daten zwischen Anbieter und Anwender genauso in Frage wie zwischen Zulieferer und Großabnehmer. Integrierte Systeme bieten dennoch schon heute die Chance, die Wettbewerbsfähigkeit der Anwenderunternehmen zu sichern.

Im Zusammenhang mit dem Rechnereinsatz in der Produktion und hier in erster Linie in Veröffentlichungen und Vorträgen über Computer Integrated Manufacturing (CIM) fällt häufig das Wort von einer industriellen Revolution [Schi, 1986, 1; Spu, 1986, 1]. Bereits vor Jahren wurden Prognosen erstellt, die Aussagen über die durch CIM zu erwartenden Veränderungen machten [Mer, 1985, 1]. Der Entwicklungsgang von der theoretischen Behandlung und pilotmäßigen Erprobung in Forschungsinstituten und der werbewirksamen Aufmachung in Anzeigen und auf Messen bis zur verbreiteten betrieblichen Anwendung bringt es mit sich, daß einige zu hoch gegriffene Erwartungen revidiert werden müssen.

Im Vorfeld des Aachener Werkzeugmaschinen-Kolloquiums (AWK), das 1987 am WZL in Aachen stattfand, wurden daher alle Mitglieder verschiedener Expertenkreise zur Vor-

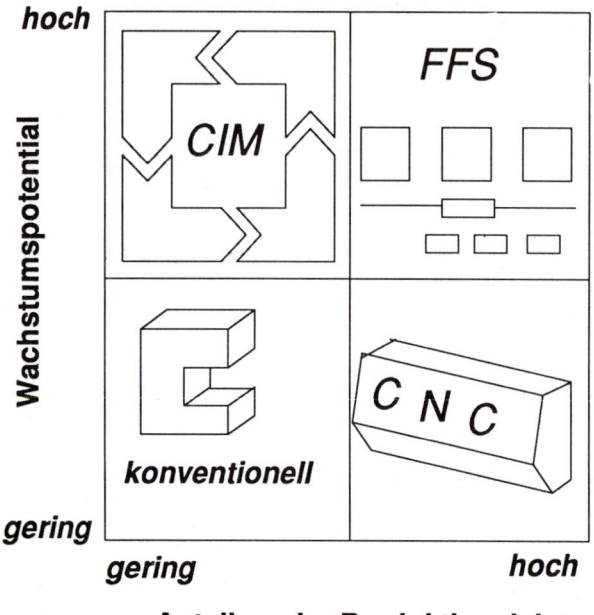

Anteil an der Produktionsleistung

Abbildung 9.2:   Bedeutung integrierter Systeme für die Wettbewerbsfähigkeit: Beispiel eines Portfolios

bereitung der AWK-Vorträge in einer Delphi-Umfrage befragt. Diese Delphi-Umfrage
dokumentiert die Erwartungen hinsichtlich der Auswirkungen von CIM auf Kosten,
Durchlaufzeit und Qualifikation. Gleichzeitig waren die Teilnehmer aufgefordert, ihre
Einschätzung bezüglich der Hemmnisse für den produktionstechnischen Fortschritt in
der Bundesrepublik Deutschland anzugeben.

Die Befragung erfolgte über zwei Runden, wobei die Fragestellung unverändert blieb.
Die Frage lautete: "Was wird die Anwendung moderner Fertigungskonzepte und vor
allem die rechnerintegrierte Produktion innerhalb der nächsten zehn Jahre in der me-
tallverarbeitenden Industrie der Bundesrepublik Deutschland im Vergleich zu heute bewirken?" In der ersten Runde schickten 51 Teilnehmer den Fragebogen ausgefüllt
zurück. An der zweiten Runde beteiligten sich 52 Experten.

Der Interpretation der Ergebnisse dieser Delphi-Befragung (vgl. Abbildung 9.3) ist vor-
wegzuschicken, daß die Anzahl der Antworten hinreichend für eine verwertbare Aus-
sage ist. Frühere Auswertungen zu vergleichbaren Fragestellungen basierten z.T. auf
den Aussagen von weniger als zehn Teilnehmern [Mer, 1985, 1].

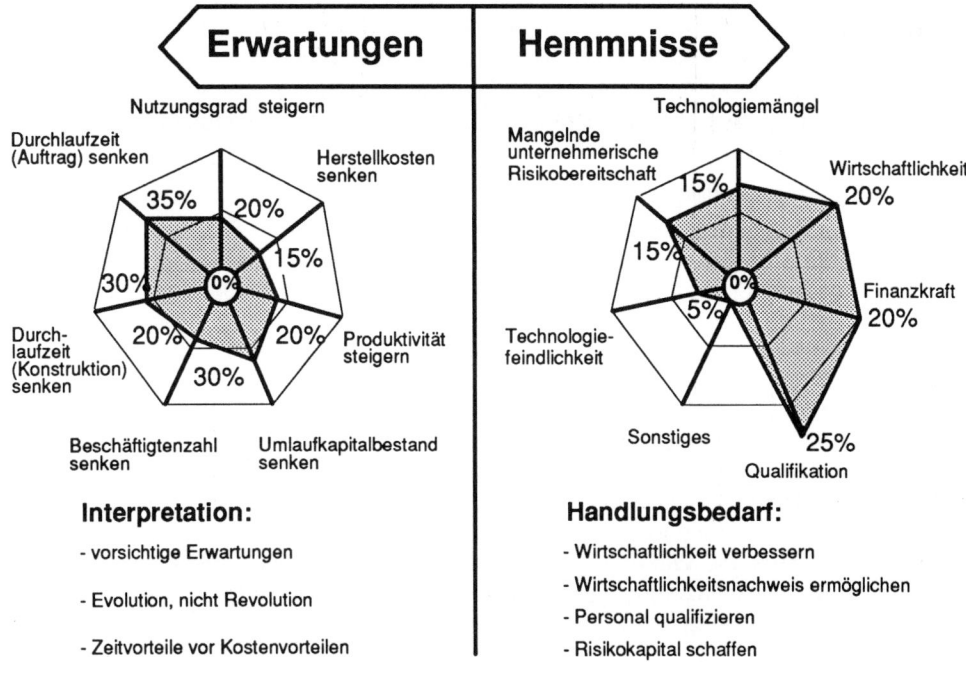

Abbildung 9.3:   Schlussfolgerung aus der Delphi-Umfrage

In dieser Delphi-Umfrage schätzen die Teilnehmer das Potential von CIM innerhalb der nächsten zehn Jahre sehr vorsichtig ein. Demnach wird CIM in den produzierenden Unternehmen eher eine Evolution als eine Revolution bewirken. Nachdem frühere, vergleichbare Auswertungen das theoretische, technologische Potential integrierter Produktionssysteme darstellten, betont man heute das praktisch bzw. organisatorisch umsetzbare Potential.

Die befragten Experten der Produktionstechnik erwarten Zeitvorteile, die sich in einer verkürzten Durchlaufzeit sowohl in der Produktion als auch in der Entwicklung und Konstruktion niederschlagen. Hieraus ergeben sich entsprechende Reduzierungen des erforderlichen Umlaufkapitals. Weniger Gewicht haben aufgrund der bisherigen Erfahrungen die prognostizierten Kostenvorteile. Die nach wie vor hohen Investitionen für Maßnahmen der Fabrikautomatisierung verhindern im Zusammenspiel mit den erforderlichen Anstrengungen zu ihrer personalmäßigen Bewältigung eine nennenswerte Kostenreduzierung.

Als wichtigstes Hemmnis für den produktionstechnischen Fortschritt wird die mangelnde Qualifikation des Personals hervorgehoben (25 Prozent). Weitere drei Hemmnisse werden mit nahezu gleicher Gewichtung genannt: die unzureichende Wirtschaftlichkeit der Technologien, technische Mängel der Technologien und die knappen finanziellen Ressourcen der Unternehmen. Auffallend geringe Hindernisse werden in einer allgemeinen Technologiefeindlichkeit und mangelnder staatlicher Unterstützung vermutet.

Aus den Ergebnissen dieser Umfrage ist folgender Handlungsbedarf abzuleiten:
Zunächst und in erster Linie ist die Wirtschaftlichkeit integrierter Systeme zu verbessern. Im Vordergrund der Bemühungen sollte eine weitere Entwicklung der verschiedenen CIM-Komponenten stehen, um so die noch vorhandenen Technologiemängel zu beheben. Nur wenn Anbieter und Anwender die notwendigen Anstrengungen leisten, die Schnittstellen zu vereinheitlichen, sind die Voraussetzungen erfüllt, daß diese Techniken sich in der Praxis auch mittlerer Unternehmen rasch verbreiten können. Entsprechendes gilt für den Wirtschaftlichkeitsnachweis. Der Nachweis der Wirtschaftlichkeit komplexer Produktionssysteme wurde auch schon in früheren Phasen der technischen Entwicklung als problematisch angesehen. Integrierte Systeme erfordern nicht nur eine aufwendigere Planung, auch die wahrheitsgetreue Bewertung der zu erwartenden Vor- und Nachteile wird notwendiger und schwieriger. Die bekannten Verfahren sind nicht geeignet, die Wirkungen integrierter Systeme auf die Wirtschaftlichkeit der Unternehmen klar aufzuzeigen. Die Vorgehensweise und die Methoden der unternehmerischen Entscheidung über Investitionen in neue Produktionstechniken werden ebenso wie neue Ansätze für die Kostenrechnung im Mittelpunkt der folgenden Ausführungen stehen.

9.2 Wirtschaftliche Hemmnisse bei Einführung und Einsatz integrierter Produktionssysteme

Die Probleme der Bewertung von Investitionen in neue Produktionstechniken, insbesondere in flexible Fertigungssysteme und CIM, sind an vielen Stellen beschrieben worden [Pöp, 1986, 1; Wil, 1986, 1; Kap, 1987, 1; Her, 1986, 1]. Aufgrund der anfänglichen Mehrinvestitionen und der erst später eintretenden, schwer zu prognostizierenden Einsparungen lautet in diesen Fällen die Forderung, nicht quantifizierbare Einflußgrößen in die Bewertung einzubeziehen. Die Entscheidungssituation sowohl bei der Einführung neuer Produktionstechniken als auch bei der kostenrechnerischen Behandlung im Betrieb hat sich verändert. Die traditionellen Verfahren der Wirtschaftlichkeitsrechnung versagen bei der Bewertung integrierter Produktionssysteme (vgl. Abbildung 9.4). Während früher normalerweise über Einzelmaschinen oder Einzelsysteme zu entscheiden war, stehen heute und in Zukunft integrierte Systeme zur Bewertung und Entscheidung an. Die Besonderheit liegt darin, daß durch die Entscheidung für einen Systembaustein zukünftige Entscheidungen bereits wesentlich vorgeprägt werden. Dadurch haben getroffene Entscheidungen in diesem Bereich langfristige Auswirkungen. Das somit erhöhte Risiko der Investitionsentscheidungen führt zu langwierigen Diskussionen und Entscheidungsprozeduren in den Unternehmen. Deshalb lautet die Forderung, neue, angepaßte Bewertungsverfahren zu entwickeln und auch nicht quantifizierbare Einflußgrößen in die Bewertung einzubeziehen.

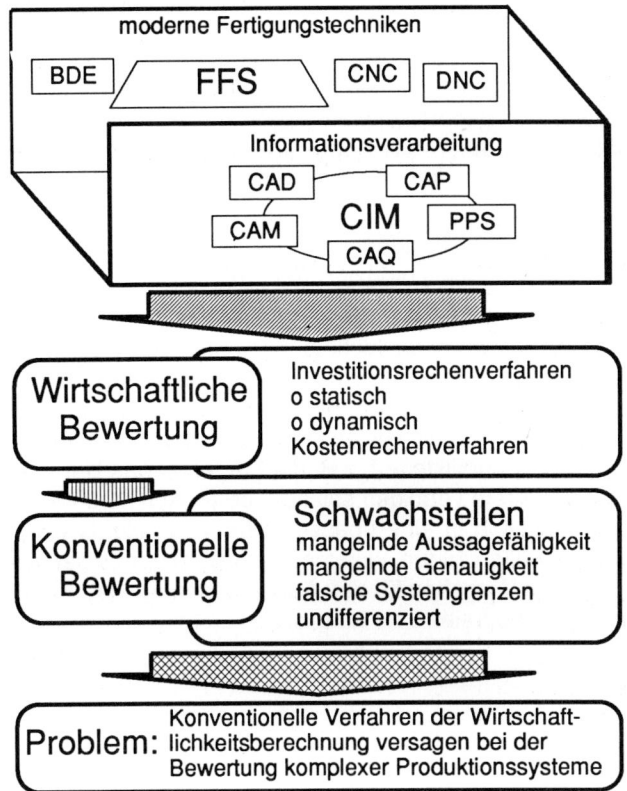

Abbildung 9.4: Problemstellung bei der Bewertung integrierter Produktionssysteme

Insbesondere die durch die Einführung flexibler, integrierter Systeme in angrenzenden Bereichen hervorgerufenen Veränderungen müssen bei einer angemessenen Bewertung berücksichtigt werden, z.B.:

• Hohe Installationskosten in Verbindung mit in der Regel unerwarteten zusätzlichen Kosten, die dadurch entstehen, daß auch die Anbieter von Komponenten und Systemen zu wenig Erfahrung haben. Dies wird noch dadurch verstärkt, daß es sich bei den Lösungen weitgehend um angepaßte, sozusagen maßgeschneiderte Ausführungen handelt.

• Hohe Vorbereitungskosten für Schulung und Weiterbildung des betroffenen Personals. Sparmaßnahmen in diesem Bereich wirken sich besonders negativ auf den Erfolg der Investitionsmaßnahmen aus.

- Veränderung im zeitlichen Anfall der Kosten, wobei weniger zusätzliche Kosten bei Produktveränderungen auftreten, d.h. die Vorlaufkosten für neue Produkte werden geringer.

- Die Abhängigkeit von Bedarfsschwankungen einzelner Produkte wird geringer. Wegen der Flexibilität der Produktions- und Informationssysteme können diese Schwankungen weitgehend kompensiert werden.

- Der Platzbedarf wird langfristig geringer, wenn unproduktive Funktionen, wie Lagern oder Transportieren, drastisch reduziert werden.

Erfahrungsberichte bei Investitionsentscheidungen über den Einsatz integrierter Informationstechnologie zeigen, daß es sich um eine Entscheidungsfindung im Spannungsfeld zwischen technischen, kaufmännischen sowie arbeitnehmerischen und personalwirtschaftlichen Interessen handelt (vgl. Abbildung 9.5). In diesem Spannungsfeld treten verschiedene Einführungskonflikte auf, z.B. die Frage, ob das Unternehmen die Strategie des Technologieführers verfolgen soll oder ob es sich durch Abwarten das hohe Risiko der frühen Investition in eine unausgereifte Technologie ersparen kann. Die Devise lautet in vielen Fällen zu tun, was machbar ist, bevor es der Wettbewerber tut. Zuweilen erweckt dieses Vorgehen für den Außenstehenden den Eindruck, daß einige Ingenieure ihrem Spieltrieb freien Lauf lassen.

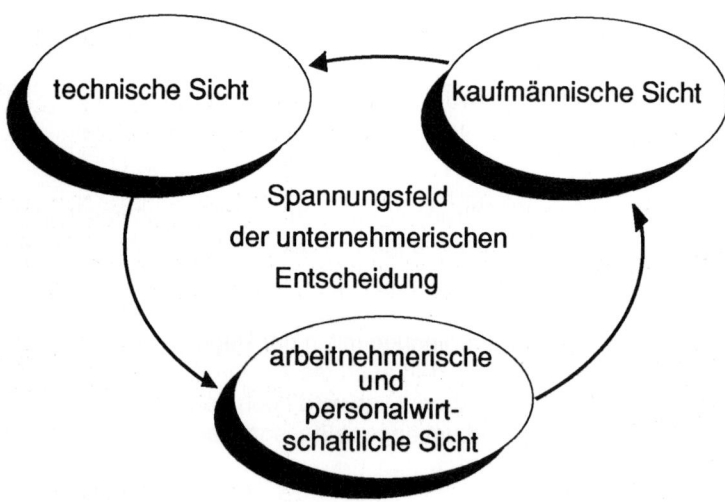

Abbildung 9.5:   Innerbetriebliche Entscheidungssituation

Äußere Einflüsse, vor allem der harte Wettbewerb auf den meisten Märkten, erzwingen einen Strukturwandel, der eine längerfristige Sicherung von Arbeitsplätzen ermöglicht. Die hierzu erforderlichen technisch-organisatorischen Veränderungen erfolgen mit dem Ziel der Flexibilisierung der Produktion, der Steigerung der Qualität und der Erhöhung der Produktivität [Hor, 1985, 1]. Gleichzeitig sollen sie die Unfall- und Gesundheitsrisiken vermindern und zur Humanisierung der Arbeit beitragen. Automatisierungsinvestitionen, die meistens auch Rationalisierungsinvestitionen sind, gehen jedoch einher mit einer Substitution von Arbeit durch Kapital. Konflikte zwischen Management und Betriebsrat sind dadurch nahezu unvermeidbar.

Weitere Konflikte zwischen den Abteilungen und Bereichen treten in den Meinungsverschiedenheiten über den Einsatz der knappen Investitionsmittel für verschiedene Technologien oder CIM-Komponenten zutage. Nach wie vor basieren in vielen Unternehmen die Entscheidungen, auch über die Einführung neuer Techniken in der Produktion, auf Wirtschaftlichkeitsberechnungen. Berechnete Kennwerte sind z.B. Return-on-Investment, Rentabilität, Amortisationsdauer oder Kapitalwert. Es bestätigt sich aber immer wieder, daß Investitionsentscheidungen in neue, integrierte Technologien nicht allein auf der Basis solcher Wirtschaftlichkeitsberechnungen getroffen werden können, da wesentliche qualitative Faktoren (z.B. Erhöhung der Flexibilität) hierbei außer acht gelassen werden. Außerdem werden die positiven Wechselwirkungen, die durch die Integration entstehen, nicht ausreichend berücksichtigt. So kann beispielsweise die Anschaffung eines CAD-Systems, eines NC-Programmiersystems oder einer DNC-fähigen Werkzeugmaschine, jeweils für sich alleine gesehen, durchaus unwirtschaftlich sein. Erst die durch die Integration auftretenden Wechselwirkungen (Nutzung der CAD-Geometrie für die NC-Programmerstellung und direkte Weiterleitung der Programme an die Maschine) führen zu einer positiven Wirtschaftlichkeitsbewertung.

Grundsätzlich bieten sich in dieser Situation drei Handlungsalternativen an:

- Zurückstellen der Investition, bis die zu erwartenden Vorteile monetär quantifizierbar sind und ein eindeutig positives Berechnungsergebnis vorliegt.

- Bewußte Verschiebung der Grenze zwischen positivem und negativem Ergebnis, hier "strategische" Entscheidung genannt. Diese Entscheidungen haben dann auf jeden Fall einen Ausnahmecharakter und werden zumeist mit dem "Spürsinn" oder der guten "Unternehmernase" des Entscheidungsträgers gerechtfertigt.

- Anwendung zweckorientiert differenzierter Verfahren mit dem Ziel, mehr Aussagefähigkeit in die Bewertung zu bringen. Inwieweit die Bewertungsergebnisse dann positiv sind, kann pauschal nicht gesagt werden.

In den folgenden Kapiteln werden neuere betriebswirtschaftliche Verfahren vorgestellt, deren Ziel es ist, den spezifischen Belangen der Bewertung integrierter Systeme in besonderer Weise Rechnung zu tragen.

9.3 Entscheidungsunterstützende Instrumentarien zur Investitionsplanung

Die Bewertung von Investitionen in neue Produktionstechniken beginnt nicht mit der Schätzung von Prognosedaten oder gar erst mit dem Ausfüllen von Kalkulationsblättern. Sie ist auch nicht nach allgemeinen oder universellen Kennzahlen möglich. Vielmehr ist die Meßlatte der individuellen Unternehmensziele anzulegen. Wichtigste Voraussetzung für die Festlegung eines Produktionskonzeptes, das die produktionstechnische Entwicklung eines Unternehmens beschreibt, ist ein möglichst detailliertes Unternehmungskonzept (vgl. Abbildung 9.6). Dieses Unternehmungskonzept läßt sich aus den allgemeinen Unternehmungszielen herleiten. Zusammenfassen lassen sich die Unternehmungsziele in der Forderung, wettbewerbsfähige Produkte herzustellen. Im Vergleich zu diesen allgemeinen Unternehmungszielen beschreibt das Unternehmungskonzept sehr konkret die Marktziele des Unternehmens.

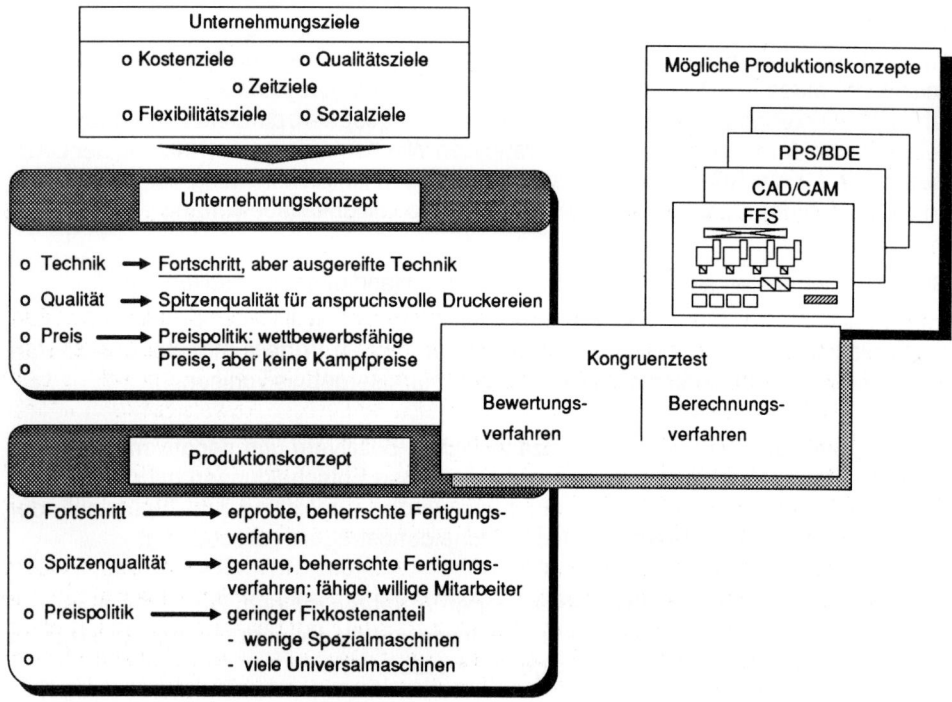

Abbildung 9.6:   Entscheidungsprozess bei der Konzeption der Produktion

9.3.1 **Kongruenztest**

Für die produktionstechnische Umsetzung der Unternehmungskonzeption rücken verschiedene Lösungsmöglichkeiten ins Blickfeld. Beispiele für diese alternativen Produktionskonzepte sind die CA-Systeme oder auch die Integration vorhandener CA-Systeme zu einem CIM-Konzept. Die systematische Überprüfung, welche möglichen Produktionskonzepte geeignet sind, das Unternehmungskonzept umzusetzen, wird hier Kongruenztest genannt. Ergebnis dieses Entscheidungsprozesses ist das Produktionskonzept.

Parallel und im Anschluß an diesen Entscheidungsprozeß sind Risikoanalysen durchzuführen, um Änderungsnotwendigkeiten zu erkennen, wenn bestimmte Einflußgrößen, wie z.B. das Verhalten der Wettbewerber, sich verändern. Für besonders kritische Abweichungen von den Planzahlen können bereits frühzeitig Störstrategien entwickelt werden.

Die genannten Marktziele lassen sich unter den Oberbegriffen

- Technik,
- Qualität,
- Lieferfähigkeit,
- Service und
- Preis

zusammenfassen, wie an folgendem Beispiel gezeigt werden soll (vgl. auch Abbildung 9.6):

Ein Druckmaschinenhersteller, der Serienmaschinen mit wählbaren Sonderausstattungen anbietet, steht dem Fortschritt in der Produkttechnik, soweit es sich um ausgereifte Technik handelt, erklärtermaßen aufgeschlossen gegenüber. Dabei will er dem Kunden Spitzenqualität bieten, zielt also auf den anspruchsvollen Druckereibetrieb. Durch kurze Lieferfristen beabsichtigt er, seinen Marktanteil zu sichern und weiter auszubauen. Dies wird dadurch unterstützt, daß Reparaturen an den Produkten durch einen leistungsfähigen Service schnell erledigt werden. In der Preispolitik setzt man auf wettbewerbsfähige Preise, die jedoch keine Kampfpreise sein sollen.

Kongruent hierzu läßt sich das Produktionskonzept dieses Unternehmens beschreiben. In der Produktionstechnik setzt man auf erprobte, beherrschte Fertigungsverfahren. Die geforderte hohe Qualität der Produkte basiert zum einen auf der Auswahl entsprechender Fertigungsverfahren und der Einbeziehung spezieller Lieferanten. Zum andern setzt man hier und in Fragen der Lieferfähigkeit und des Services auf fähige und willige Mitarbeiter. Zur Sicherung der geforderten kurzen Lieferfristen baut dieses Unternehmen auf ausreichende und flexible Produktionskapazität. Insbesondere für Nachfrageverschiebungen stehen genügend flexible Produktionseinrichtungen zur Verfügung. Dies sichert gleichzeitig einen geringen Fixkostenanteil, zumal nur wenige Spezialmaschinen und viele Universalmaschinen eingesetzt werden.

Der potentielle Anwender integrierter Systeme steht damit vor folgenden Fragen:

- Wie vollzieht sich der angesprochene Kongruenztest?
- Welche Instrumentarien stehen zur Verfügung?

9.3.2 Beispiele für Instrumentarien

Der Versuch, Produktionskonzepte allein durch Rechnen (Kalkulieren) festzulegen, ist immer wieder gescheitert. Das läßt jedoch nicht den Schluß zu, auf die Verfahren der Investitionsrechnung zukünftig zu verzichten. Sie haben nach wie vor ihre Berechtigung, wenn es darum geht, alternative Lösungen für ein konkretes Problem wirtschaftlich zu vergleichen. Für viele kleine Unternehmen besteht das Problem auch heute noch darin, daß nicht einmal diese Verfahren konsequent angewendet werden. Die grundsätzlichere Frage, ob integrierte Systeme eingeführt werden sollen oder nicht, kann mit ihrer Hilfe jedoch nicht beantwortet werden. Dazu müssen andere Bewertungsverfahren verwendet werden. Auf jeden Fall muß das Risiko, das mit derartigen Entscheidungen verbunden ist, durch die Bewertung aufgezeigt werden. Die Entscheidung selbst muß belegbar, nachvollziehbar und transparent gemacht werden.

Sowohl für das Bewerten als auch für das Rechnen gilt, daß die Systemgrenzen bei der Betrachtung integrierter Systeme zu erweitern sind (vgl. Abbildung 9.7). Die Bewertungsverfahren stehen gerade bei strategisch wichtigen Investitionsentscheidungen im Vordergrund. Die herkömmlichen Berechnungsverfahren sind um weitere Verfahren zu ergänzen, z.B. Sensitivitätsanalysen und Simulationen, deren Durchführung mit heutiger EDV-Technik kein Problem mehr darstellt [Her, 1986, 1].

Welches Verfahren anzuwenden ist, hängt vom jeweiligen Anwendungszweck ab. Die Szenariotechnik dient dazu, zukünftige Entwicklungslinien systematisch zu ermitteln. Ausgehend von der aktuellen Situation werden verschiedene "Szenarien" durchgespielt, indem für ausgewählte Parameter, die für die eigene Strategieentscheidung als wesentlich erkannt worden sind, bestimmte Annahmen getroffen werden. Basierend auf diesen Annahmen können daraufhin die eigenen Entscheidungen und die der Wettbewerber, aber auch das Verhalten der Kunden simuliert werden.

Parallel zur Planung und Bewertung der möglichen Produktionskonzepte, aber auch während der Realisierungsphase empfiehlt es sich, eine Risikoanalyse zur frühzeitigen und systematischen Suche nach möglichen Risiken, die die prognostizierten Entwicklungen verändern können, durchzuführen. Aufgabe dieser Risikoanalyse ist, das Defizit zwischen den Marktanforderungen und den Unternehmensmöglichkeiten nach Betrag und Wahrscheinlichkeit des Eintretens zu bewerten. Ein solches Frühwarnsystem erlaubt es, rechtzeitig Abwehr- und Anpassungsmaßnahmen zu planen.

Die Tatsache, daß zur Realisierung von Produktionskonzepten auf der Grundlage der Automatisierungs- und Integrationstechnik mittelfristige Zeiträume erforderlich sind,

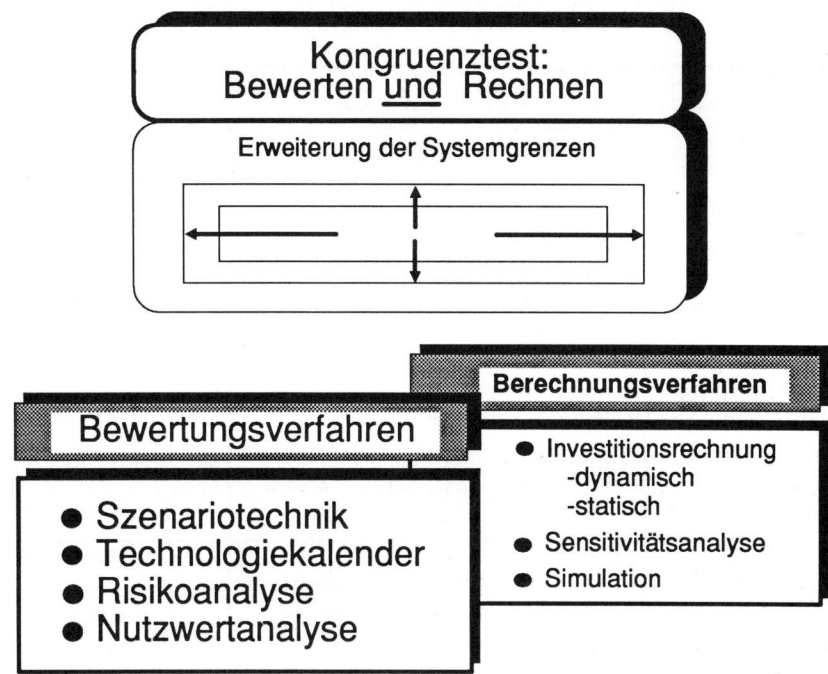

Abbildung 9.7:   Instrumentarium zur Bewertung

macht ebenfalls eine langfristig vorausschauende Strategie erforderlich, die Produkt und Produktion im Zusammenhang betrachtet. Dies kann mit Hilfe eines Technologie-kalenders erreicht werden (vgl. Abbildung 9.8), wie er bereits in Kapitel 4.3.2 vorgestellt wurde.

Der Technologiekalender hat die Aufgabe, den zeitlichen Zusammenhang zwischen der Einführung neuer Produkte und neuer Produktionskonzepte herzustellen. Er enthält deshalb die Prämissen zukünftiger Produkt- bzw. Produktionsprogramme und die zu ihrer Herstellung erforderlichen neuen Technologien bzw. Verfahren. In der Strategie sind schwerpunktmäßig die Entwicklungen auf den Gebieten

*   neuer Fertigungsverfahren und Werkstoffe,
*   neuer Datenverarbeitungssysteme und
*   neuer Produktionskonzepte

in die unternehmerischen Überlegungen einzubeziehen. Es wäre falsch, hier Patentre-zepte zur Einführung von neuen Konzepten zu geben. Jedes Unternehmen muß seinen

173

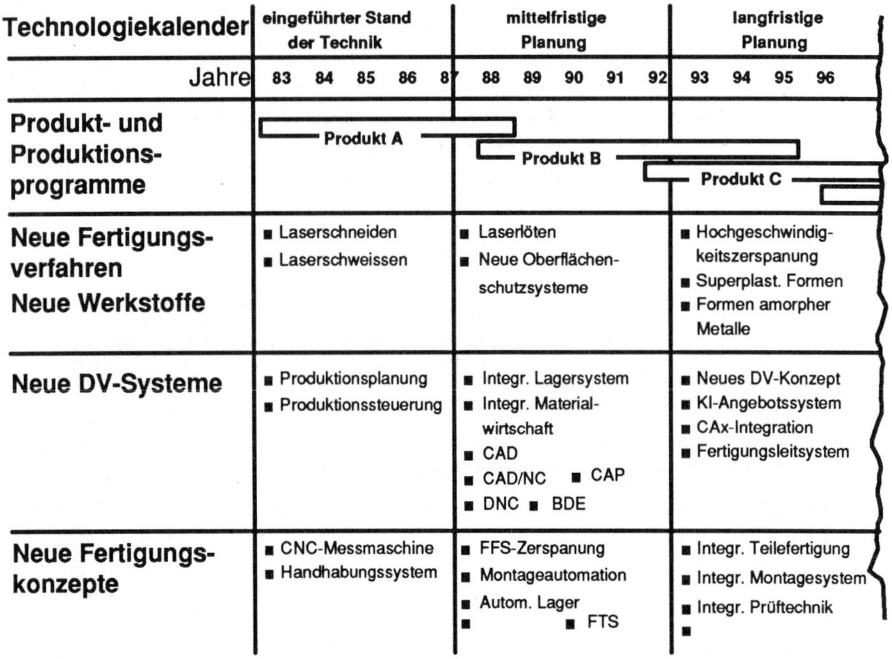

Technologiekalender	eingeführter Stand der Technik					mittelfristige Planung					langfristige Planung			
Jahre	83	84	85	86	87	88	89	90	91	92	93	94	95	96

Produkt- und Produktions-programme

Produkt A
Produkt B
Produkt C

Neue Fertigungs-verfahren
Neue Werkstoffe

- Laserschneiden
- Laserschweissen

- Laserlöten
- Neue Oberflächen-schutzsysteme

- Hochgeschwindig-keitszerspanung
- Superplast. Formen
- Formen amorpher Metalle

Neue DV-Systeme

- Produktionsplanung
- Produktionssteuerung

- Integr. Lagersystem
- Integr. Material-wirtschaft
- CAD
- CAD/NC   ■ CAP
- DNC ■ BDE

- Neues DV-Konzept
- KI-Angebotssystem
- CAx-Integration
- Fertigungsleitsystem

Neue Fertigungs-konzepte

- CNC-Messmaschine
- Handhabungssystem

- FFS-Zerspanung
- Montageautomation
- Autom. Lager
- ■   ■ FTS

- Integr. Teilefertigung
- Integr. Montagesystem
- Integr. Prüftechnik
- ■

Abbildung 9.8:   Bewertung von Produktionskonzepten mit dem Technologiekalender

eigenen zeitlich optimalen Weg finden. Im Rahmen des Technologie-Kalenders werden Prognosen erstellt, zu welchem Zeitpunkt diese Technologien welchen Reifegrad erlangt haben (Laborstadium, Pilotanwendung, konkrete Investitionsmaßnahmen usw.). Hieraus lassen sich die weiteren Maßnahmen und Auswirkungen ableiten, wie z.B. die Beschaffung des notwendigen Personals, das Verändern der Kapazitätsstrukturen sowie die Abschätzung des Bedarfs an finanziellen und infrastrukturellen Ressourcen. Insofern kann ein Technologie- Kalender zu einem Leitfaden der Entwicklung der Produktion werden. Unternehmerische Entscheidungen über den Zeitpunkt der Ausführung und Anwendung ersetzt er nicht.

Während der Technologie-Kalender der Einordnung neuer Entwicklungen nach ihrer Relevanz für das Unternehmen dient, kann die Nutzwertanalyse zur Bewertung nicht monetär quantifizierbarer Größen herangezogen werden. Nach REFA handelt es sich beim "Nutzwert um den zahlenmäßigen Ausdruck für den subjektiven Wert einer Investition hinsichtlich des Erreichens vorgegebener Ziele". Damit sind die Anforderungen gemeint, die an die technischen Eigenschaften z.B. eines Fertigungssystems gestellt werden.

Ein Beispiel eines flexiblen Fertigungssystems im Schmiede- und Druckgußwerkzeugbau demonstriert die Vorgehensweise (vgl. Abbildung 9.9). Die Zielkriterien lassen sich unter den Oberbegriffen der Flexibilität, der Qualität und der Produktivität zusammenfassen. Auffallend hohe Gewichtung haben die Flexibilitätskriterien, wie Größe des Teilespektrums, Losgröße, Durchlaufzeit und modulare Aufbaumöglichkeit. Hohe Systemauslastung, 3-Schicht-Betrieb mit mannarmer Fertigung und geringer Wartungsaufwand, d.h. große Wartungintervalle, sollen die Produktivität des Systems gewährleisten.

Folgende drei Alternativen stehen zum Vergleich:

* Eigenfertigung mit einem flexiblen Fertigungssystem im DNC- Betrieb,
* Eigenfertigung mit unverketteten CNC-Maschinen neuester Technik oder
* Fremdbezug der Schmiede- und Druckgußwerkzeuge.

Die Gewichtungsfaktoren, die die Zielkriterien untereinander relativieren, sollten sich an den Vorgaben des Unternehmungskonzeptes orientieren. Der Erfüllungsgrad, der durch den Vergleich der Eigenschaften der Alternativen subjektiv festgelegt wird, beschreibt, inwieweit diese Alternativen die Zielkriterien erfüllen. Der Gesamtnutzwert ergibt sich

Gewichtung der Zielkriterien orientiert am Unternehmungskonzept		Alternativen					
		verketteter FMS/DNC-Betrieb		unverketteter CNC-Betrieb		Fremdbezug	
Zielkriterien	GF	EG	NW	EG	NW	EG	NW
geringer Investitionsaufwand	4	4	16	8	32	10	40
hohe Flexibilität	10	10	100	7	70	2	20
geringer Wartungsaufwand	6	2	12	7	42	10	60
hohe Auslastung	7	10	70	5	35	0	0
mannarme Fertigung	9	9	81	2	18	10	90
grosses Teilespektrum	8	10	80	6	48	7	56
hoher Qualitätsstandard	12	10	120	5	60	4	48
hohe Verfügbarkeit	6	10	60	4	24	5	30
modulare Aufbaumöglichkeit	6	3	18	7	42	10	60
hohe Technologiereife	6	7	42	10	60	7	42
technische Anpassungsfähigkeit	5	8	40	9	45	10	50
Erweiterbarkeit	3	8	24	10	30	4	12
kleine Losgrösse	9	10	90	7	63	2	18
kurze Durchlaufzeit	9	10	90	6	54	1	9
Gesamtnutzwert	100	--	843	--	623	--	535

Legende: GF = Gewichtungsfaktor;   EG = Erfüllungsgrad (0 - 10);   NW = Einzelnutzwert (NW = GF * EG)

Abbildung 9.9:   Bewertung alternativer Produktionskonzepte

aus den summierten Einzelnutzwerten, die ihrerseits jeweils das Produkt aus Gewichtungsfaktor und Erfüllungsgrad darstellen.

Im vorliegenden Fall erzielt das flexible Fertigungssystem den höchsten Gesamtnutzen. Diese Alternative bietet somit den größten Beitrag zur Realisierung des Unternehmungskonzeptes, vorausgesetzt, die Zielkriterien wurden richtig ausgewählt und gewichtet.

9.4 Verfahren zur geldlichen Bewertung von CIM-Entscheidungen

Im Band "CIM-Planung und -Einführung" dieser Buchreihe werden Verfahren zur Wirtschaftlichkeitsrechnung von Investitionen ausführlich beschrieben. Darin wird auch ausführlich auf solche Verfahren eingegangen, mit denen nur schwer in Geld bezifferbare Nutzengrößen quantifiziert werden können. Im folgenden wird daher nur auszugsweise auf einige für die strategische Bedeutung einer CIM-Einführung wichtigen Aspekte eingegangen.

Bei der wirtschaftlichen Beurteilung von integrierten Produktionssystemen stellt die geldliche Bewertung von Nutzwerten eine besondere Schwierigkeit dar. Die bekannten betriebswirtschaftlichen Verfahren zur Investitionsrechnung (z.B. interne Zinsfuß-Methode, Kapitalwertmethode) eignen sich lediglich dazu, vorgegebene Zahlungsfolgen zu verarbeiten. Bei der Beurteilung von CIM-Technologien bereitet aber gerade die Ermittlung der Zahlungsfolge große Schwierigkeiten. So liefert beispielsweise eine Datenintegration als Resultat lediglich Informationen, die erst nach Umsetzung in Entscheidungen auf die Wirtschaftlichkeit eines Unternehmens einwirken können. Hieraus wird offensichlich, daß von einem Integrationsvorhaben vielfältige Veränderungen auf den ganzen Betrieb ausgehen, deren wirtschaftliche Bewertung ungleich schwieriger ist als die Investitionsentscheidung über ein Einzelobjekt.

Die geldliche Bewertung des Nutzens einer Integration bereitet allgemein Schwierigkeiten, weil es hierbei u.a. gilt,

- den Wert von Informationen,
- betriebsorganisatorische Veränderungen und
- die Auswirkungen der CIM-Technologie auf die Wettbewerbsposition des Unternehmens in Geldeinheiten zu bestimmen.

Um diesen diversen Anforderungen gerecht werden zu können, müssen unterschiedliche Instrumentarien zur geldlichen Bewertung der einzelnen Nutzengrößen herangezogen werden [Upm, 1989, 1]. Ausgangspunkt ist hierzu eine Systematisierung der Nutzengrößen, die sich weniger an den Abteilungen orientiert, auf die sich die einzelnen Nutzengrößen auswirken, als vielmehr an den Randbedingungen und Erfordernissen, die bei der geldlichen Bewertung der einzelnen Nutzengrößen zu beachten sind.

Eine solche Systematisierung zeigt Abbildung 9.10. Darin wird zwischen den Nutzengrößen einer Datenintegration einerseits und solchen einer Funktionsintegration andererseits unterschieden. Weiterhin wird unterschieden in die Betrachtung von direkten und indirekten Nutzengrößen sowie von solchen mit Innen- und mit Außenwirkung.

Unter den direkten Nutzengrößen sind all diejenigen positiven Auswirkungen einer Integration zu verstehen, die im Betrieb bei dem Vorgang des Informationsaustausches als solchem auftreten. Hier wird der Nutzen, den der Kommunikationsinhalt (möglicherweise) stiftet, bewußt außer acht gelassen.

Von den direkten Nutzengrößen einer Datenintegration sind die indirekten Nutzengrößen abzugrenzen. Während der geldliche Nutzen ersterer - wie bereits erwähnt - schon unmittelbar mit dem Kommunikationsvorgang auftritt, entsteht der geldlich bewertbare Nutzen letzterer erst aus einer verbesserten Informationsbasis der Aufgabenträger heraus.

Die geldliche Bewertung dieser Nutzengrößen ist geprägt von dem Problem, den Nutzen von Informationen in Geldeinheiten zu ermitteln. Hierbei ist zu bedenken, daß der Wert einer Information sich nicht ohne weiteres bestimmen läßt, weil es für sie im Gegensatz zu anderen Leistungen i.d.R. keinen Marktpreis gibt. Dementsprechend hat eine Information keinen Wert an sich. Sie bekommt vielmehr einen Wert erst durch die Entscheidung, die sie auslöst. Das Problem der Informationsbewertung wird damit zu einem Problem der Bewertung der von der Information verursachten ökonomischen Folgen . Vor diesem Hintergrund sind alle Nutzengrößen, die aus einer verbesserten Informationsbasis der Entscheidungsträger resultieren, als indirekte Nutzengrößen einzuordnen (vgl. Abbildung 9.10).

Alle zu erwartenden positiven materiellen Auswirkungen in der Produktion infolge einer Integration,

- die aus einer Verbesserung der Informationsbasis dieser Aufgabenträger resultieren und
- die zu Kosteneinsparungen im Unternehmen führen,

sind zu der Gruppe von Nutzengrößen mit Innenwirkung zu zählen.

Die Nutzengrößen mit Außenwirkung unterscheiden sich von denen mit Innenwirkung vor allem dadurch, daß sie zu einer Verbesserung der Marktposition beitragen und dem Unternehmen geldlichen Nutzen nur in seiner Beziehung bzw. Wechselwirkung zum Markt stiften, wie z.B. Erhöhung der Flexibilität und Produktqualität.

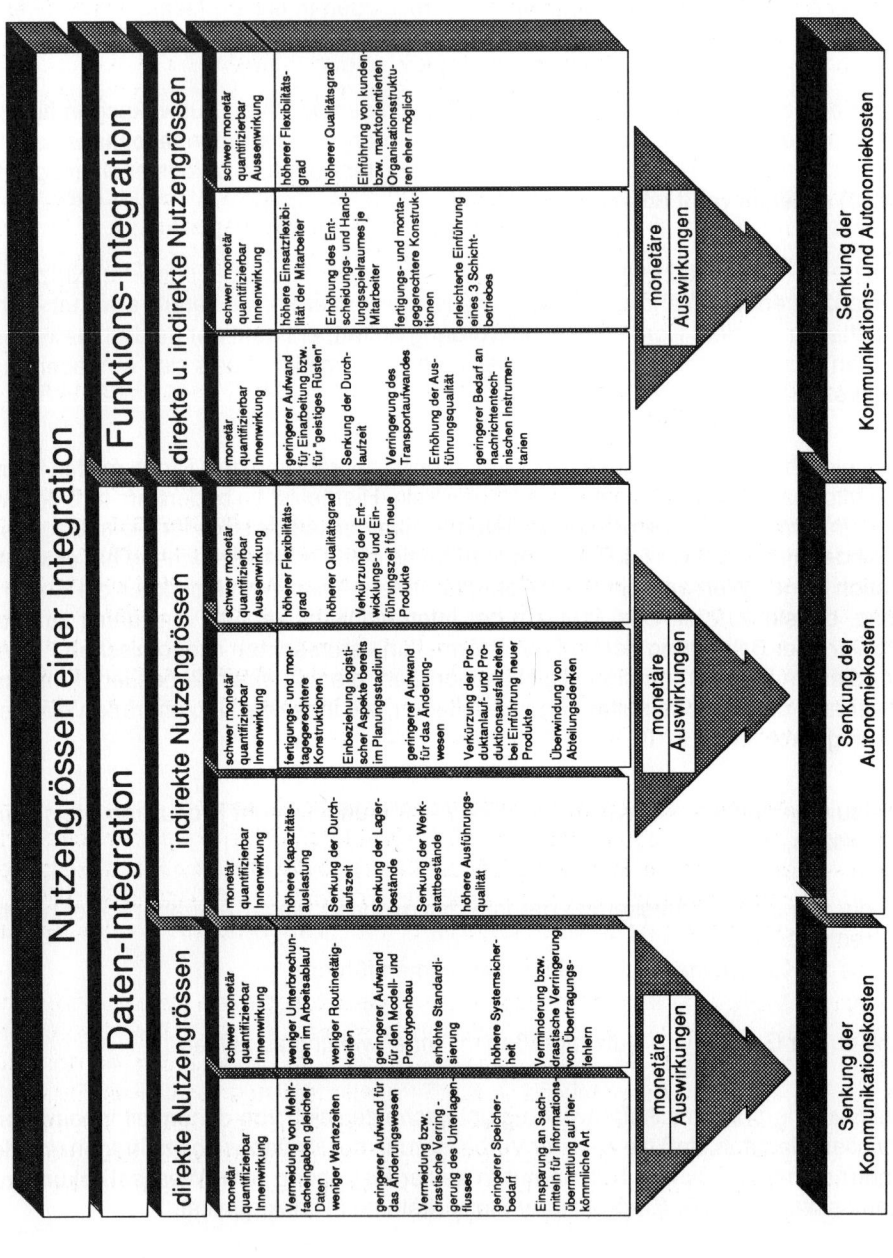

Abbildung 9.10: Systematik der Nutzengrössen einer Integration [Upm, 1989,1]

Zur geldlichen Bewertung dieser Nutzengrößen kann zunächst die Wettbewerbssituation des Unternehmens vor der CIM-Einführung dargestellt werden (vgl. Abbildung 9.11). Hierzu wird von einem Projektteam eine Systematik gewichteter Kriterien erstellt, die die Stellung des Unternehmens am Markt in geeigneter Weise und umfassend beschreiben. Dazu wird vom Projektteam für jedes Wettbewerbskriterium, das in der Systematik enthalten ist, der Erfüllungsgrad bestimmt, mit dem das Unternehmen die Anforderungen des Marktes abdeckt.

Sodann sind die Auswirkungen einer Integration auf den jeweiligen Erfüllungsgrad der zuvor aufgefundenen Kriterien und damit auf die Wettbewerbsposition des Unternehmens abzuschätzen. Die Veränderungen im Erfüllungsgrad sind dann zugleich die gesuchten materiell (d.h. vorwiegend mengen- bzw. zeitmäßig) bewerteten Nutzengrößen mit Außenwirkung einer (Daten-) Integration.

Die praktische Durchführung dieser Vorgehensweise wird in Schreuder/Upmann [vgl. Schr, 1988, 1] näher beschrieben.

Im Anschluß an die Analyse der Wettbewerbsposition des Unternehmens erfolgt die Überprüfung der Wettbewerbsstrategie des Unternehmens. Um das gesamte Potential zu erschließen, das den Nutzengrößen einer Integration innewohnt, ist es in dieser Phase ratsam, im Lichte der bislang vorliegenden Ergebnisse zunächst von der Unternehmensleitung (ggfs. unter Hinzuziehung maßgeblicher Vertreter aus den wichtigsten Produktionsbereichen und dem Absatzbereich) zu überprüfen, ob die von einer Integration zu erwartenden Auswirkungen sowohl im Produktionsbereich selbst als auch im Hinblick auf die Wettbewerbssituation des Unternehmens nicht eine bewußte Änderung der Wettbewerbsstrategie als sinnvoll erscheinen lassen.

Diese Überlegungen sollten insbesondere dann angestellt werden, wenn die Integration nennenswerte Verbesserungen im Hinblick auf den Erfüllungsgrad solcher Kriterien erwarten läßt, deren Bedeutung für den Markt und damit für die Wettbewerbsposition des Unternehmens als besonders gewichtig angesehen werden und bei denen die Unternehmung bislang nicht positiv gegenüber ihren Mitbewerbern hervorgetreten ist.

So mag sich z.B. eine Unternehmung mit Automatisierungsinseln bislang mehr darauf verlegt haben, als Wettbewerbsstrategie die Strategie der generellen Kostenführerschaft zu verfolgen, d.h. die Unternehmung versucht durch Ausnutzung von Kostendegressionseffekten bei entsprechend großen Produktionsmengen einen Kostenvorsprung gegenüber ihren Konkurrenten am Markt aufzubauen [vgl. Por, 1983, 1; Wil, 1985, 1]. Dabei ist es denkbar, daß diese Strategie vom Unternehmen (bewußt oder unbewußt) nicht zuletzt wegen der begrenzten Leistungsfähigkeit des im Betrieb vorhandenen Informationssystems eingeschlagen worden ist.

Die Unternehmensleitung mag beispielsweise den Ergebnissen, die im Rahmen der Untersuchung der Auswirkungen einer Integration in ihrem Unternehmen erzielt wurden, entnehmen, daß sich die Durchlaufzeiten in allen Abteilungen durch eine der-

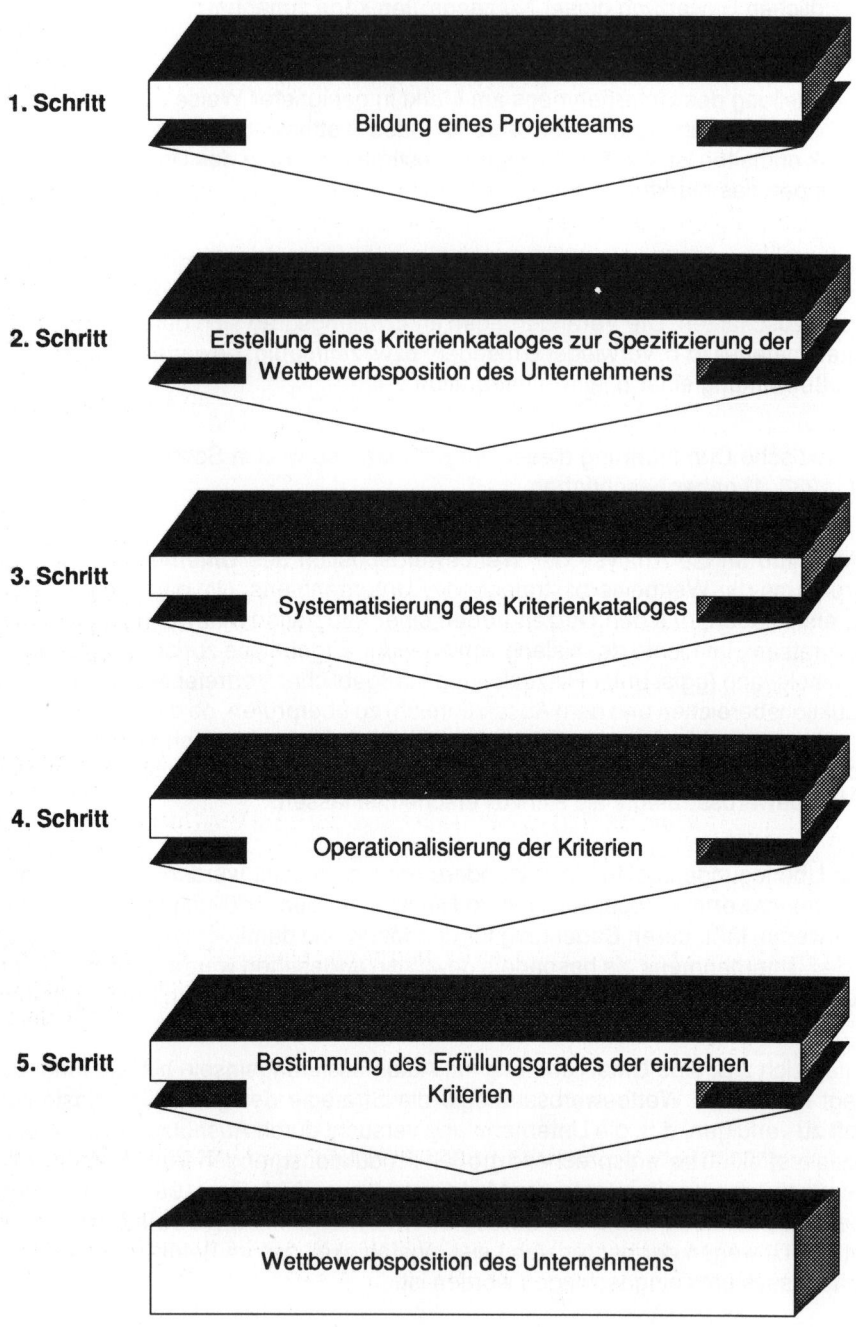

1. Schritt — Bildung eines Projektteams

2. Schritt — Erstellung eines Kriterienkataloges zur Spezifizierung der Wettbewerbsposition des Unternehmens

3. Schritt — Systematisierung des Kriterienkataloges

4. Schritt — Operationalisierung der Kriterien

5. Schritt — Bestimmung des Erfüllungsgrades der einzelnen Kriterien

Wettbewerbsposition des Unternehmens

Abbildung 9.11: Vorgehensweise zur Bestimmung der Wettbewerbsposition

artige Maßnahme spürbar reduzieren lassen. Des weiteren mögen die Untersuchungen ergeben haben, daß sich die Flexibilität des Unternehmens durch eine Integration nachhaltig verbessern läßt, weil die Abteilungen auf sich kurzfristig ändernde Anforderungen infolge des durchgängigen Informationsflusses im Unternehmen schneller reagieren können.

Unter derartigen Umständen ist der Unternehmensleitung zu raten, eine Änderung der Wettbewerbsstrategie (und damit der Fertigungsstrategie) in Erwägung zu ziehen, nämlich statt der Strategie der generellen Kostenführerschaft stärker die Strategie der Differenzierung zu verfolgen. Hierbei versucht das Unternehmen, eigene Produkte gegenüber den Produkten der Wettbewerber abzugrenzen und damit etwas zu schaffen, das in der ganzen Branche als einzigartig angesehen wird. Dem Unternehmen wird es möglich, eine direkte Konfrontation mit den potentiellen Konkurrenzunternehmen bzw. einen Preiswettbewerb zu vermeiden, wodurch überdurchschnittliche Ertragsspannen erzielbar sind [vgl. Por, 1983, 1].

Die Strategie der Produktdifferenzierung fordert vom Unternehmen, auf Kundenwünsche sehr stark einzugehen und damit für kleinere Zielgruppen zu produzieren. Für die Fertigungsstrategie des Unternehmens heißt dies grundsätzlich, in kleineren Losgrößen zu fertigen. Hohe Lieferbereitschaft entsteht dann nicht aus gefüllten Lägern, sondern aus kurzen Durchlaufzeiten und flexibel einsetzbaren Produktionskapazitäten. Demzufolge wird der Bedarf der Kunden nicht aus gefüllten Lägern gedeckt, sondern aus betriebsbereiten Produktionsstätten.

Eine Entscheidung über die Änderung der Wettbewerbsstrategie kann i.a. dann gefällt werden, wenn hinreichend gesichert ist, daß die damit verbundenen wirtschaftlichen Vorteile (z.B. Erhöhung der Umsatzerlöse) die wirtschaftlichen Nachteile (z.B. Kosten für die Erhöhung der technologischen Flexibilität der im Betrieb vorhandenen Produktionsmittel) übersteigen.

Nachdem die Nutzengrößen mit Außenwirkung im einzelnen materiell bewertet sind und feststeht, welche Wettbewerbsstrategie für das Unternehmen nach einer erfolgten Integration in Frage kommt, kann schließlich im letzten Schritt die eigentliche geldliche Bewertung dieser Nutzengrößen vorgenommen werden.

9.5 Zweckorientierter Ansatz der Kostenrechnung für integrierte Systeme

Bei der Bewertung als auch bei der kostenrechnerischen Behandlung neuer Produktionskonzepte in der Investitionsphase und im Betrieb kann entsprechend dem Zweck differenziert vorgegangen werden. Zwecke können sein:

- die Investitionsrechnung
- die Prozeßentscheidungen
- die Produktbewertung

Die Struktur einer zweckorientierten Kostenrechnung zeigt Abbildung 9.12. In der verbreiteten betrieblichen Kostenrechnung, gegliedert in Kostenarten-, Kostenstellen- und Kostenträgerrechnung, liegen umfangreiche Kostendaten vor. Die Schwachstellen der betrieblichen Kostenrechnung im Hinblick auf technische Entscheidungen sind allgemein bekannt. Die Nachteile werden insbesondere immer dann deutlich, wenn es darum geht, aufgrund von hohen Gemeinkostenumlagen Make-or-Buy-Entscheidungen zu treffen. Die Basis für die Umlage der Gemeinkosten wird wegen des technischen Fortschritts und der verkürzten Bearbeitungszeiten, die meistens als Bezugsgröße dienen, immer schmaler. Die hierbei (rechnerisch korrekt) ermittelten Zuschlagssätze von oft mehreren hundert Prozent verlieren ihre Aussagekraft, da sie dem Zweck der verursachungsgerechten Kostenzuteilung nicht immer gerecht werden. Weitere Mängel sind die Vernachlässigung neuer technischer Entwicklungen, mangelnde Detaillierung der Kostenarten usw. [Hor, 1985, 1; Coo, 1986, 1; Iss, 1987, 1].

Eine zweckorientiert differenzierte Kostenrechnung sollte derart strukturiert sein, daß auf Verfahren der vorhandenen Kostenrechnung neue Hilfsmittel für spezielle Kalkulationen aufsetzen können. Für diese Kalkulationen kann z.T. auf vorhandene Daten der betrieblichen Kostenrechnung zurückgegriffen werden, weitere Daten sind zusätzlich,

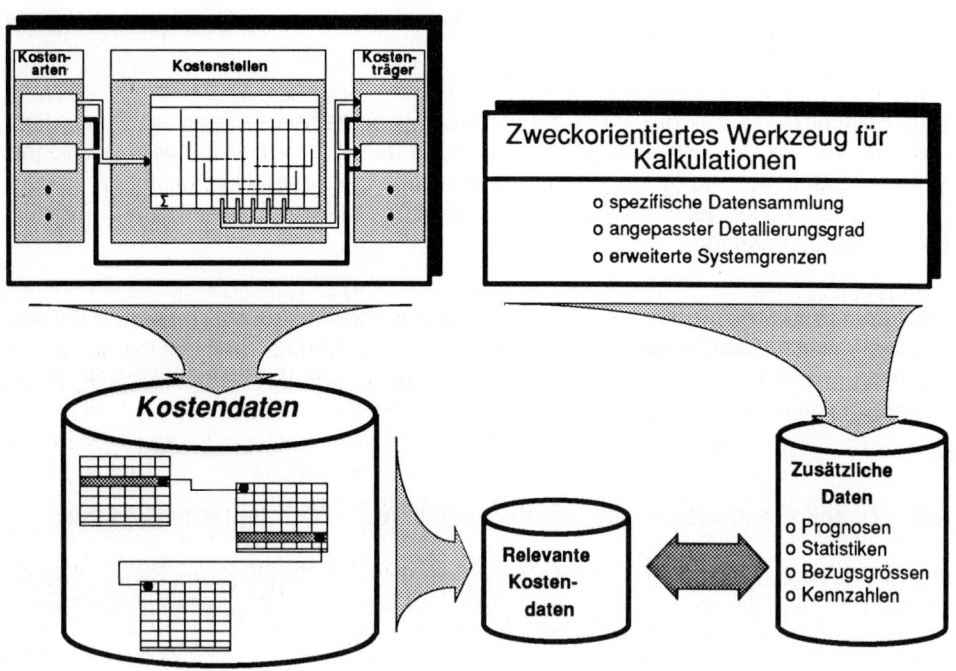

Abbildung 9.12: Struktur einer zweckorientierten Kostenrechnung

oft in detaillierterer Form, bereitzustellen. Als Beispiele seien Prognosedaten für Investitionsrechnungen oder Informationskosten als Kostenart genannt, die im normalen Kostenartenplan nicht existieren.

Anhand der weitverbreiteten Struktur der betrieblichen Kostenrechnung läßt sich zeigen, an welchen Stellen praxisgerechte, zweckorientiert differenzierte Kostenrechnungsmethoden ansetzen sollten. In der Kostenartenrechnung können z.B. neue Kostenarten eingeführt werden. Der Bedeutung der Informationsverarbeitung in der Produktion, die heute bereits als zusätzlicher Produktionsfaktor bezeichnet wird, entspricht die Einführung von Informationskosten, dies in Analogie zu Lohnkosten und Materialkosten, d.h. im Sinne von Kosten für Produktionsfaktoren.

In ähnlicher Weise gilt es, die Kostenerfassung an die Möglichkeiten der EDV anzupassen und die Vorteile integrierter Systeme zu nutzen. Die Ergebnisse aus der Betriebsdatenerfassung können für Zwecke der Kostenrechnung ausgewertet werden.

In der Kostenstellenrechnung besteht, auch aufgrund der neuen Formen der Arbeitsorganisation, die Notwendigkeit, die Gliederung der Kostenstellen und die zugrundeliegenden Gliederungsprinzipien auf ihre Gültigkeit und Zweckmäßigkeit hin zu überprüfen.

Eine Überprüfung ist auch für die Auswahl der Kostenträger in der sich anschließenden Kostenträgerrechnung notwendig. Insbesondere für die Kosten der Flexibilität gilt, daß nicht nur die Kostenträger, die aktuell produziert werden, Verursacher und Nutznießer der Flexibilität sind und mit den entsprechenden Kosten belastet werden sollten. Die traditionelle Kostenstellengliederung in Verbindung mit den üblichen Verteilungsschlüsseln, denen überwiegend das Prinzip der Kostenverursachung zugrundeliegt, werden den Anforderungen neuer Produktionstechniken nicht mehr gerecht.

Am Beispiel einer Prozeßauswahl soll abschließend der Nutzen einer zweckorientiert differenzierten Bewertung vergegenwärtigt werden. Dieses Beispiel zur verursachungsgerecht differenzierten Kostenrechnung stellt eine Kostenrechnung dar, die sich an der Durchlaufzeit in Fertigungssystemen orientiert (vgl. Abbildung 9.13) [Eve, 1985, 1]. Die Bedeutung von Zeitargumenten im Zusammenhang mit aktuellen Produktionsstrategien wurde bereits erwähnt (Just- in-Time, Minimierung der Durchlaufzeit durch Komplettbearbeitung). Konsequenterweise sollte die Größe Durchlaufzeit als Bezugsgröße dienen für die Verrechnung der Peripheriekosten in flexiblen Fertigungssystemen, die normalerweise im Maschinenstundensatz eingerechnet sind. Die Funktionen dieser Peripheriekomponenten, wie Lager, Transport und übergeordnete Steuerung, werden bei konventioneller Fertigung von Lager- und Transportarbeitern oder Mitarbeitern der Fertigungssteuerung ausgeführt. Die dadurch verursachten Kosten werden als Gemeinkosten oder betriebliche Verwaltungskosten auf die Basis der Herstellkosten zugeschlagen. Dieses Vorgehen, mit Hilfe von gleichbleibenden Zuschlagssätzen, ist für den Fall flexibler Fertigungssysteme nicht zulässig, da sonst gewissermaßen eine Doppelverrechnung dieser Kosten eintritt.

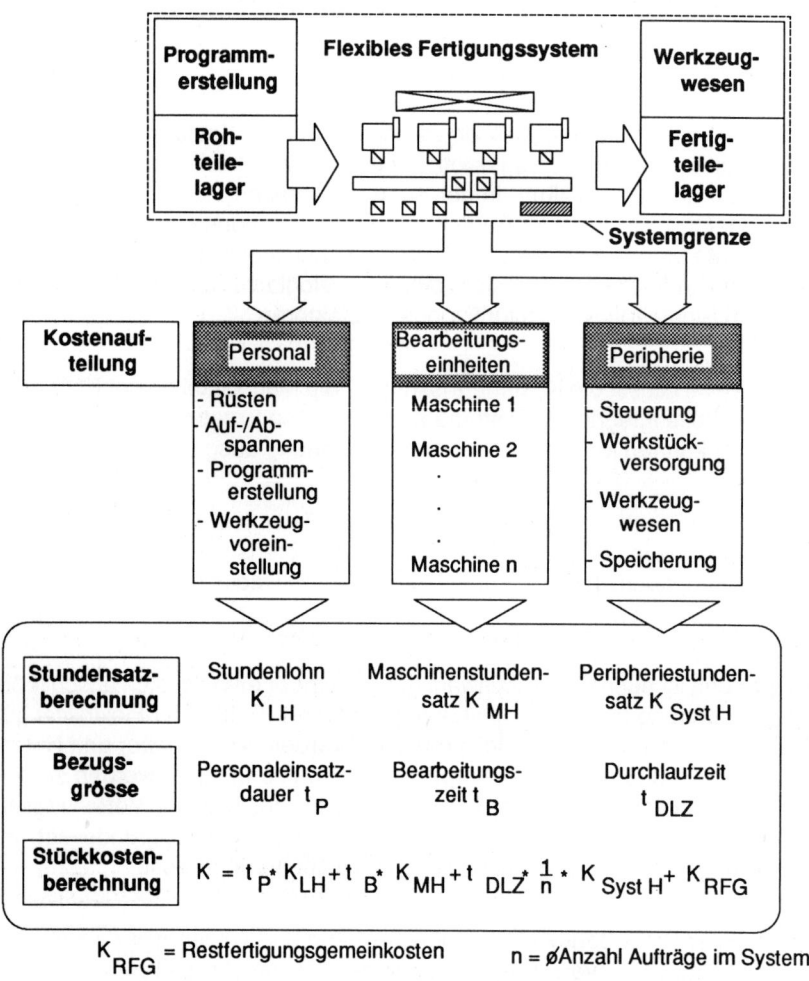

Abbildung 9.13: Durchlaufzeitorientierte Kostenrechnung

Statt dessen empfiehlt sich folgendes Vorgehen: Die Systemgrenze für die Kostener-
mittlung umfaßt alle Komponenten des Fertigungssystems. Zur Kostenberechnung
werden die gesamten Kosten drei Bereichen zugeteilt:

- dem Personal
- den Bearbeitungsmaschinen
- der Peripherie

Als Bezugsgrößen für die Kostenverrechnung lassen sich

- die Personaleinsatzdauer für manuelle Tätigkeiten,
- die Bearbeitungszeit für die Maschinen und
- die Durchlaufzeit für die Peripherie

zugrunde legen.

Da sich zur gleichen Zeit mehrere Aufträge im System befinden, ist die durchschnittliche Anzahl dieser Aufträge zu ermitteln. Diese Größe kann entweder ein Nebenprodukt von Simulationsuntersuchungen oder ein Ergebnis von BDE-Statistiken sein. Restfertigungsgemeinkosten, die diesem System zuzurechnen sind, können anschließend zugeschlagen werden.

Im folgenden wird mit Hilfe dieses Ansatzes eine Vergleichsrechnung für ein Werkstück (Zylinderträger) durchgeführt (vgl. Abbildung 9.14). Der Arbeitsplan für dieses Werkstück sieht eine konventionelle Prototypenfertigung und für die Serienfertigung die Bearbeitung auf einem CNC-Bearbeitungszentrum vor.

Für die unverkettete CNC-Fertigung ergeben sich bei Standard-Zuschlagskalkulation Stückkosten, die hier zu 100 Prozent gesetzt werden sollen. Dieser Kalkulation liegt eine Losgröße von 10 zugrunde. Bei gleicher Losgröße betragen die Stückkosten in der konventionellen Prototypenfertigung 265 Prozent.

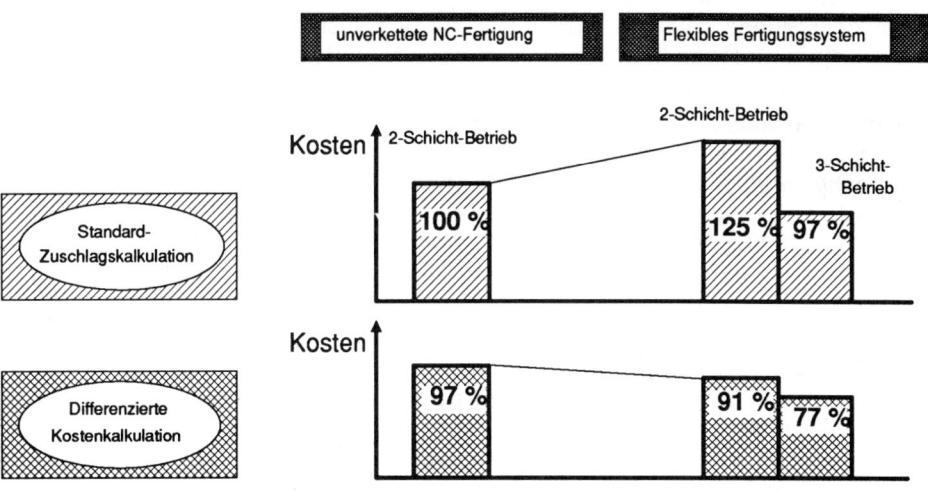

Abbildung 9.14: Durchlaufzeitorientierte Kostenrechnung (Fallbeispiel)

Für die Serienfertigung kann auch ein FFS eingesetzt werden. Dieses FFS besteht aus 4 Bearbeitungszentren, 2 induktiv geführten Förderzeugen und einem Hochregallager. Die Investitionssumme beläuft sich auf knapp 4 Mio DM. Das FFS wird 3-schichtig betrieben und arbeitet darüberhinaus weit in die Wochenenden hinein fast ohne Personal. Durch diese intensive Nutzung ergeben sich bei Standard-Zuschlagskalkulation Stückkosten in Höhe von 97 Prozent, weil die durch verlängerte Nutzungszeiten reduzierten Anlage-Stundensätze wieder kompensiert werden durch die hohen Personal-Schichtzulagen.

Um eine Vergleichssituation zu schaffen soll im folgenden mit gleichen Annahmen wie für die unverkettete NC-Fertigung, d.h. 2- bzw. 3-Schicht-Betrieb und Losgröße 10, gerechnet werden. Es muß betont werden, daß in der betrieblichen Praxis ein 3-Schicht-Betrieb bei unverketteter NC-Fertigung aus Personalgründen meist unmöglich ist, dieser bei FFS-Fertigung mit geringerem Personaleinsatz nach der zweiten Schicht durchaus möglich ist. Hierbei ergibt die Standard-Zuschlagskalkulation auf jeden Fall höhere Stückkosten, hier 125 Prozent.

Unter Verwendung des in Abbildung 9.13 vorgestellten Ansatzes sind einige zusätzliche Annahmen erforderlich:

- Die Stoffgemeinkosten verändern sich dadurch, daß der Guß direkt ins Rohmateriallager des FFS geliefert wird. Dadurch werden Materialhandhabungs- und -buchungskosten eingespart.

- Die Rüst-Fertigungskosten werden bei der Zuschlagskalkulation mit dem Maschinenstundensatz errechnet. Rüsten erfolgt jedoch außerhalb der Maschine auf einem separaten Rüstplatz parallel zur Bearbeitung anderer Werkstücke, daher darf nur mit dem Stundensatz des Rüstplatzes und des Rüstpersonals gerechnet werden. Außerdem wird beim FFS grundsätzlich nur während der 1. und 2. Schicht gerüstet.

- Die Maschinenstundensätze werden vom Systemstundensatz getrennt. Bezugsgröße für die Bearbeitung ist die Einzelzeit. Bezugsgröße für die Systemnutzung (ohne Maschine und ohne Rüstplätze) ist die Systemdurchlaufzeit. Während dieser Zeit beaufschlagen die Werkstücke das System durch Transport- und Lagervorgänge sowie durch Transport- und Lagerverwaltung. Im vorliegenden Fall beträgt die Systemdurchlaufzeit etwa 2 Schichten pro Aufspannung, wobei die Werkstücke fast immer in 2 Aufspannungen komplett bearbeitet werden. Die Anzahl der durchschnittlich im System befindlichen Werkstücke schwankt zwischen 160 und 200. Die Systemkosten werden aufgrund der durchschnittlich im System befindlichen Werkstücke umgelegt. Das Personal, je nach Schicht arbeiten unterschiedlich viele Mitarbeiter als Operator, Systembetreuer und Aufspanner, wird entsprechend seinen Aufgaben dem Rüsten, dem Bearbeiten oder der Systembetreuung zugeordnet. Der Systemstundensatz enthält das zuzuordnende Personal, in diesem Fall den Stundensatz des Operators. Die Verwaltung des FFS durch Meister, Transportwesen und Fertigungssteuerung erfolgt intern und ist im Systemstundensatz enthalten. Daher sind bei den betrieblichen Verwaltungskosten nur noch geringe Anteile für zentrale Fertigungssteuerung, Materialflußanbindung sowie Programmierung und Ausschuß zu berücksichtigen. Weitere Vorteile zeigen sich beim Vergleich der Arbeitspläne in der geringeren Zahl der Arbeitsvorgänge und die dadurch kürzeren Durchlaufzeiten und geringeren Umlaufbestände, was die Kapitalbindungskosten, die in den Fertigungsgemeinkosten enthalten sind, deutlich senkt.

- Höhere Zuschlagsätze treten für allgemeine Verwaltung und Vertrieb auf, wenn bei rationalisierter Produktion die umzulegenden "overheads" kostenmäßig konstant bleiben.

Unter Berücksichtigung dieser Annahmen betragen die Stückkosten des betrachteten Werkstücks bei Fertigung im FFS 91 Prozent der Kosten bei unverketteter NC-Fertigung, wenn diese mit Hilfe der Standard-Zuschlagskalkulation ermittelt werden. Im Vergleich zu den nach der Standard-Zuschlagskalkulation ermittelten Kosten der unverketteten NC-Fertigung ergeben sich bei differenzierter Rechnung Kosten in Höhe von 97 Prozent.

Wird das vorgestellte Rechenverfahren für den erweiterten 3- Schicht-Betrieb angewendet, bei dem zusätzliche Nutzungszeit durch personalreduzierten Betrieb am Wochenende gewonnen wird, so betragen die Stückkosten 77 Prozent im Vergleich zur unverketteten NC-Fertigung im 2-Schicht-Betrieb. Bei Standard- Zuschlagskalkulation werden für diesen Fall 97 Prozent ausgewiesen, wobei dieser Fall aus den genannten Gründen in der Praxis kaum realisierbar ist.

Wie das Beispiel zeigt, können integrierte Systeme für Zwecke des Verfahrensvergleichs mit Hilfe des vorgestellten Ansatzes behandelt werden. Voraussetzung für die Anwendung derartiger Verfahren ist, daß verursachungsgerechte Kalkulationssätze gebildet und zusätzliche Daten, wie in diesem Fall die Durchlaufzeit, erfaßt werden. Dies verlangt jedoch, sich von den lange verwendeten Schemata der Kalkulation zu lösen.

Das am Zweck der Anlagen- und Maschinenauswahl orientierte Bewertungsverfahren ermöglicht die differenzierte Berücksichtigung der technischen Vor- und Nachteile der verschiedenen Systemkonzepte in der Kostenrechnung. Das Beispiel zeigt, daß die offensichtlichen Vorteile von integrierten Produktionssystemen nicht nur zu unterschiedlichen Bewertungsergebnissen führen, sie bewirken in diesem Fall auch eine grundlegend andere Systemauswahl.

9.6 Zusammenfassung

Integrierte Systeme der Produktionstechnik erfahren zur Zeit große Beachtung in Forschung und Praxis. Die bisherigen Erfahrungen mit ihrem Einsatz und der aktuelle Entwicklungsstand der Komponenten erfordern eine differenzierte Betrachtung. Volkswirtschaftlich gesehen bergen sie Chancen und Risiken sowohl für die Gruppe der Anbieter von CIM-Komponenten und Integrationslösungen als auch für die der potentiellen Anwender. Chancen bestehen in der Möglichkeit, die Marktstrategie und Unternehmungskonzeption wirksam zu unterstützen. Das Rationalisierungspotential integrierter Produktionssysteme, das sich vor allem in Einsparungen an Entwicklungs- und Durchlaufzeit ausdrückt, ist so hoch einzuschätzen, daß die Unternehmen sie zukünftig in ihrer Produktionsstrategie berücksichtigen müssen.

In diesem Kapitel wurden mit Schwerpunkt auf die wirtschaftliche Bewertung integrierter Systeme einige neue Betrachtungsweisen vorgeführt. Einerseits wurde der Entscheidungsprozeß bei der Konzeption der Produktion dargestellt, andererseits wurde ein Instrumentarium für die Bewertung, der sogenannte Kongruenztest, erläutert. Technologiekalender und Nutzwertanalyse bieten sich als Hilfsmittel an, alternative Produktionskonzepte im Verlauf der Investitionsplanung zu bewerten.

Um bei den Nutzengrößen integrierter Produktionssysteme auch geldliche Vorteile in Investitionsrechnungen angemessen berücksichtigen zu können, wurde im Anschluß daran ein Verfahren zu ihrer geldlichen Bewertung dargestellt.

Eine Methode, die traditionelle Kostenrechnung durch den Einsatz integrierter Systeme zu evolutionieren, wurde durch die Struktur einer zweckorientierten Kostenrechnung beschrieben. Vor diesem Hintergrund stellt die Durchlaufzeit, wie an einem Fallbeispiel vorgeführt wurde, eine geeignete Bestimmungsgröße dar.

9.7 Literaturverzeichnis

[Aut, 1987, 1]   Autorenkollektiv:
                  Integrierte Systeme der Produktionstechnik im wirtschaftlichen und
                  sozialen Umfeld. In: AWK, Aachener Werkzeugmaschinenkolloquium, Produktionstechnik auf dem Weg zu integrierten Systemen.
                  Hrsg.: VDI-Verlag, Düsseldorf, 1987.

[Coo, 1986, 1]   Cooke, P. N. C.:
                  Rethinking Investment Appraisal for CIM. The FMS Magazine, July
                  1986, S. 154 - 156.

[Eve, 1985, 1]   Eversheim, W.; Erkes, K; Schmidt, H.:
                  Neue Ansätze: Wirtschaftliche Bewertung flexibler Fertigungsanlagen. Ind. Anz. 107 (1985) 44, S. 23 - 28.

[Her, 1986, 1]   Herrmann, P.:
                  Wirtschaftlichkeitsbewertung für flexible Fertigung. In: Tagungsband zum 2. Fertigungswirtschaftlichen Kolloquium, Passau, 1986,
                  S. 274 - 292.

[Hor, 1985, 1]   Horváth, P.:
Aktuelle Probleme des Rechnungswesens infolge neuer Ferti-
gungstechnologien. In: 5. Stuttgarter Unternehmergespräch Veränderte Fertigungstechnologie und Unternehmensführung, Stuttgart,
1985.

[Iss, 1987, 1]   Issler, R.:
Wie zuverlässig ist eine Kalkulation? io Management Zeitschrift 56
(1987) 3, S. 157 - 158.

[Kap, 1987, 1]   Kaplan, R. S.:
Strategic Cost Analysis. In: Proceedings of Symposium on CAM-I
Cost Management System Project. Nizza, 1987.

[Mer, 1985, 1]   Merchant, M. E.:
Potential of Computer Integrated Manufacturing. CIRP-Report,
Palermo, 1985.

[Pöp, 1986, 1]   Pöppel, J.:
Wie verändert die informationstechnische Herausforderung die In-
vestitionsstrategien in der Fabrik der Zukunft? In: Tagungsband
zum Produktionstechnischen Kolloquium, Nov. 1986 in Berlin, S.
152 - 161.

[Por, 1983, 1]   Porter, M. E.:
Wettbewebsstrategie. Frankfurt, 1983.

[Schi, 1986, 1]   Schiele, O. H.:
Wettbewerbsfähigkeit durch industrielle Automation in der Fertigung. Vortrag zum BDI-Technologiegespräch am 22. Januar 1986.

[Schr, 1988, 1]   Schreuder, S.; Upmann, R.:
CIM-Wirtschaftlichkeit. Köln, 1988.

[Spu, 1986, 1]   Spur, G.:
CIM - Die informationstechnische Herausforderung. In: Tagungs-
band zum Produktionstechnischen Kolloquium, Nov. 1986 in Berlin,
S. 5 - 19.

[Upm, 1989, 1]   Upmann, R.:
Zur wirtschaftlichen Bewertung von CIM. In: VDI-Z 131 (1989) 8, S.
59 - 66.

[Wil, 1985, 1]   Wildemann, H.:
                  Strategische Investitionsplanung für neue Technologien in der Pro-
                  duktion. Passau, 1985.

[Wil, 1986, 1]   Wildemann, H.:
                  Strategische Investitionsplanung für neue Technologien in der Pro-
                  duktionstechnik. In: Tagungsband zum 2. Fertigungswirtschaftli-
                  chen Kolloquium, Passau, 1986, S. 1 - 110.

10 CIM in der Praxis

10.1 Beispiel einer Vorgehensweise bei der Erarbeitung von CIM-Konzeptionen

Das industrielle Umfeld, in dem sich die heutigen Unternehmen bewegen, ist geprägt durch immer raschere Innovationszyklen und steigende Ansprüche eines ausgeprägten Käufermarktes. Dies äußert sich z.B. darin, daß ein Zwang zu immer kürzeren Lieferzeiten besteht bis hin zur Just-in-time Produktion, daß die Varianten- und Typenvielfalt drastisch zunimmt und die Qualitätsanforderungen in immer größerem Maße wachsen.

Für Unternehmen, die unter diesen Bedingungen am Markt bestehen wollen, bedeutet dies einerseits rasche Anpassung an die geänderten Rahmenbedingungen, andererseits rechtzeitige strategische Ausrichtung im Rahmen einer vorausschauenden Unternehmensplanung. Dabei wird die Informationsverarbeitung in immer stärkerem Umfang zu einem entscheidenden Faktor für Effizienz und Flexibilität. Im Rahmen eines umfassenden Ansatzes, der die Organisation, die Anwendungssysteme und die DV-Systeme gemeinsam betrachtet, werden CIM-Projekte als strategische Projekte in vielen Unternehmen bearbeitet.

Mit Hilfe der integrierten Informationsverarbeitung werden u. a. folgende Ziele erreicht:

- Flexibilität (schnelleres Reagieren auf Kundenwünsche)
- Kostenreduzierung
- Erhöhung des Lieferservice
- Erhöhung der Termintreue
- Erhöhung der Qualität

Kern einer zu erarbeitenden CIM-Konzeption ist ein ablauforganisatorisches Integrationskonzept. Dieses beinhaltet neben der Definition von Geschäftsprozessen (Vorgangsketten) die Erarbeitung eines Datenmodells. Das ablauforganisatorische Konzept ist die Basis für die Auswahl von Anwendungssoftware sowie für die EDV-technische Lösung. Abbildung 10.1 zeigt die inhaltlichen Schwerpunkte einer CIM-Konzeption.

In vielen Fällen sind die Unternehmen beim Ausarbeiten derartiger Konzepte jedoch überfordert. Dann bietet sich das Hinzuziehen eines externen Beratungsunternehmens oder eines Softwarehauses mit Beratungserfahrung an. Um dem Leser einmal anschaulich zu zeigen, wie ein Berater bei der Entwicklung und Realisierung eines CIM-Konzeptes behilflich sein kann, wird im folgenden die bei der IDS Prof. Scheer GmbH diesbezüglich entworfene Vorgehensweise dargestellt. Sie folgt dem Leitgedanken der *integrierten Informationsverarbeitung*. Die Integration bezieht sich auf die Daten- und Funktionsintegration und schließt alle Funktionen der logistischen Kette (beginnend bei der Auftragserfassung über die Produktionsplanung und -steuerung bis hin zum Versand) sowie die mehr technischen Funktionen wie Produktentwurf (CAE), Konstruktion (CAD) und die Werkstatt (CAM) mit ein (vgl. Abbildung 10.2).

191

Ablauforganistion	Vorgangsketten Funktionsebenen Schnittstellen zwischen den Funktionsebenen Datenmodell
Anwendungs- software	Auswahl von Standardsoftware Bewertung der vorhandenen Systeme auf Integrationsfähigkeit Definition von Eigenentwicklungen
DV-technisches Konzept	Systemsoftwarekonzept (Datenbank, Betriebssystem) Zuordnung von Funktionen zu Rechnerhierarchieebenen Gestaltung von Netz- und Hardwarekonfiguration
Wirtschaftlich- keitsbetrachtung	Nutzenaspekte (quantitativ, qualitativ) Kostenaspekte
Einführungs- strategie	Realisierungsreihenfolge Aktivitäten- und Zeitplan Projektorganisation

Abbildung 10.1: Inhalte CIM-Konzeption

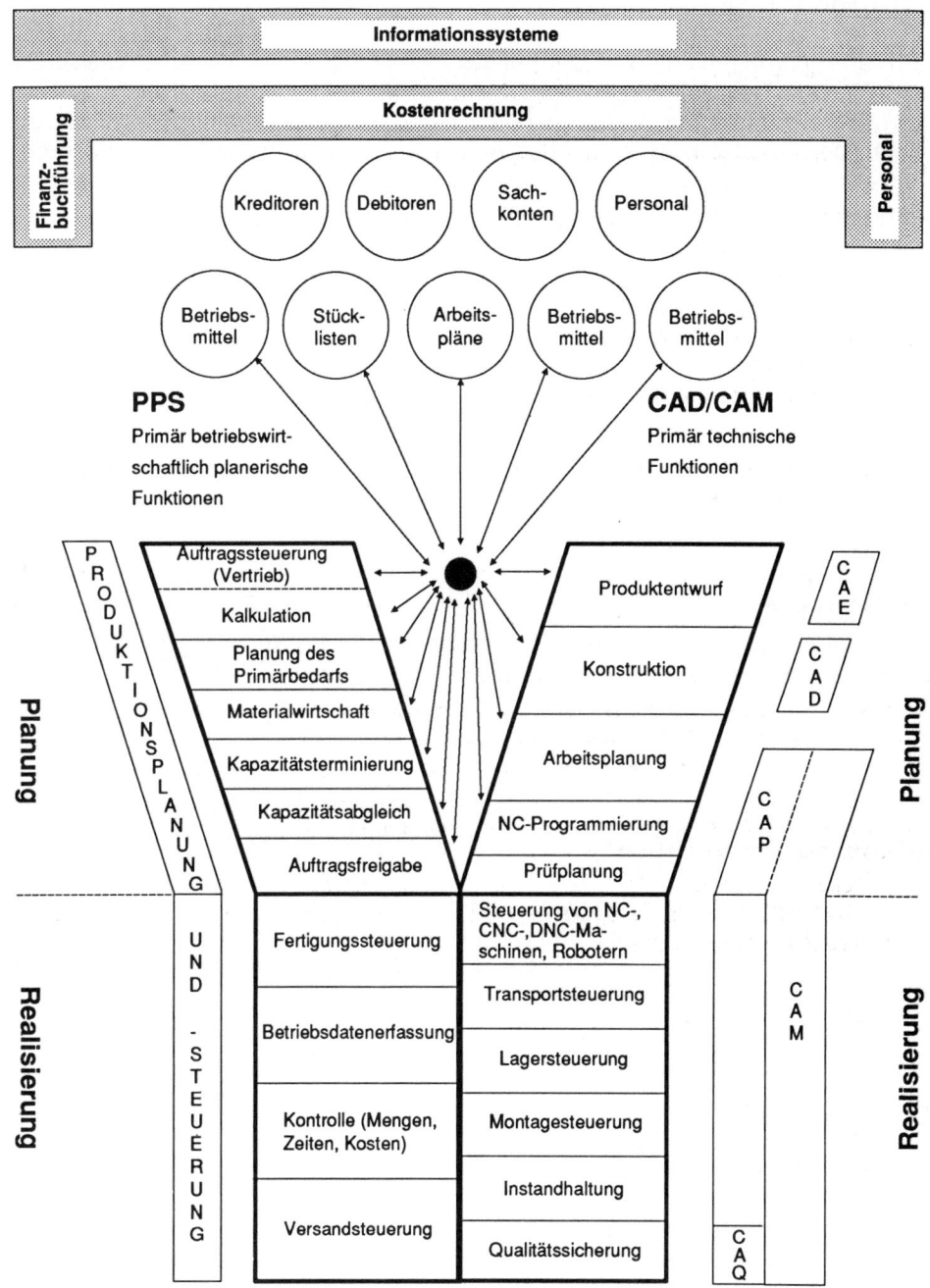

Abbildung 10.2:   Integrierte Informationsverarbeitung

10.1.1 **Vorgehensweise**

Die Erarbeitung einer CIM-Konzeption erfolgt in einer abgestuften Vorgehensweise. Die erste Phase umfaßt eine Vorgangskettenanalyse, die insbesondere im Hinblick auf das zu entwickelnde Integrationskonzept durchgeführt wird. In der zweiten Phase wird ein Integrationkonzept, basierend auf den Anforderungen der Fachabteilungen und den Empfehlungen des Beratungsunternehmens, für die Weiterentwicklung der Informationsverarbeitung erstellt (vgl. Abbildung 10.3).

Vorgangskettenanalyse

Zu Beginn der Projektarbeit wird eine Startsitzung durchgeführt. Ziel ist es, neben der Vorstellung des Beratungsunternehmens, die Grundzüge des CIM-Gedankens sowie insbesondere

- die Zielsetzung,
- die Aufgabenstellung und
- die Vorgehensweise

der Projektdurchführung einem großen Mitarbeiterkreis des Kunden vorzustellen.

An diesem Termin sollten Geschäftsführung, Bereichsleiter, sowie Abteilungsleiter und von der betrachteten Aufgabenstellung tangierte Mitarbeiter teilnehmen. Während der Startsitzung wird im großen Kreis die Vorgehensweise in den Phasen der Vorgangskettenanalyse und des Integrationskonzeptes besprochen. Hierbei werden eventuell vorhandene Hemmschwellen insbesondere durch Interviews abgebaut.

Im Rahmen der *Vorgangskettenanalyse* wird eine Bestandsaufnahme der organisatorischen Abläufe und deren Unterstützung durch Informationssysteme durchgeführt. Ziel ist es, den konkreten Integrationsgrad sowie die Datenverknüpfung der Anwendungen in den Fachabteilungen herauszuarbeiten.

Im ersten Schritt werden diese Fragestellungen mit den DV-Verantwortlichen erörtert, um einen Überblick über die Gesamtsituation und die Struktur der Informationssysteme zu erhalten. Darauf folgt eine Untersuchung der bestehenden Abläufe in den entsprechenden Fachabteilungen. Die Gespräche werden anhand vorbereiteter Leitfäden geführt.

Die Ergebnisse der Analyse dienen als Basis für die Entwicklung des Integrationskonzeptes. Gleichzeitig ist die Analyse Grundlage zur Beurteilung der Qualität der eingesetzten Systeme, um eine Entscheidung zwischen Weiterentwicklung vorhandener Systeme und der Neuentwicklung von Programmen zu treffen. Die Ergebnisse werden in Vorgangskettendiagrammen dokumentiert, um insbesondere den Integrationsgrad zwischen unterschiedlichen EDV-Systemen und manueller Bearbeitung aufzuzeigen.

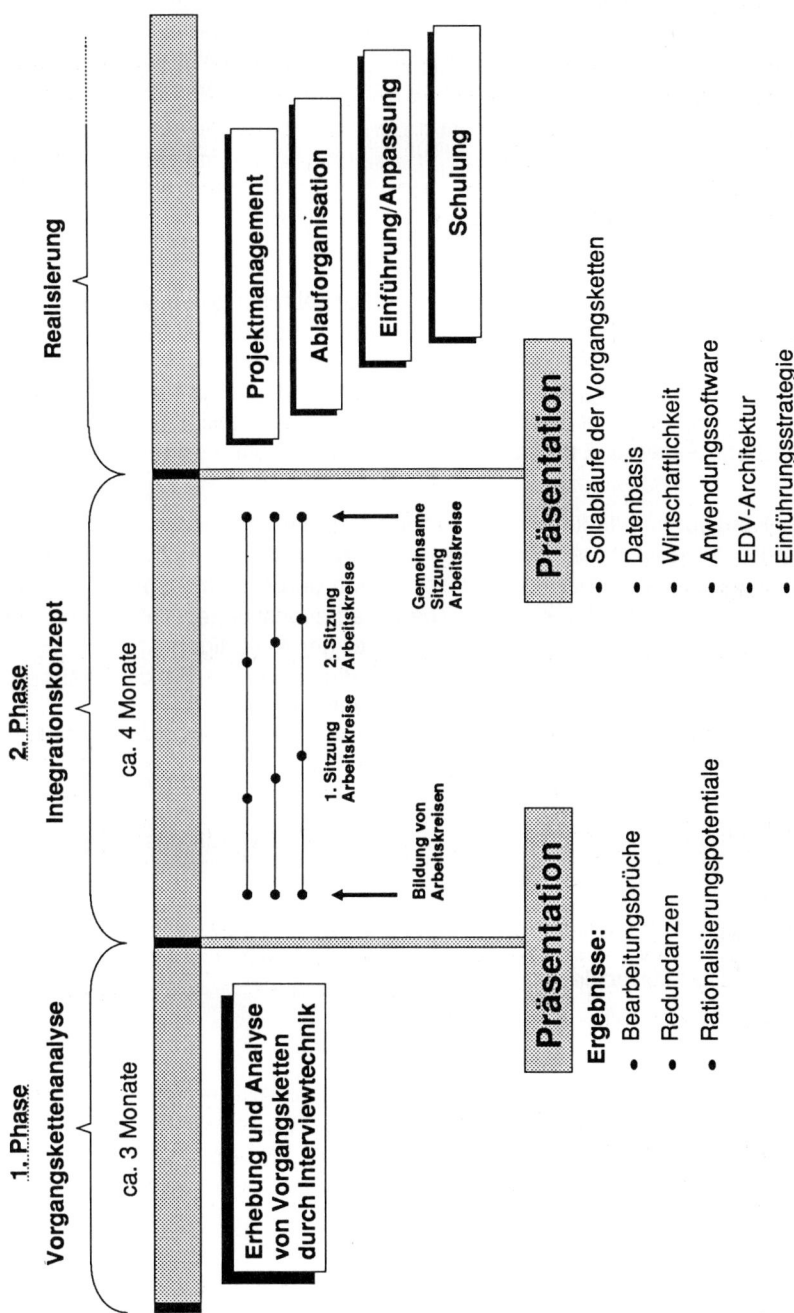

Abbildung 10.3: Vorgehensweise

Nach der Ist-Aufnahme in den Fachabteilungen, den sich daran anschließenden Abstimmgesprächen und der Datenaufbereitung werden die Ergebnisse der Vorgangskettenanalyse mit dem Auftraggeber besprochen. Dies beinhaltet auch das Aufzeigen der im Rahmen des Integrationskonzeptes zu verfolgenden Alternativen, die das weitere Vorgehen bestimmen.

Erarbeitung des Integrationskonzeptes

Es werden die Anforderungen der einzelnen Fachabteilungen in Arbeitsgruppen, bestehend aus Mitarbeitern der betroffenen Fachabteilungen und Unternehmensberatern, ermittelt. Darin gehen die im Rahmen der Vorgangskettenanalyse angefallenen Ergebnisse sowie die Erfahrungen der Berater ein. Ein wesentlicher Faktor bei der Erarbeitung des Soll-Konzeptes ist die frühzeitige und intensive Beteiligung der Anwender, dies stellt eine hohe Akzeptanz der zu realisierenden Konzeption sicher.

Das CIM-Konzept enthält konkrete Vorschläge für die *Ablauforganisation* und die einzusetzenden Anwendungssysteme, die Hardware, die Systemsoftware (Datenbanksystem, einzusetzende Softwarewerkzeuge) sowie deren *technische* und *organisatorische Integration*. Darüber hinaus enthält das Integrationskonzept ein Organisationskonzept zur Weiterentwicklung und Umstellung der gegenwärtigen Anwendungen sowie zur langfristigen Durchführung der vorgeschlagenen Strategie. Für die Realisierung des Konzeptes wird ein Zeit- und Kostenplan ausgearbeitet.

Die Durchführung dieser Projektphasen basiert auf der Methode Y^*CIM, die bereits in zahlreichen Unternehmungen erfolgreich eingesetzt wurde. Nachfolgend soll diese Methode anhand einiger praktischer Beispiele aus Beratungsprojekten erläutert werden.

10.1.2 Die Y^*CIM-Methode

Die Methode

Y^*CIM
    INFORMATION
      MANAGEMENT

umfaßt die Stufen:

1. Festlegung von Zielen
2. Vorgangsketten (Wertschöpfungsketten)
3. Kritische Erfolgsfaktoren

4. Funktionsebenen

5. Datenstrukturen

6. Anwendungssoftware

7. EDV-technisches Konzept

8. Einführungsstrategie

Festlegung von Zielen

Ausgangspunkt für die Gestaltung von integrierten Informationssystemen ist die Definition von strategischen Unternehmenszielen, wie z.B. Kostenführerschaft, Flexibilitätserhöhung oder Nischenpolitik. Daraus abgeleitet sind Zielsetzungen bezüglich des Produktionsprogramms, der Absatz- und Beschaffungsmärkte sowie der innerbetrieblichen Logistik und Fertigungstechnologie zu formulieren.

Die Definition der Unternehmensziele wird gemeinsam mit der Unternehmensleitung und dem Bereichsmanagement vorgenommen. Hierbei erfolgt eine qualitative Zielformulierung sowie die Definition quantitativer Ziele.

Typische Ziele eines Fertigungsunternehmens und Maßnahmen zu deren Realisierung sind z.B.:

* Kostensenkungsziele:
  - Bestände reduzieren
  - Ausschuß verringern
  - Abbau von Überstunden, die durch Doppelarbeiten oder Stillstandszeiten im Produktionsablauf verursacht wurden
  - Erhöhung des Standardisierungsgrades und damit auch der Wiederholhäufigkeit verwendeter Teile

* Qualitätssicherungsziele:
  - Schaffung laufender QS-Kontrollen
  - Automatisierung der Kontrollmaßnahmen
  - frühzeitiges Aufdecken von Fehlerquellen und deren Ursachen

* Flexibilitätsziele
  - Verkürzung der Durchlaufzeiten im administrativen Bereich
  - Schaffung besserer Datenbasen für die Planung
  - Aufzeigen von Konsequenzen bei Umplanungen z.B. für die Produktion
  - Einsatz von Variantensystemen
  - Automatisierung der Fertigung
  - engere Kopplung der Fertigung und Planung

Vorgangskettenanalyse (Wertschöpfungsketten)

Die Integrationswirkung der Informationstechnologie wird vor allen Dingen bei der Betrachtung von ganzheitlichen Abläufen (Prozessen) deutlich. Zur Analyse bestehender Vorgangsketten sowie zur Gestaltung optimaler Abläufe werden Vorgangskettendiagramme eingesetzt. Die Auswahl der zu untersuchenden Vorgangsketten richtet sich nach ihrem Einfluß auf die Unternehmensziele und hängt von branchen- und betriebsspezifischen Gegebenheiten ab.

Zur Analyse der Vorgangsketten werden Interviews mit den Fachabteilungsleitern und Sachbearbeitern am Arbeitsplatz geführt. Dabei werden organisatorische und verfahrenstechnische Schwachstellen und Verbesserungspotentiale aufgenommen.

In Abbildung 10.4 ist zunächst ein Ausschnitt aus einem bestehenden Ablauf für die Auftragsbearbeitung mit Materialbeschaffung dargestellt, der in der Phase *Vorgangskettenanalyse* erarbeitet wurde. In der linken Spalte sind die einzelnen Teilfunktionen der Vorgangskette aufgelistet. Anschließend wird erfaßt, ob die Teilfunktion DV-unterstützt oder manuell ausgeführt wird und welche Datenbasis und Bearbeitungsform vorliegen.

Die unterschiedlichen Abteilungszuordnungen machen deutlich, daß ein Bearbeitungsablauf häufig mehrere Abteilungen überdeckt. Gerade dieser Tatbestand führt zu redundanten Bearbeitungen und Datenhaltungen mit den damit verbundenen Auswirkungen auf Zeitverzögerungen und Inkonsistenzen.

Der dargestellte Ist-Ablauf zeigt zunächst die Erfassung der Auftragsdaten in einer Kundenauftragsdatei. Um einen verbindlichen Liefertermin zusagen zu können, ist es erforderlich, daß die benötigten Einkaufsteile auf ihre Lieferzeit hin geprüft und die verfügbare Produktionskapazität zum Kundenwunschtermin festgestellt wird. Diese Aktivitäten sind im Vorgangskettendiagramm nachfolgend aufgeführt.

Wie man erkennen kann, wird die Auftragseröffnung durch ein zwischen den Abteilungen Auftragsbearbeitung und AV kursierendes Formular veranlaßt. Auf gleiche Weise wird die Einkaufsabteilung über den Kundenauftrag informiert. Die jeweiligen Abteilungen ermitteln nun Kapazitätsbedarf und -angebot sowie Einkaufsteile. Aufgrund einer fehlenden Schnittstelle zwischen Disposition und Einkauf erfolgt die Ermittlung der Einkaufsteile weitgehend manuell. Das DV-System dient dabei als Auskunftssystem, aus dem über die Stückliste die fremdbeschafften Teile manuell ermittelt werden. Die weitere Bestellabwicklung erfolgt manuell.

Diese Prozeßkette (Ist-Ablauf) wird nun anhand folgender Kriterien bewertet:

- manuelle Tätigkeiten/DV-Durchdringungsgrad
- Brüche zwischen manueller und DV-Bearbeitung
- Mehrfacharbeiten/Datenredundanzen

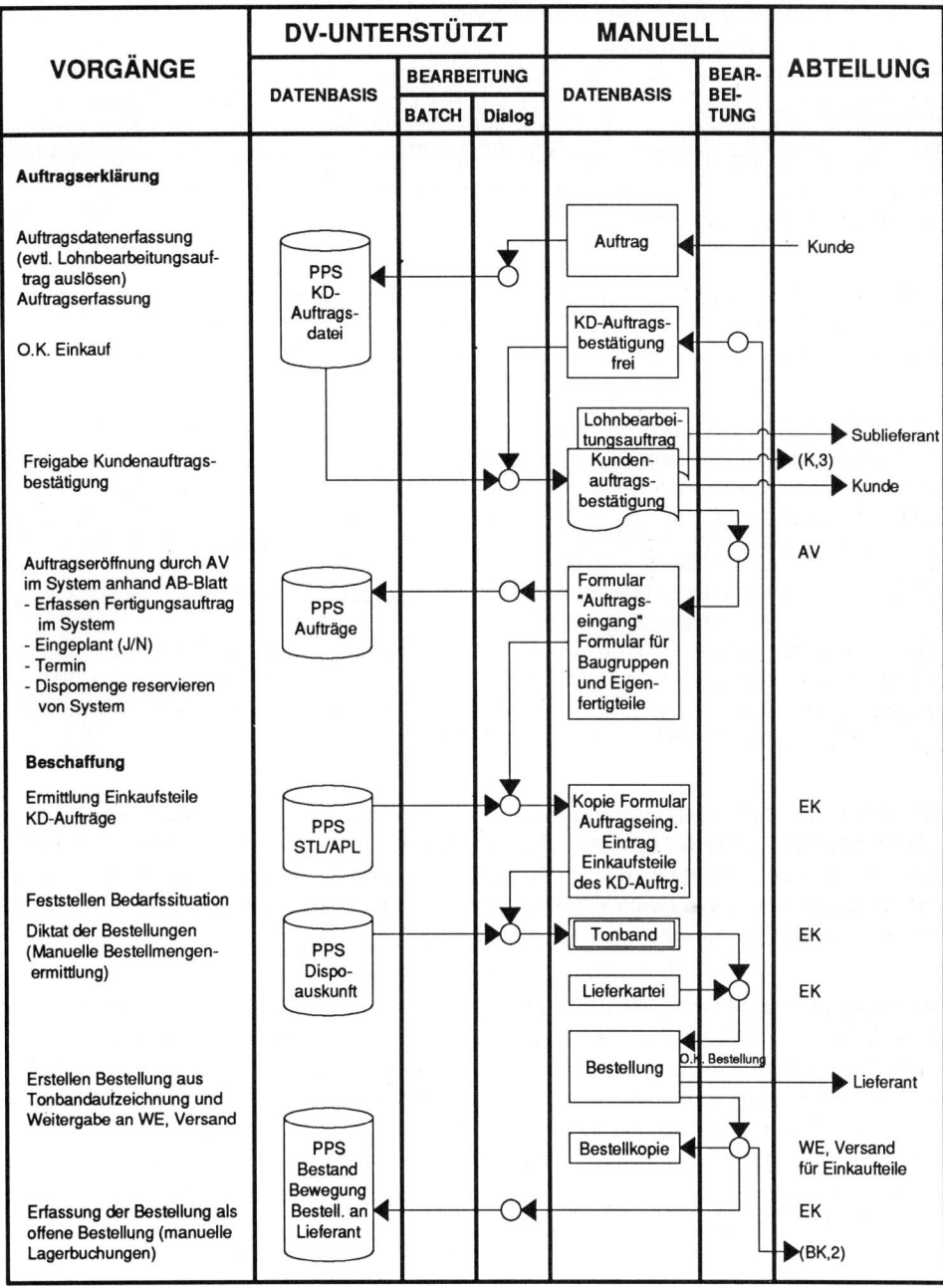

Abbildung 10.4:   Ist-Ablauf Kunden-Auftragsbearbeitung und Beschaffung

- Aktualität
- Funktionalität/organisatorische Schwachstellen
- EDV-technische Beurteilung

Im vorliegenden Fall sind die ständigen Wechsel (Brüche) zwischen DV-System und manueller Bearbeitung offensichtlich. Mehrfacherfassungen, z.B. für die Fertigungsaufträge, die nicht automatisch aus dem Kundenauftrag ermittelt werden, sowie die aufwendige Einkaufsbearbeitung verzögern eine rasche Auftragsabwicklung. Im vorliegenden Fall benötigt der Einkauf zwischen fünf und zehn Arbeitstage zur Bestellauslösung. Berücksichtigt man, daß die eingehenden Kundenaufträge häufig zeitkritisch sind, so kann die Durchlaufzeit im Einkauf zu einer entscheidenden Größe für die Auftragsrealisierung werden.

Im Rahmen der Erarbeitung des Integrationskonzeptes werden zu den kritischen Istabläufen in Zusammenarbeit mit den Fachabteilungen Sollabläufe erarbeitet. Ziel ist es, die Schwachstellen des jeweiligen Istvorgangs zu beseitigen.

Die folgende Abbildung 10.5 zeigt das Ergebnis für den oben dargestellten Istablauf. Wie man sieht wurden durch entsprechende Systemfunktionalität und ablauforganisatorische Änderungen die entsprechenden Bearbeitungsvorgänge gestrafft und auf eine einheitliche Informationsbasis gestellt.

Die Abteilung Auftragsbearbeitung prüft direkt bei Auftragseingang die Realisierbarkeit des Kundenwunschtermins. Auch ist sie bei offensichtlichen Abweichungen in der Lage, den Liefertermin direkt in Absprache mit dem Kunden zu ändern. Für kritische Teile wird weiterhin der Einkauf zusätzlich zu konsultieren sein. Allerdings ist damit zu rechnen, daß sich die Anfragehäufigkeit stark reduziert. Durch eine integrierte Bedarfsrechnung entfällt die zusätzliche Fertigungsauftragseröffnung und die manuelle Ermittlung der Einkaufsteile. Der Einkauf wird in der Bestellabwicklung durch automatische Bestellungen, die durch Definition eines festen Lieferanten möglich ist, entlastet. Damit wird es möglich, die Einkaufsbearbeitungszeit auf ein bis zwei Tage zu verkürzen und damit den gesamten administrativen Ablauf entsprechend zu straffen.

Typische Vorgangsketten, die in Industrieunternehmen durch Einsatz der Informationstechnologie verbessert werden können und einen erheblichen Beitrag zur Steigerung der Wertschöpfung bilden, sind:

- Produktentwicklung
- Auftragsbearbeitung, von der Auftragserfassung bis zum Versand
- interne Materialflußsteuerung
- zeitnahe Auftragssteuerung in der Fertigung
- Verbindung operativer Systeme mit wertbezogenen Abrechnungs- und Controlling-Systemen

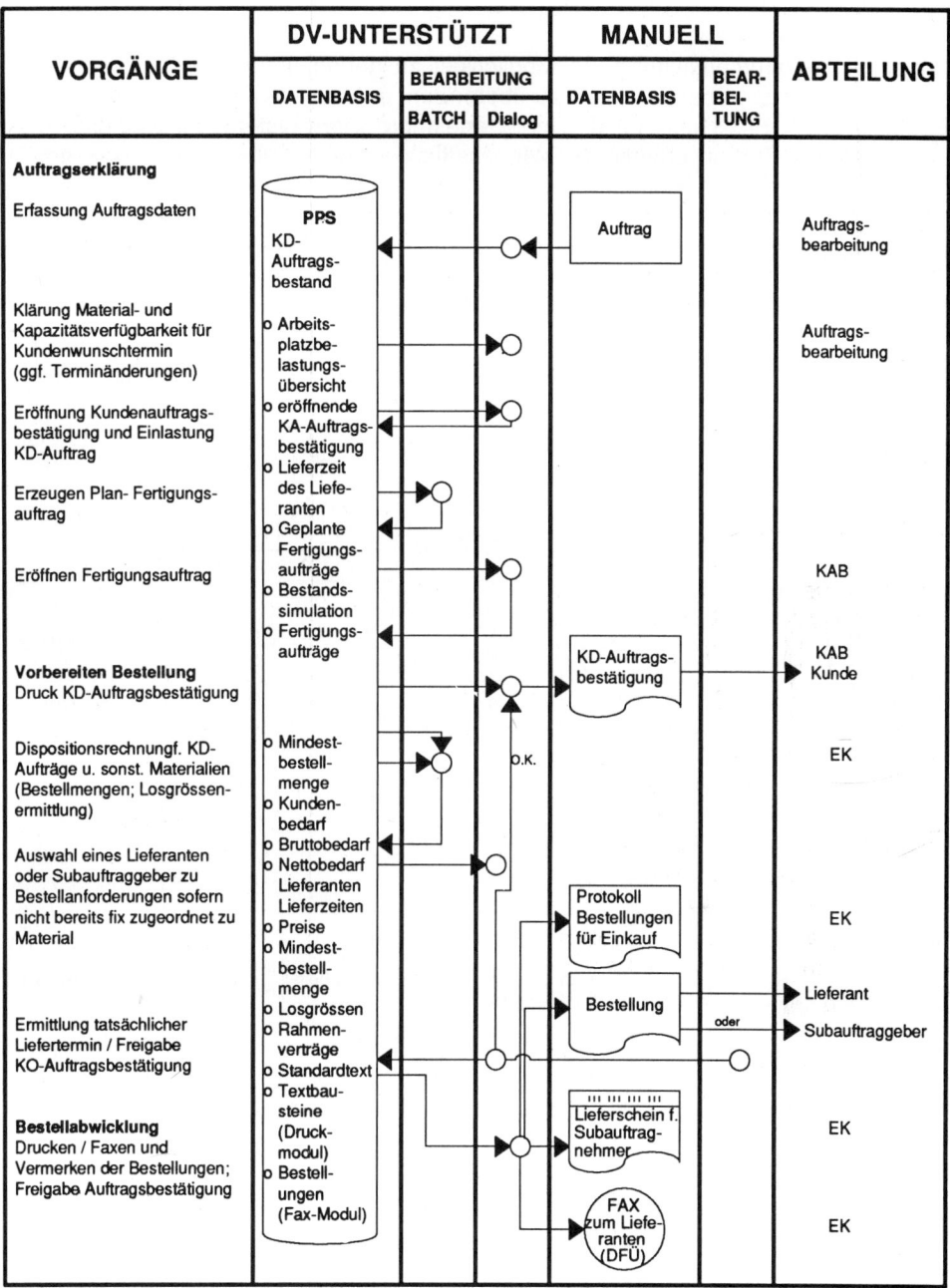

Abbildung 10.5:   Soll-Ablauf Kunden-Auftragsbearbeitung und Beschaffungswesen

Kritische Erfolgsfaktoren

Um der Unternehmensleitung die Möglichkeit zu geben, Informationssysteme hinsichtlich der anzustrebenden Ziele zu überprüfen, definiert das Beraterteam kritische Erfolgsfaktoren. Es ist bekannt, daß integrierte Informationssysteme mit einfachen, nur an monetären Größen orientierten Wirtschaftlichkeitsrechnungen nur schwer erfaßt werden können. Um so wichtiger sind dann meßbare Faktoren, die eine enge Korrelation zu den angestrebten wirtschaftlichen Zielgrößen besitzen. Beispielsweise kann die angestrebte Erhöhung der Fertigungsflexibilität durch die Reduktion von Losgrößen, Rüstzeiten und Auftragsdurchlaufzeiten konkret ausgedrückt und meßbar gemacht werden. Weitere kritische Erfolgsfaktoren können Produktivität, Qualität oder Kosten sein.

Im obigen Beispiel wird eine Reduzierung der Durchlaufzeit von 20 Tagen auf 15 Tage angestrebt (vgl. Abbildung 10.6).

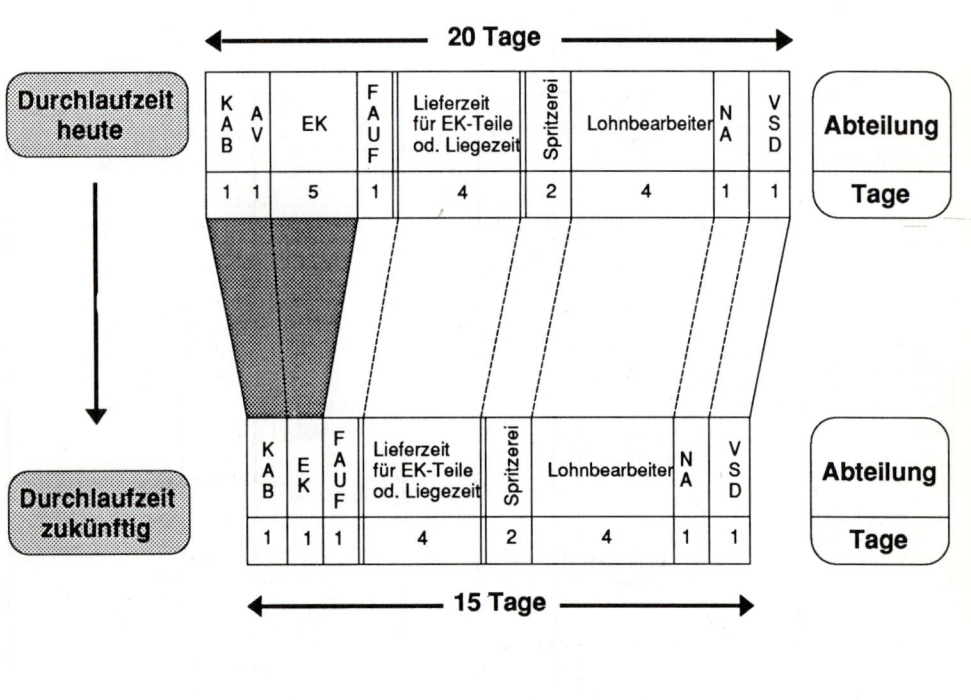

Abbildung 10.6: Auftragsdurchlaufzeit

Bildung von Funktionsebenen

Die einzelnen Glieder der untersuchten Ablaufketten werden den Funktionsebenen des Unternehmens zugeordnet, um die Verbindung zur Aufbauorganisation herzustellen. Abbildung 10.7 zeigt ein Beispiel für eine solche Funktionsaufteilung in Richtung Produktion und Vertrieb. Jeder Ebene müssen dabei die Teilfunktionen der Prozeßketten in eindeutiger Weise zugeordnet werden, um zum Beispiel Kompetenzüberschneidungen und Redundanzen zu vermeiden.

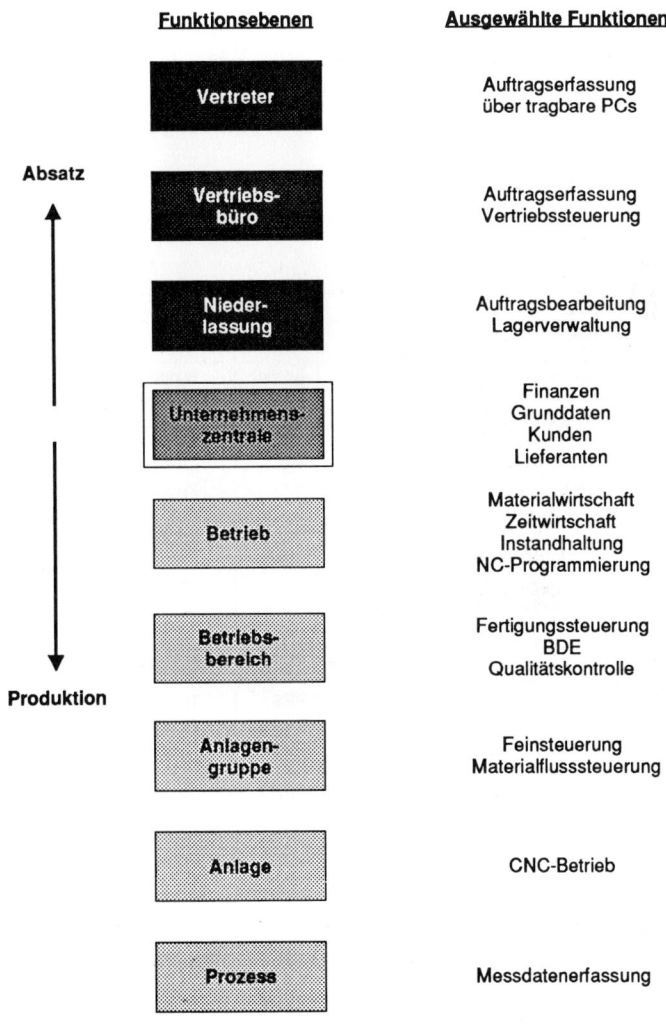

Abbildung 10.7: Zuordnung von Funktionen zu Funktionsebenen

Die folgende Abbildung 10.8 zeigt im Detail die Zuordnung von Funktionen zu den hier mit E I und E II bezeichneten Unternehmensebenen. Zusätzlich sind die dort durchgeführten Aktivitäten, die dazu verwendeten Daten, die eingesetzten Systeme und die weitergegebenen Informationen an unterlagerte Ebenen dargestellt. Auf diese Weise wird eine Zuordnung von Aufgaben, Daten und Systemen zu Organisationseinheiten möglich.

Eine solche Funktionsaufteilung hat noch nicht automatisch eine bestimmte Hardware-Architektur zur Folge, ist aber für deren Festlegung eine unabdingbare Voraussetzung. Nur so können aus den Anforderungen der zu bearbeitenden Teilfunktionen in Verbindung mit ihrer Einbindung in den gesamten Ablaufprozeß die Anforderungen bezüglich Datenaktualität, Antwortzeiten, Ausfallverhalten, Verfügbarkeit usw. abgeleitet werden.

Zur Bildung der Funktionsebenen werden Szenarien entwickelt und in dem zuständigen Arbeitskreis bewertet. Das Ergebnis ist eine eindeutige Zuordnung von Aufgaben zu den einzelnen Funktionsebenen.

Ebene	Funktion	System	Daten
Unternehmen	- Strategische Produkt- und Produktionsplanung (5 Jahre)	PPS	- strategischer Plan
	- Budgetplanung	Admin.	- Budget
	- Finanz- und Rechnungswesen	Admin.	- Finanzbuchhaltung
	- Lohn- und Gehalt	Admin.	- Lohn- und Gehaltsdaten
	- Personalverwaltung	Admin.	- Personaldaten
	- Kostenrechnung	Admin.	- Kostenrechnungsdaten
(EI)	- Neuentwicklungsprojekte	PPS	- Projektdaten (strategischer Ausblick, Produktdefinition, Entwicklungsdefinition,) Grobtermin
strategischer Planungshorizont	- Grobplanung (Investition, Personal ..)	PPS	- Personalbelastung, Ressourcenauslastung (grob)
	Freigabe: Strategischer Produkt- und Produktionsplan, Budgetplan Projektanstoss		
Produktmanager, Versuch	- Produktionsplanung, Jahresplanung	PPS	- Produktionsplan
	- Projektplanung- und -steuerung	PPS	- Termine für Abteilungen
(EII)	- Grobplanung (Kapazitäten)	PPS	- Grober Kapazitätsplan
	- Ersatzteilplanung	PPS	- Ersatzteilbedarfe
strategischer Planungshorizont	Freigabe: Produktionsplan (periodengenau) (freigegebener Primärbedarf) Projektplan		

Abbildung 10.8: Zuordnung von Funktionen zu den Unternehmensebenen 1 und 2

Datenstrukturen

Die Integration der Abläufe setzt eine entsprechend vernetzte Datenbasis voraus. Es wird heute immer mehr erkannt, daß die logische Struktur von Daten eine hohe Lebensdauer in Unternehmungen besitzt. Aus diesem Grunde muß dem richtigen Entwurf der Datenbasis besondere Aufmerksamkeit gewidmet werden. Hierzu wird das Entity-Relationship-Modell (ERM) eingesetzt. Es ist eine Entwurfssprache, die unabhängig von konkreten Datenbanksystemen die Anforderungen an Datenverknüpfungen formuliert. Dieses Datenmodell dient zur Einordnung der vorhandenen Softwaresysteme und macht Schnittstellen zu Nachbarsystemen deutlich. In einer weiteren Stufe kann dieses Datenmodell detailliert erarbeitet werden, um dann einen Rahmen zu bilden, welcher es ermöglicht, ein Gesamtkonzept durch Teilprojekte zu entwickeln.

Abbildung 10.9 enthält ein Beispiel für ein Entity-Relationship-Modell; es zeigt die Zusammenhänge der Datenbeziehungen einer Unternehmung auf einer sehr groben Detaillierungsstufe (siehe auch Abbildung 8.1 auf S. 140).

Anwendungssoftware

Für die erarbeiteten Vorgangsketten werden von den Beratern gemeinsam mit den zukünftigen Systemnutzern Anforderungsprofile für die einzusetzende Anwendungssoftware entwickelt. Aufgrund der bekannten Tatsache, daß die Software-Entwicklungskosten dramatisch gestiegen sind, ist die Einsatzmöglichkeit von geeigneter Standardsoftware besonders intensiv zu untersuchen. Um den Integrationsgedanken weiterhin zu unterstützen, wird der Einsatz von (möglichst unveränderten) Standardsoftwarefamilien empfohlen, um hierbei die bereits von den Entwicklern der Software eingebrachte Daten- und Funktionsverbindung ausnutzen zu können.

Die Auswahl von Standardsoftware erfolgt unter Beachtung von

* funktionalen Anforderungen
* datentechnischen Anforderungen (abgeleitet aus dem Datenmodell)
* DV-technischen Anforderungen (z. B. Benutzeroberfläche oder zugrunde liegende Datenbasis)
* anbieterbezogenen Kriterien.

Als Beispiel sei hier ein Ausschnitt aus einem Anforderungskatalog dargestellt, der zusammen mit den Anwendern für den oben beschriebenen Sollablauf erarbeitet wurde (vgl. Abbildung 10.10).

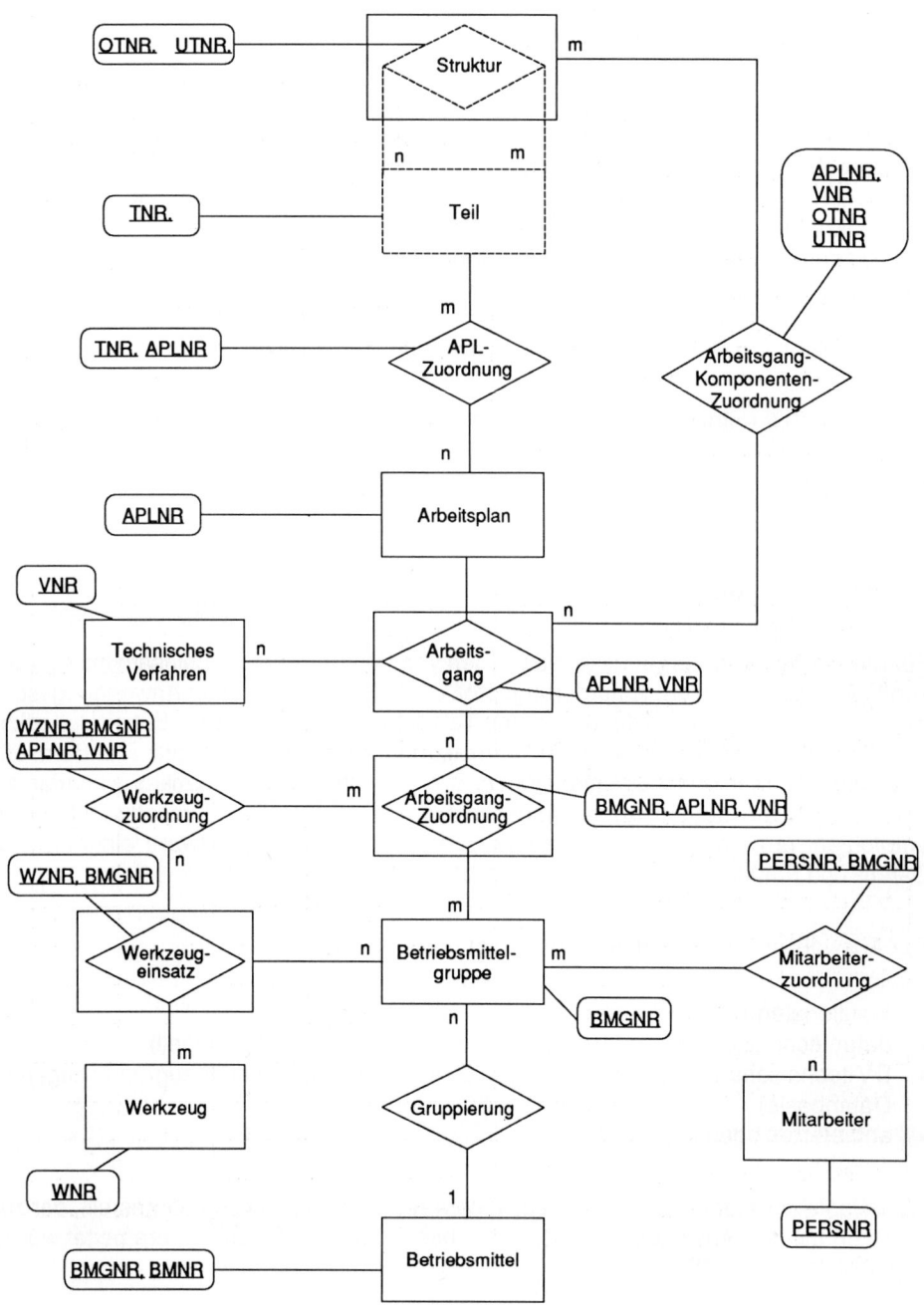

Abbildung 10.9: Beispiel eines Entity-Relationship-Modells

PPS-Systeme - Anforderungen

Anbieter	A	B	C	D	E	F
Prod.-Name	Na	Nb	Nc	Nd	Ne	Nf
KD-Auftragsbearbeitung						
Rahmenverträge verwalten	(bedingt)	in Vorbereit.		x	-	
Bedarfsvorschau verwalten	-	-				
Kapazitätsprüfung bei KD-Auftrag	-	x	x	x	x	x
Terminermittlung bei KD-Auftrag	-				x	
Übersicht über vorhandene Aufträge	x	x			x	
Umplanen v. KD-Auftr. bzgl. Termin	x				x	
Umplanen v. KD-Auftr. bzgl. Menge	x				x	

Einkauf	A	B	C	D	E	F
Freigabe KD-Auftragsbestätigung	-					
Bedarfsorientierte Bestellungen	x	x	x	x	x	x
Verbrauchsorientierte Bestellungen	x	x	x	x	x	x
Übersicht über Bestellanforderungen	(Drucker)-	x	x	x	x	x
Auswahl zu bearbeitender Bestellungen	x	x	x	x	x	x
Automat. Zuordnung Hauptlieferant	x			x	x	x
Anzeige aller Lieferanten pro Artikel	x			x		
Anzeige aller Artikel pro Lieferant	(umständl.)-			x		
Lieferzeiten verwalten	(umständl.)-					
Standardbestelltexte	x	x	x	x	x	x
Veränderung der Standardtexte	x	x	x	x	x	x
Ergänzung von Textbausteinen	x	x	x	x	x	x
Bestellgrössen verwalten	x		x	x	x	
Losgrössen verwalten	(x)	x	x	x	x	x
Rechnungsort <> Lieferort	x					
Rahmenbestellungen verwalten	-	in Vorbereit.		x	in Vorbereit.	x

Abbildung 10.10: Ausschnitt aus einem Anforderungskatalog an PPS-Systeme

207

EDV-technisches Konzept

Aus den zu verfolgenden Zielen, den daraus abgeleiteten Schwerpunkten, der ablauf-organisatorischen Gestaltung von Wertschöpfungsketten (Prozeßketten), der Zuord-nung von Funktionen zu Funktionsebenen, den benötigten Datenstrukturen und der ein-zusetzenden Anwendungssoftware wird mithilfe der Berater das EDV-technische Konzept entwickelt. Dies bezieht sich zum einen auf die Hardwarearchitektur, die ins-besondere mit dem Ebenenkonzept in Übereinstimmung gebracht werden muß. Dabei bildet nicht notwendigerweise jede Funktionsebene eine eigene Hardwareebene, viel-mehr können auch mehrere Funktionsebenen von einem Hardwaresystem bedient werden. Die Verbindung zwischen den Elementen der Hardwarearchitektur wird durch das Netzwerkkonzept hergestellt. Dieses gewinnt, auch unter dem Einsatz von Kom-munikationsanwendungen im Rahmen der Büroautomatisierung, zunehmend an Be-deutung. Abbildung 10.11 zeigt ein Beispiel für eine solches EDV-technisches Konzept.

Weiterer Gegenstand des EDV-technischen Konzeptes ist die Auswahl der einzu-setzenden Betriebs- und Datenbanksysteme.

Einführungsstrategie

Die Einführung eines integrierten Informationssystems stellt erhebliche fachliche und kapazitative Anforderungen an ein Unternehmen. Aus diesem Grunde muß durch eine sorgfältige Einführungsstrategie dafür gesorgt werden, daß das Gesamtkonzept in Teil-projekte zergliedert wird. Diese müssen so bearbeitet werden, daß einmal ihre logische Reihenfolge eingehalten wird, zum anderen aber auch möglichst frühzeitig wirtschaftli-che Erfolge der Projektrealisierung sichtbar gemacht werden. Die genaue Verfolgung von Meilensteinen sowie die Bildung eines Projektmanagements durch Einrichtung von Referenzgruppen und Projektgruppen mit Auswahl effizienter Projektleiter sind hier wichtige Voraussetzungen. Die operative Abwicklung der Einführung wird durch ein Pro-jektmanagementsystem wirksam unterstützt.

Im Rahmen der Festlegung der Einführungsstrategie werden folgende Aktivitäten durchgeführt:

- Definition der Projektorganisation
- Festlegung der Einführungsreihenfolge
- Festlegung der Termine für die Einführung
- Festlegung der Ablösung der Altsysteme
- Festlegung der benötigten Mitarbeiter
- Erarbeitung eines Schulungsplans
- Erstellung eines Investitons- und Kostenplans

Die in diesem Kapitel dargestellte Y*CIM-Methode ist eine in sich geschlossene Vorge-hensweise, die von der Konzeption bis zur Realisierung eingesetzt wird. Die beschrie-

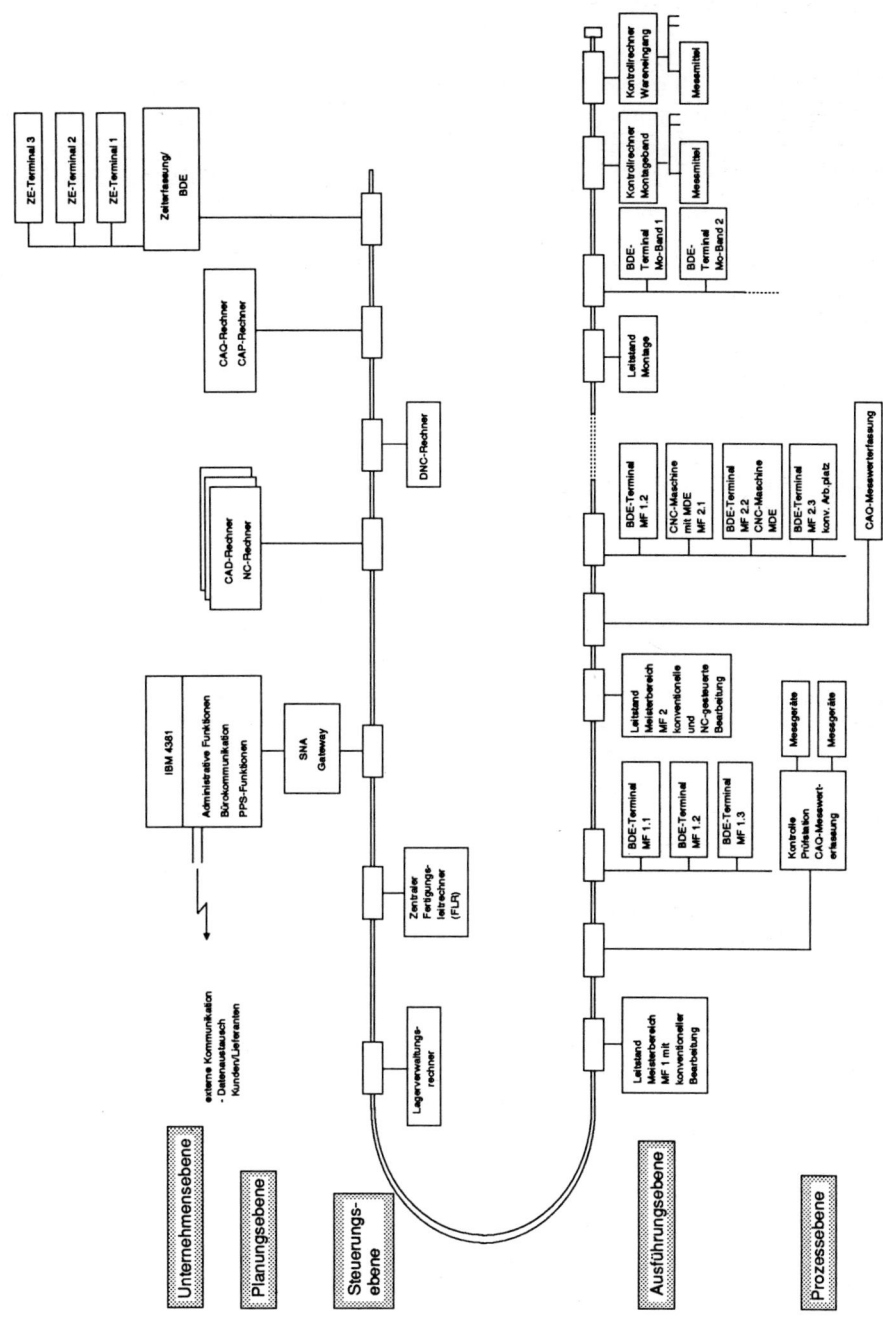

Abbildung 10.11: Beispiel für ein EDV-technisches Konzept

bene Vorgehensweise zur Projektbearbeitung stellt durch ihre aufeinander abgestimmten Schritte sicher, daß das erarbeitete Konzept auch umgesetzt werden kann. Die frühzeitige Einbeziehung der Mitarbeiter des Anwenders gewährleistet neben der rechtzeitigen Information auch eine entsprechende Akzeptanz. Durch die Verwendung der Vorgangsketten zur Anforderungsdefinition an Anwendungssoftware wird zudem erreicht, daß die unternehmensspezifischen Bedürfnisse an die Funktionalität der Software berücksichtigt werden. Die Gegenüberstellung unternehmensspezifischer Soll-Abläufe und Funktionalität der einzusetzenden Anwendungssoftware macht schon frühzeitig Abweichungen und deren Auswirkungen sichtbar. Auch ist mit diesem Instrumentarium sichergestellt, daß einmal erarbeitete Ergebnisse in weiteren Projektphasen übernommen werden und somit CIM-Konzepte effizient in die Realisierung gehen können.

10.2 Einführung und Anpassung eines PPS-Systems als Teil eines CIM-Konzeptes - Ein Projektbericht

Der folgende Beitrag schildert den Ablauf eines Projektes bei einem mittelständischen Unternehmen, das zum Ziel hatte, ein integriertes Produktionsplanungs- und steuerungssystem für das Unternehmen einzuführen. Er soll exemplarisch verdeutlichen, welche Schwierigkeiten auftreten, wenn einerseits die Fachabteilungen spezifische Funktionalitätsanforderungen stellen, andererseits aber unternehmensübergreifende Integrationsgesichtspunkte berücksichtigt werden sollen.

10.2.1 Rahmenbedingungen des Projektes

Das in diesem Beitrag dargestellte Unternehmen stellt Blechprofile für Wände und Dächer her. Die Fertigung erfolgt fast ausschließlich kundenauftragsbezogen. Es beschäftigt ca. 120 Mitarbeiter und gehört einem größeren Mischkonzern an. Der Jahresumsatz beläuft sich auf etwa 60 Millionen DM. Pro Tag werden ca. 400 Kundenaufträge abgewickelt.

Die Firma Kappmeyer + Partner in Saarbrücken hatte die Aufgabe, die Einführung und Anpassung eines Standard-PPS-Systems für das Unternehmen durchzuführen. Der Auftrag wurde nach entsprechender Auswahl durch die Geschäftsleitung des Unternehmens erteilt. Dabei wurde in den Randbedingungen deutlich zum Ausdruck gebracht, daß nicht nur der Ersatz der vorhandenen rudimentären EDV-Lösungen im Produktionsbereich vorzusehen war, sondern von vornherein eine integrierte Gesamtlösung anzustreben sei.

Die vorrangigen Ziele im Rahmen der Einführung des PPS-Systems wurden gesehen in

- der Reduzierung der Durchlaufzeiten in der Fertigung
- der Verringerung der Bestände im Blechlager und
- der Erhöhung der Transparenz in der Blechverwaltung (Restmengenproblematik, Coilverwaltung).

Das Projekt sollte im Zusammenhang mit einem zur gleichen Zeit in einem Schwesterunternehmen durchzuführenden Vorhaben abgewickelt werden. Der Kostenrahmen wurde mit ca. 300.000 DM veranschlagt, die Projektlaufzeit auf etwa 1 1/2 Jahre geschätzt.

10.2.2 EDV-technische Ausgangssituation

Die bisher im Unternehmen vorhandene EDV wurde vornehmlich im Bereich des Rechnungswesens (Finanzbuchhaltung, Kostenarten-, Kostenstellenrechnung) und des Vertriebs (Auftragsabwicklung und Fakturierung) eingesetzt. Die Materialbestandsführung beschränkte sich auf eine reine Bestandsverwaltung. Darüberhinaus existierten eine Reihe von PCs mit speziellen Anwendungen wie Tabellenkalkulationen, 2D-CAD-Anwendungen und technischen Berechnungen. Diese heterogene EDV-Landschaft sollte durch ein integriertes Gesamtkonzept abgelöst werden (vgl. Abbildung 10.12).

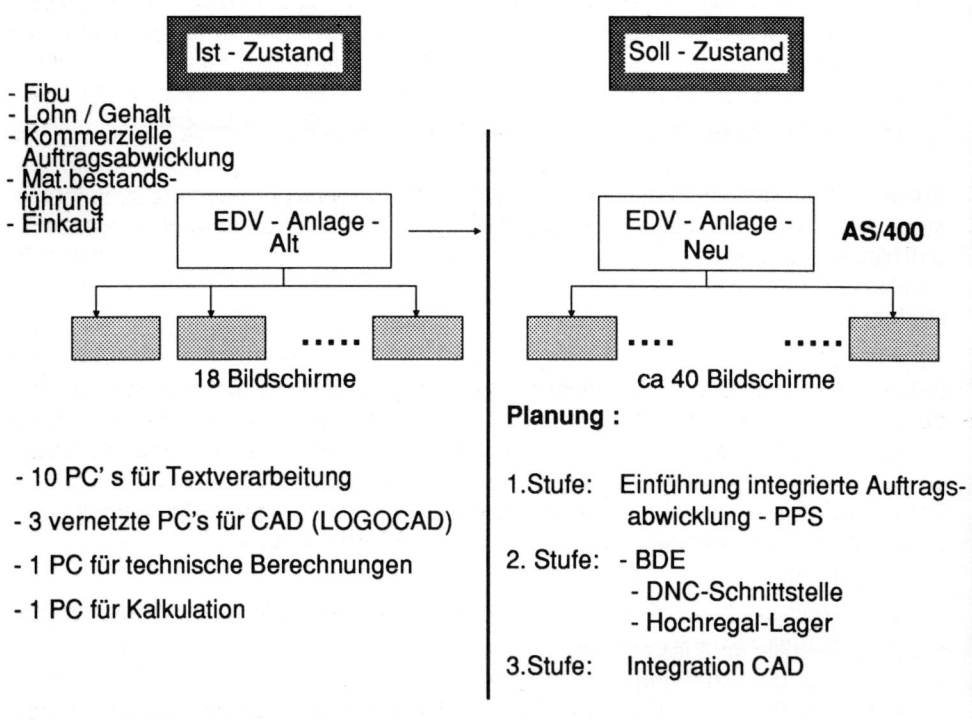

Abbildung 10.12: EDV-technische Ausgangssituation und angestrebte Ziele

10.2.3 Projektverlauf

Die Basis für das Projekt wurde gelegt durch eine Analyse der Einsatzmöglichkeiten eines von Kappmeyer + Partner vertriebenen PPS-Systems im Schwesterunternehmen. Dieses plante gleichzeitig die Einführung eines PPS-Systems und es bot sich für das hier betrachtete Unternehmen an, sich diesem Vorhaben anzuschließen, da sowohl Produktionsprogramm wie auch Ablauforganisation in beiden Unternehmen weitgehend übereinstimmen.

Eine Vorstudie war insbesondere deswegen erforderlich, weil das ausgewählte PPS-System speziell für die auftragsbezogene Fertigung mit Schwerpunkt im Maschinenbau entwickelt wurde und es von daher fraglich war, inwieweit die Besonderheiten der Blechbearbeitung mit diesem System abzudecken seien.

Als Ergebnis zeigte sich, daß eine wesentliche Ergänzung des vorhandenen Standardsystems notwendig sein würde, da abweichend von den üblichen ablauforganisatorischen Erfordernissen des Maschinenbaus hier der Vertrieb bereits weitgehend in der Lage ist, die technischen Spezifikationen bei der kommerziellen Auftragsbearbeitung so weit vorzugeben, daß der zugehörige Werkstattauftrag in der Mehrzahl der Fälle ohne zusätzliche Bearbeitung in der Konstruktion automatisch generiert werden kann.

Die weitere im Standard vorhandene Funktionalität wurde wegen der Ausrichtung des Systems auf die Verhältnisse der kundenauftragsorientierten Fertigung als ausreichend und passend erkannt.

Normalerweise hätte in beiden Unternehmen unverzüglich nach Abschluß der Vorstudie der Start für die Realisierung erfolgen sollen. Aber, wie das Leben so spielt, wurden im Schwesterunternehmen die Prioritäten kurzfristig verändert. Für den Bereich Handel dieses Unternehmens wurde kurzfristig der Ersatz der bisher existierenden individuell entwickelten Software durch ein entsprechendes Standardpaket als vorrangig erachtet. Dieses Vorhaben band die Kapazität des EDV-Teams im Schwesterunternehmen für ca. ein Jahr. Das bedeutete nicht nur dort, sondern damit auch im hier dargestellten Unternehmen einen einstweiligen Stillstand des PPS-Projektes.

In diesem Jahr des Projektstillstands ergaben sich eine Reihe für den weiteren Projektverlauf bedeutsamer Entwicklungen:

- Bedingt durch den Kauf eines weiteren Unternehmens wurde der Umzug von Verwaltung und Produktion in eine andere Betriebsstätte erforderlich. Dabei wurden auch neue Produktionsanlagen beschafft, die zukünftig mehr als 80 % der Produktion abdecken sollten. Zur Steuerung dieser Produktionsanlagen wurde vom Hersteller der Anlage ein "integriertes" Auftragsabwicklungssystem auf PC-Basis angeboten, dessen Beschaffung unmittelbar bevorstand.

• Für ein neu beschafftes Hochregallager stand die Einführung eines PC-gestützten Softwarepaketes zur Steuerung und Bestandsverwaltung an.

• Die Ungeduld der zu Beginn des Projektes motivierten Mitarbeiter wuchs derart, daß diese in einigen Bereichen nicht mehr auf die Gesamtlösung warten wollten und Ausschau nach dedizierten Lösungen für ihre Probleme hielten.

In dieser Situation ergab es sich, daß die Geschäftsleitung im Konzernverbund auf ein von einem dort eingesetzten Berater vorgetragenes Konzept stieß, in dem dringend vor "EDV-Wildwuchs" in Fertigungsunternehmen gewarnt wurde. Dies nahm die Unternehmensleitung zum Anlaß, Kappmeyer + Partner zu einer Überprüfung des seinerseits vorgelegten EDV-Konzeptes unter besonderer Berücksichtigung der in der Zwischenzeit geänderten Gegebenheiten und Planungen zu bitten.
Ergebnisse dieser Überprüfung waren:

1. Die angebotene PC-Lösung für die gesamte Auftragsabwicklung der Produktionsanlage erwies sich bei näherer Betrachtung in mehrfacher Hinsicht als ungeeignet. Insbesondere konnte bei dem vom Hersteller der Abcoilanlage angebotenen Auftragsabwicklungssystem (vgl. Abbildung 10.13) in keiner Weise von einer integrierten Lösung gesprochen werden, da:

   - die Software nicht netzwerkfähig war,
   - keine Online-Kommunikation zwischen den unterschiedlichen PCs möglich war,
   - mehrfache Dateneingabe erforderlich war, da keine einheitliche Datenbasis zur Verfügung stand und
   - der Hersteller bei notwendigen Anpassungen des Programms oder der Entwicklung von Schnittstellen keinerlei Unterstützung anbieten konnte.

2. Die geplante Anschaffung der PC-Software für die Verwaltung des Hochregallagers wurde verworfen, da diese Funktionen bereits im Materialwirtschaftsmodul des einzuführenden PPS-Systems vorgesehen sind.

3. Die bereits vorhandenen oder zur Beschaffung vorgesehenen übrigen PC-Pakete wurden streng unter dem Aspekt der Integrationsfähigkeit in ein zu realisierendes Gesamtsystem unterschieden in "nicht zu beschaffen" oder, sofern bereits vorhanden, "sukzessiv zu ersetzen". Die einzigen auf PC verbleibenden Systeme werden sein

   - die technische Entwicklung neuer Profile und
   - die Verwaltung von Marketinginformationen,

   da hier keine besonderen Integrationsnotwendigkeiten und Überschneidungen gegeben sind.

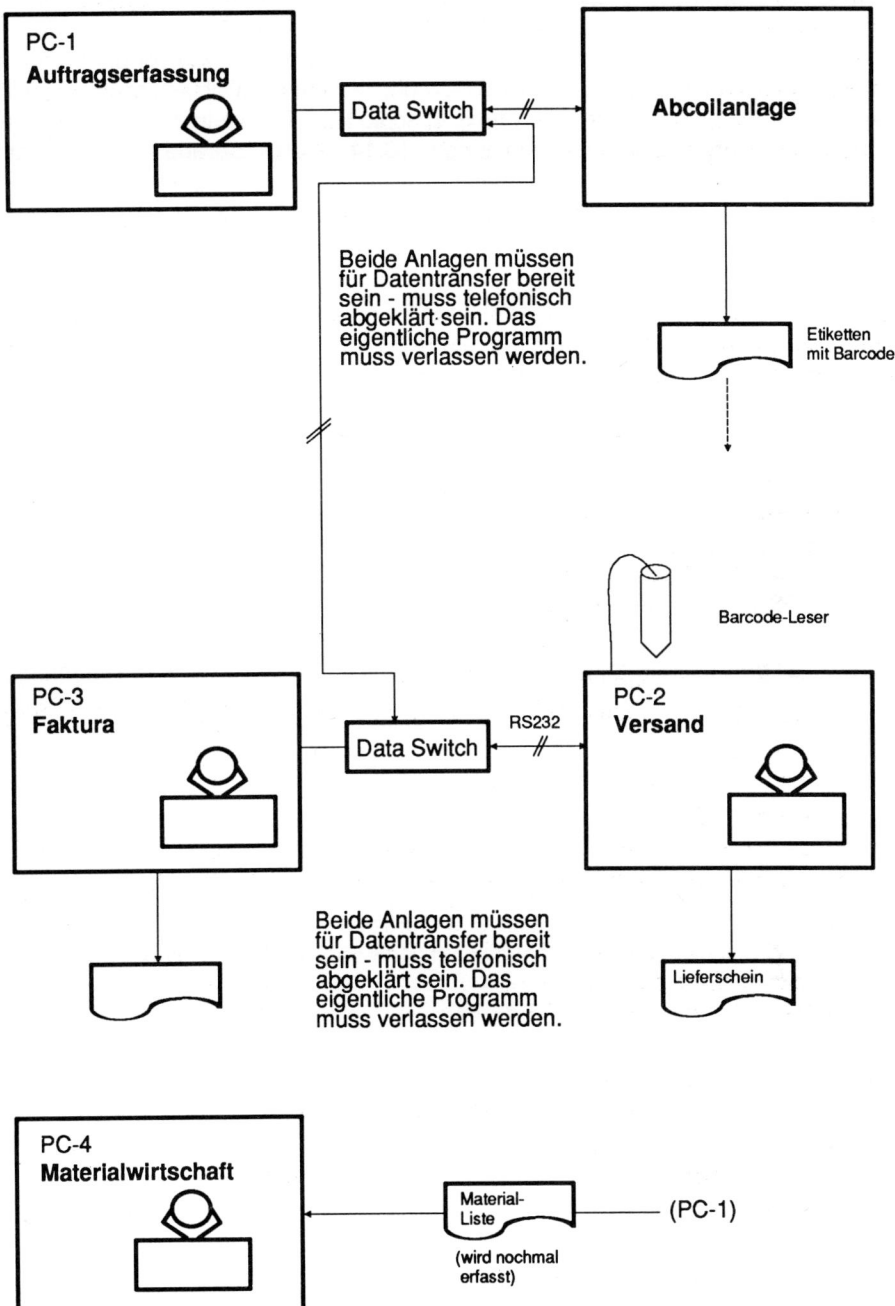

Abbildung 10.13:Datenfluß im "integrierten" PC-gestützten Auftragsabwicklungssystem für die Abcoilanlage

10.2.4 Neues Gesamtkonzept

Der neu erstellte Lösungsvorschlag beinhaltet im Kern die nach wie vor unveränderte ursprüngliche Gesamtkonzeption, ergänzt um die zwischenzeitlich erforderlich gewordenen Anschlußstellen, primär in Richtung Anschluß der Produktionsanlage und Verbindung zum Hochregallager (vgl. Abbildungen 10.14 - 10.16). Gerade die Realisierung dieser Schnittstellen war nicht ganz einfach. Obwohl es trivial erscheinen mag, wurden etliche Wochen wertvoller Projektzeit benötigt, um auf Bit-Ebene die definitiv gültigen Definitionen zu erarbeiten.

Die in dieser Konzeption noch vorgesehenen PCs haben nur noch die Funktion, die Kommunikation zwischen dem Host und der Produktionsanlage bzw. dem Hochregallager (Übertragungsprozedur, Sicherung und Zwischenspeicherung von Daten für den Fall des Ausfalls des Hosts) abzuwickeln.

10.2.5 Resümee

Das Beispiel zeigt, daß ein in jedem Fall so zeitaufwendiges Vorhaben wie die Einführung eines PPS-Systems als Vorgriff auf die Realisierung eines CIM-Konzeptes im Laufe der Zeit gewissen Irritationen ausgesetzt sein kann. Um die Zielsetzungen nicht zu gefährden ist, wie auch in diesem Beispiel klar erkennbar, ein verbindliches Gesamtkonzept der Informationsverarbeitung erforderlich. Dabei kann es sich als notwendig erweisen, bestimmte Ergänzungen oder Änderungen des Konzeptes durchzuführen, weil nicht alle Randbedingungen und zukünftigen Entwicklungen bei Projektstart bekannt sein können.

Als spezielles Problem der Realisierung im Rahmen eines durch mehrere Soft- und Hardwareanbieter geprägten Projektes ist die präzise Beschreibung der notwendigen Schnittstellen zwischen den unterschiedlichen Komponenten hervorzuheben.

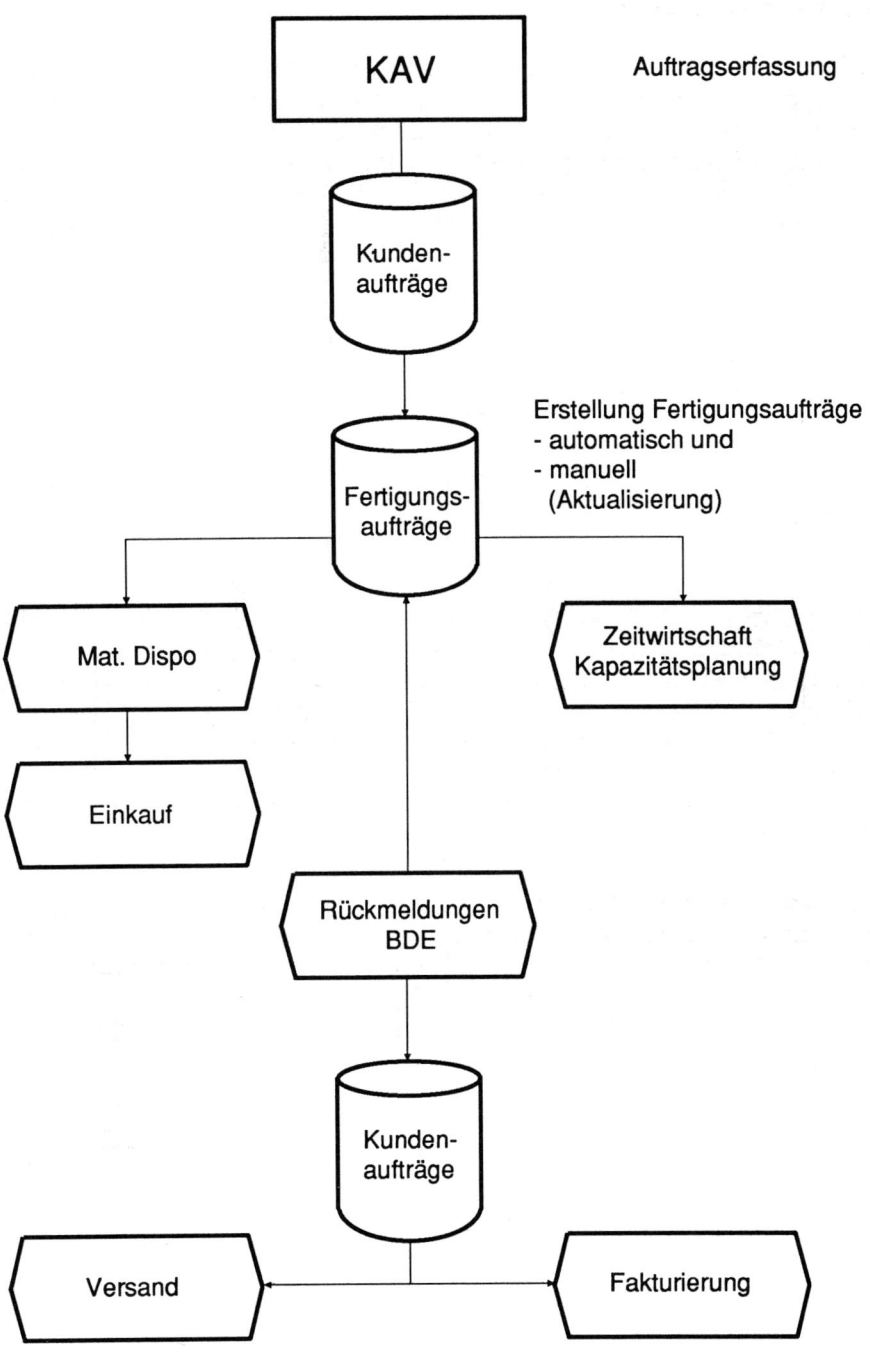

Abbildung 10.14: PPS-Konzeption

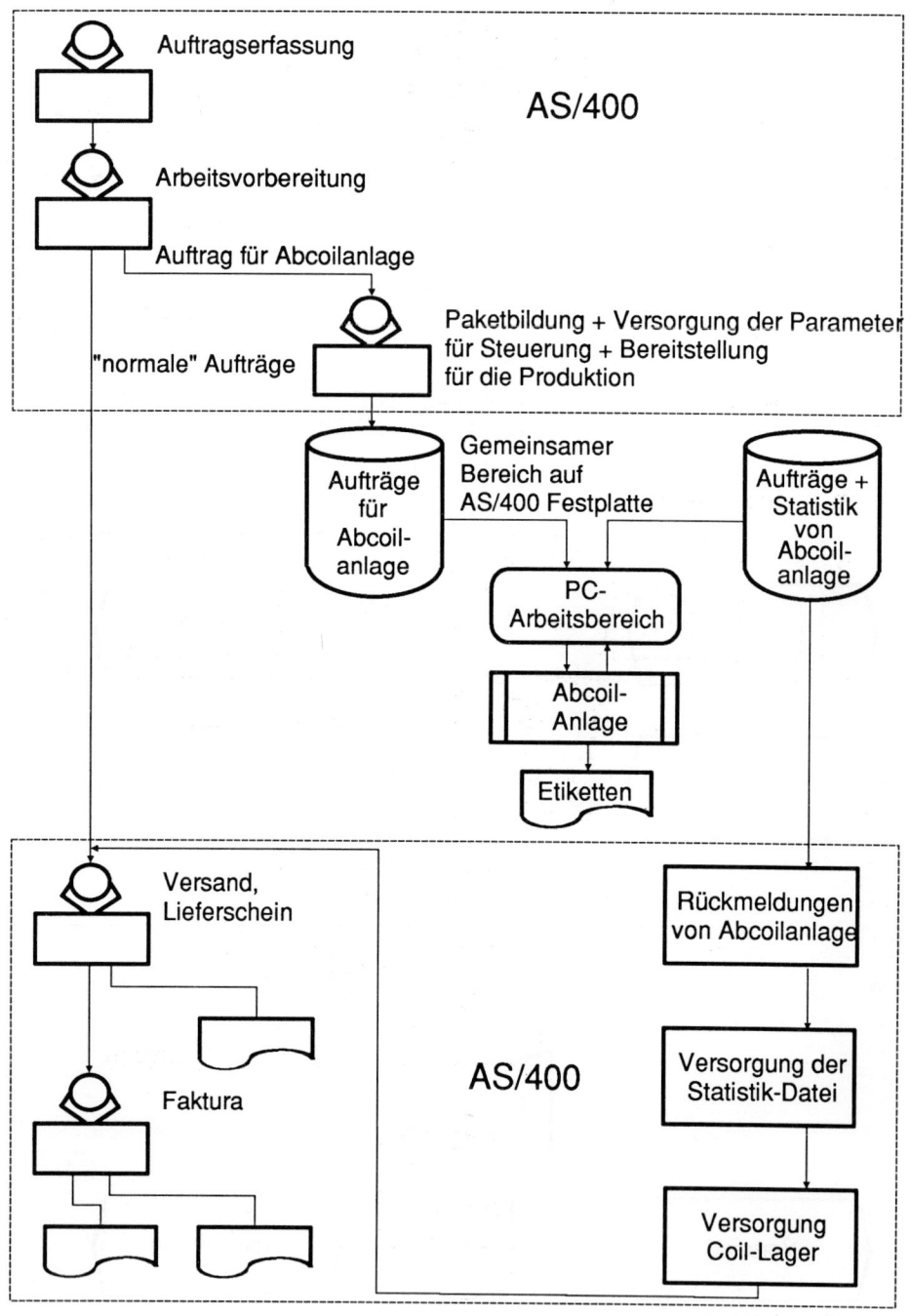

Abbildung 10.15: Schnittstellenkonzept zur Ansteuerung der Abcoilanlage

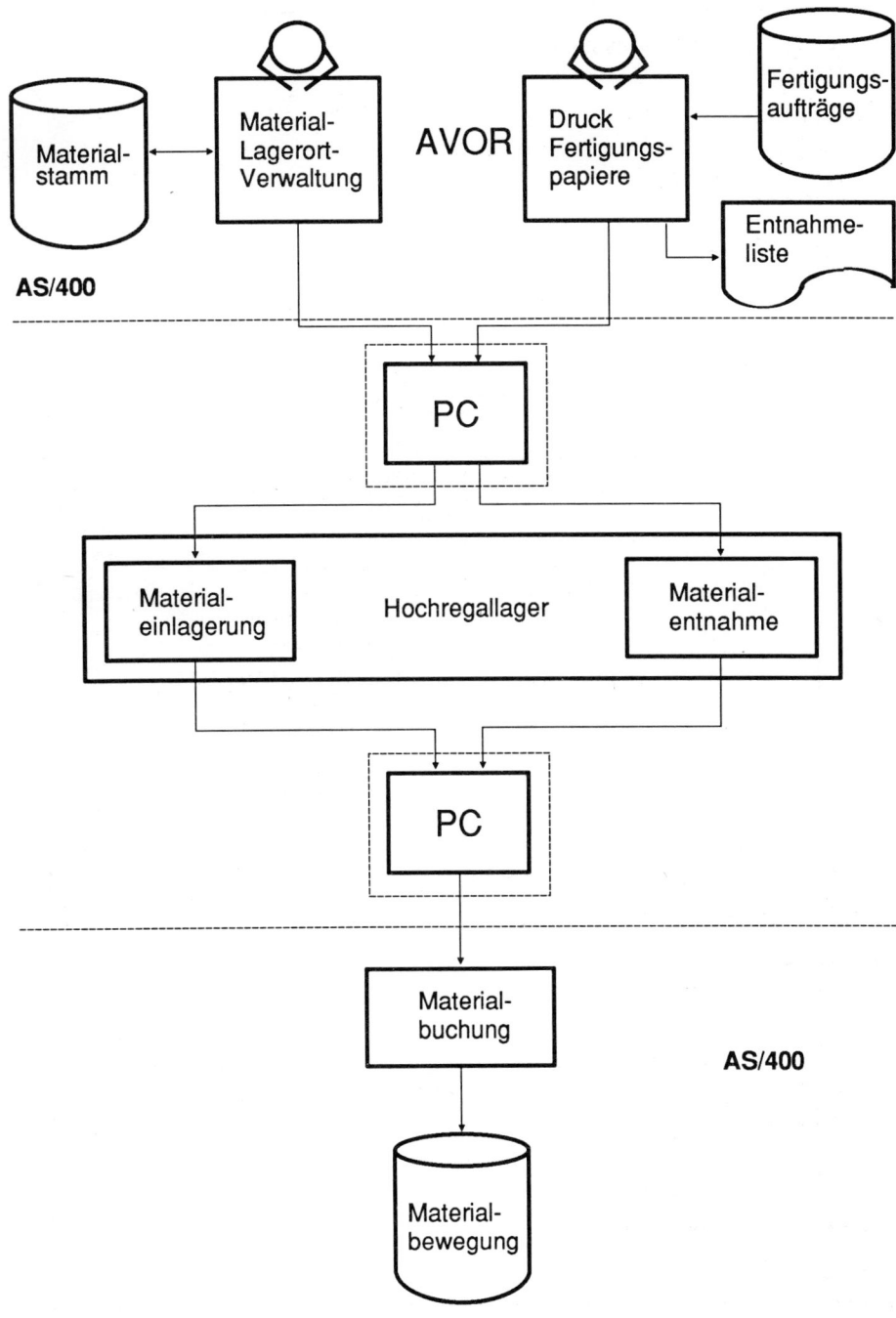

Abbildung 10.16: Schnittstellenkonzept zur Ansteuerung des Hochregallagers

CIM-Fachmann

Hrsg.: Dr. I. Bey

**Verlag
TÜV Rheinland**

Viktoriastr. 26 · 5000 Köln 90
Telefon (0 22 03) 17 09-60
Telefax (0 22 03) 1 54 11

CIM-Fachmann

Hrsg.: Dr. I. Bey

Band 9
Datenbanken für CIM
Band-Hrsg. Prof. Spur
1991, 16 × 24 cm, ca. 200 Seiten, geb.
DM 58,–
ISBN 3-88585-882-7

Band 10
Simulation in CIM
Band-Hrsg. Prof. Weck
1991, 16 × 24 cm, ca. 250 Seiten, geb.
DM 68,–
ISBN 3-88585-883-5

Band 11
Integrationspfad Qualität
Band-Hrsg. Prof. Westkämper
1991, 16 × 24 cm, ca. 200 Seiten, geb.
DM 58,–
ISBN 3-88585-884-3

Band 12
Von CAD/CAM zu CIM
Band-Hrsg. Prof. Milberg
1992, 16 × 24 cm, ca. 200 Seiten, geb.
DM 58,–
ISBN 3-88585-885-1

Band 13
Nahtstellen in der Fabrik
Band-Hrsg. Prof. Weule
1992, 16 × 24 cm, ca. 100 Seiten, geb.
DM 48,–
ISBN 3-88585-886-x

Band 14
Fertigungsinseln in CIM-Strukturen
Band-Hrsg. Prof. Maßberg
1992, 16 × 24 cm, ca. 220 Seiten, geb.
DM 58,–
ISBN 3-88585-887-8

Band 15
Von PPS zu CIM
Band-Hrsg. Prof. Nedeß
1992, 16 × 24 cm, ca. 300 Seiten, geb.
DM 68,–
ISBN 3-88585-888-6

Band 16
**CIM in der Unikatfertigung
und -montage**
Band-Hrsg. Prof. Hirsch
1992, 16 × 24 cm, ca. 250 Seiten, geb.
DM 68,–
ISBN 3-88585-889-4

Band 17
Werkstattinformationssysteme
1993, 16 × 24 cm, ca. 150 Seiten, geb.
DM 48,–
ISBN 3-88585-890-8

Band 1–17 komplett DM 798,–
ISBN 3-88585-891-6

**Verlag
TÜV Rheinland**
Viktoriastr. 26 · 5000 Köln 90
Telefon (0 22 03) 17 09-60
Telefax (0 22 03) 1 54 11